現代管理學

（第四版）

羅珉 著

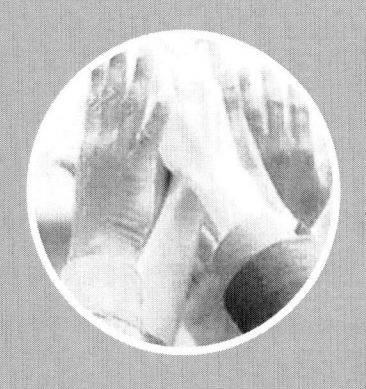

崧燁文化

第四版前言

管理學（Management）是一門比較年輕的跨學科的邊緣科學和應用科學，它融合了社會科學領域的社會學、心理學、行為科學、人類學、政治學、經濟學的知識以及自然科學領域的數學、統計學、信息學、工業工程學、計算機科學、其他科技取向學科的知識。管理學所探討的是管理的最基本的理論問題，它包括管理導論、管理的基本假設、管理的環境、組織文化、管理的計劃、組織、激勵、領導和控制等各種職能以及管理理論的發展方向和應用的熱點問題等。在各類社會組織（如工商企業、學校、醫院、政府機關、軍隊、宗教團體和社會群眾團體等）中，都存在著各種各樣的管理問題，其管理活動都有一定的客觀規律性。從豐富的管理實踐活動中概括出管理的普遍規律，以及反應其規律的基本原理和一般方法等，就構成了管理學理論的基本內容。由於現代管理學在管理學理論體系中佔有極為重要的地位，並且在近幾十年間發展迅速，因而對此進行專門性的研究具有重要的理論意義。

第二次世界大戰之後的七十多年，作為邊緣科學和應用科學的管理學，也伴隨著其他社會科學領域和自然科學領域的各個學科的發展而飛躍發展，管理理論中的各種學派呈現出百花齊放、百家爭鳴的狀態。有關管理學研究的報告、案例、學術著作、各類教科書可謂汗牛充棟、多不勝數。影響較大的學派有數十個之多，各種理論多達數百種。對管理的各種分析方法、大量的理論研究以及各種不同的理論觀點層出不窮，導致了一些混亂現象出現，如對什麼是管理、什麼是管理理論和管理科學，以及如何分析管理的各種問題等一直存在著較大的爭論。儘管管理理論、方法和學科門類很多，但理應形成一個統一、完整和獨立的學科體系，集中研究適用於各類社會組織的普遍規律、基本原理和一般方法的一般管理學，以便能夠形成管理學科體系的理論基礎。從這個角度講，對管理學的統一理論框架的研究和探求是非常有意義的一件事情。事實上，西方管理學界從20世紀60年代初就真正地開始了對一般管理學理論體系的研究，和大多數科學研究領域一樣，管理學期望在其成熟期走向統一。儘管西方管理學各種理論到今天還沒有走出「管理理論的叢林」，但我們看到了各個管理學派的努力。我們相信，或許在不遠的將來，能夠對當代多樣化的管理理論加以概括綜合，形成一種一般管理理論。

本書是我所著的《現代管理學》的第四版。我根據最近幾年的管理實踐和教學實踐經驗，以及國內外最新學術成果的研究，對原書體系進行了必要的調整，對原書內容進

行了大量充實和完善。本書主要探討了第二次世界大戰以來的主要管理理論，特別是近20年來新出現的管理思想和理論觀點。我們在這裡並不是對管理理論的每一個職能進行詳細研究和描述，而是站在一個較高的層面來綜合分析與詮釋第二次世界大戰之後現代管理理論發展各個階段主流管理理論總綱的理論觀點，從中窺探管理理論的全貌。

《現代管理學》一書討論了現代管理的最基本理論與實踐問題，對古典管理學和後現代管理學的內容基本不涉及。本書主要探討管理導論、管理的基本假設、組織文化、管理的計劃、組織、激勵、領導和控制等各種職能，以及組織的效能和管理學應用的熱點課題等。從本書的上述內容中，我們可以看出，現代管理理論必將有進一步的發展，決不會停留在目前的水準上。正如人類社會將從低級階段向更高級階段發展一樣，管理理論將向更高級階段發展，其拓展的空間相當廣。

本書的修訂難度極大，其間數易其稿，甚至到現在，本書將要付印時，仍有許多不盡如人意之處。主要的原因在於本書作為一本探索性的研究著作，要對已有的管理學各種理論的研究成果進行收集、整理、分析和評價，在客觀上就存在著一定的難度，再要對其進行進一步的演化、推演，使其具有超前性和前瞻性的難度就更大。儘管如此，我們認為，我們應當大膽地探索中國管理學的理論體系，拓展管理學研究的領域，以推動中國管理學的建設。

本書可以作為從事管理學研究與教學工作者的參考書，也可以作為高等院校管理學（包括MBA）專業的博士研究生、碩士研究生的教科書，或供各類組織的在職管理人員學習參考。

由於我的知識水準和所掌握的資料有限，要想實現我對各種管理理論「海納百川、包容兼蓄」的寫作初衷，還有較大的困難。因而本書所論述的觀點和內容，難免有不盡如人意甚至錯誤之處，還望讀者不吝賜教，我將在日後修訂再版時會進行更正。

羅　珉

目錄

第一章　導論 ··· (1)
　　第一節　管理與管理者 ·· (1)
　　第二節　管理學的研究對象與學科體系 ································ (10)
　　第三節　管理學的歷史演進與主要流派 ································ (13)
　　第四節　管理理論研究的範圍 ·· (19)

第二章　管理的基本假設 ·· (31)
　　第一節　人性的基本假設 ·· (31)
　　第二節　管理是科學還是藝術的假設 ··································· (39)
　　第三節　中國傳統文化假設 ··· (41)

第三章　組織文化 ·· (51)
　　第一節　組織文化概述 ··· (51)
　　第二節　組織文化的形成 ·· (54)
　　第三節　組織文化的種類 ·· (58)
　　第四節　中國企業的組織文化建設 ····································· (61)

第四章　計劃 ··· (64)
　　第一節　計劃的任務與內容 ··· (64)
　　第二節　組織的目標與計劃 ··· (69)
　　第三節　目標管理 ·· (75)
　　第四節　戰略規劃 ·· (81)
　　第五節　本章小結：追求高績效的計劃 ································ (86)

第五章　組織 ··· (88)
　　第一節　組織的原則 ··· (88)
　　第二節　組織結構 ·· (94)

第三節　新型的組織結構形式 ………………………………………（97）

第六章　激勵 ………………………………………………………………（107）
　　第一節　激勵理論概述 …………………………………………………（107）
　　第二節　需求理論 ………………………………………………………（111）
　　第三節　認知過程理論 …………………………………………………（118）
　　第四節　激勵計劃的設計 ………………………………………………（124）

第七章　領導 ………………………………………………………………（129）
　　第一節　領導職能概述 …………………………………………………（129）
　　第二節　領導者的權力 …………………………………………………（133）
　　第三節　領導者的特徵 …………………………………………………（140）
　　第四節　領導者的行為 …………………………………………………（142）
　　第五節　領導的權變理論 ………………………………………………（146）
　　第六節　本章小結 ………………………………………………………（154）

第八章　領導理論的發展 …………………………………………………（155）
　　第一節　領導替代品理論 ………………………………………………（155）
　　第二節　領導-成員交換理論 …………………………………………（157）
　　第三節　魅力型領導理論 ………………………………………………（160）
　　第四節　交易型領導與轉化型領導 ……………………………………（162）
　　第五節　後英雄主義式領導 ……………………………………………（165）
　　第六節　社群領導 ………………………………………………………（175）
　　第七節　本章小結 ………………………………………………………（183）

第九章　控制 ………………………………………………………………（184）
　　第一節　控制的意義與程序 ……………………………………………（184）
　　第二節　控制的方法 ……………………………………………………（190）
　　第三節　內部控制 ………………………………………………………（198）
　　第四節　戰略控制 ………………………………………………………（203）

第十章　組織的效能 ………………………………………………………（216）
　　第一節　組織的效能概述 ………………………………………………（216）
　　第二節　組織的效能標準 ………………………………………………（221）

第三節　組織效能評價的理論角度 ································ （225）
　　第四節　提高組織效能的要點 ···································· （236）
　　第五節　本章小結 ·· （239）

第十一章　管理學應用的熱點課題 ···································· （242）
　　第一節　知識創新型組織 ·· （242）
　　第二節　戰略聯盟 ·· （245）
　　第三節　工業4.0 ··· （249）
　　第四節　「互聯網+」與跨界經營 ································· （252）
　　第五節　開放式創新 ·· （257）
　　第六節　平臺型企業 ·· （261）
　　第七節　商業模式創新 ·· （267）

第一章 導論

　　管理學（Management）是一門跨學科（Interdisciplinary）的邊緣科學和應用科學，它融合了社會科學領域的社會學、心理學、行為科學、人類學、政治學、經濟學的知識，以及自然科學領域的數學、統計學、信息學、工業工程學、計算機科學和其他學科的知識。管理學所探討的是組織機構本身有關的管理問題，它包括組織內的管理者、管理的職能，以及管理者與下屬、組織的行為等。

第一節　管理與管理者

一、管理的概念

　　雖然不同學者站在不同的角度，對「管理」的解釋不盡相同，但都有其合理和可取之處。他們從不同角度豐富和發展了管理思想，對管理實踐產生了積極的指導作用。由於人類社會是不斷發展的，於是反應社會發展不同階段管理水準的管理概念也必然隨之變化。所以，管理（Management）是一個動態的、處於不斷發展中的概念。

　　科學管理之父弗雷德里克·泰羅強調了管理的理性與科學性。泰羅（Taylor，1911）認為，管理是實現任何工作場所的任何操作活動的「唯一最佳方式」（The One Best Way）。泰羅宣稱，所有這一切徹底改變了員工和經理人員的工作生活，成為一種「科學管理」制度[1]。

　　然而，有相當多的管理學家認為管理的關鍵是要認識其他人的作用與重要性。優秀的管理者都深信，他們取得一切成就的唯一方法就是借助於組織中的員工。20世紀早期的學者瑪麗·帕克·福萊特將「管理」定義為「驅使他人去工作的藝術」。德魯克認為，福萊特就社會、人和管理提出的基本假設遠比當時的管理學學者提出的假設更接近事實，甚至今天的許多管理學家提出的理論也望塵莫及。

　　德魯克認為，通過他人和其他資源來做事情並行使指揮和領導職能，這就是管理者所做的工作。德魯克進一步解釋說，管理者的職責就是指揮他們的公司，實施領導，並決定如何運用組織資源去實現目標。德魯克提出了管理的五個基本功能，即管理者需要

---

[1] Frederick W Taylor. The principles of Scientific management [M]. New York：Harper Row Publishing House，1911.

承擔的五項基本責任：確定目標、進行組織、激勵和溝通、進行衡量以及培養人才（包括經理人自己）。這五個基本要素形成了每個管理者的工作基礎與責任。德魯克認為：「在每個方面，都必須採取正確的行動以確保正確的精神遍布整個管理組織。」但這需要一種道德力量作為其精神支撐[1]。

　　從德魯克的定義中可以發現，管理就是要利用組織的資源去實現目標，並在各類營利性組織和非營利性組織中達到較高的績效水準。哈羅德·孔茨認為，「管理就是設計和保持一種良好環境，使人在群體裡高效率地完成既定目標」[2]。約塞夫·普蒂、海因茨·韋里克和哈羅德·孔茨（Putti, Weihrich & Koontz, 1998）認為，管理是引導人力和物質資源進入動態的組織以達到組織目標，這就是使服務對象滿意，並且使服務提供者也獲得一種高度的士氣感和成就感的活動過程[3]。我們認為，這一定義強調了如下幾點：①強調了管理包括對人力資源和物質資源的引導。在一定意義上，企業就是一個轉換器，通過生產過程將輸入的資源轉換為產品或服務，並通過市場分銷活動將產品或服務提供給客戶。有效的管理能夠提高資源的配置效率（管理者必須能夠平衡人力資源與物質資源之間的關係）、提高生產效率，提高企業在市場上的競爭力。②強調了組織的動態性。那些時刻準備適應環境變化的組織被稱為動態組織。組織的營運處在動態的環境之中，經營失敗往往是由於忽略了環境的變化。③強調了實現目標是管理的目的。管理是將人力和物質資源引導進入動態組織以達到其目標。沒有目標，就不會有成功的管理。④強調了衡量達到組織目標的績效度量是其所服務對象的滿意程度。社會公眾或消費者是組織服務的對象。不論一個組織是處於高度競爭的環境中還是處於非高度競爭的環境中，其所關注的焦點都應是消費者的滿意程度。⑤強調了組織成員的士氣和成就感。組織成員從工作中所獲得的成就感和滿意程度對組織達到目標以及為消費者提供滿意的服務具有很大影響。一個成功的管理者應考慮員工的福利。

　　管理學界居傳統統治地位的觀點都是強調管理的職能，這可以稱為管理學的「法約爾傳統」。20世紀初，法國企業家亨利·法約爾（Fayol, 1916）提出，所有管理者都履行著五種管理職能（Management Functions），即計劃、組織、指揮、協調和控制（Planning、Organizing、Commanding、Coordinating、Controlling）。20世紀50年代中期，美國管理學家哈羅德·孔茨和西里爾·奧唐奈（Koontz & O'Donnell, 1972）採用計劃、組織、人事、領導和控制（Planning、Organizing、Staffing、Leading、Controlling）五種職能作為管理學教材的框架。[4] 周健臨教授等人認為：「管理是對組織的人力、財金、物質及信息資源，通過計劃和決策來進行組織、領導和控制的一系列過程，來有效地達成組織

---

[1] Peter F Drucker. Management: tasks, responsibilities, practices [M]. New York: Harper and Row, 1973.
[2] Harold Koontz, Heinz Weihrich. Management [M]. New York: Mc Graw-Hill Inc., 1993.
[3] Joseph M Putti, Heinz Weihrich, Harold Koontz. Essentials of management: an Asian perspective [M]. New York: Mc Graw-Hill Book, 1998.
[4] Harold Koontz Cyril O'Donnell. Essentials of management [M]. New York: Mc Graw Hill Book Co., 1972.

的目標。」① 楊文士教授等人認為：「管理是指一定組織中的管理者，通過實施計劃、組織、人員配備、指導和領導、控制等職能來協調他人的活動，使別人同自己一起實現既定的目標的活動過程。」② 管理過程學派強調，管理這一個過程，實質也就是在有組織的集體中讓別人和自己一起去實現組織既定目標的過程。

我們發現，絕大多數管理學家都主張擁有計劃、組織、領導、控制等四項職能，並一致認為法約爾提出的協調（Coordinating）並非是管理職能，而是管理的本質特徵，協調並貫穿於所有的管理職能中。斯蒂芬·羅賓斯（Stephen P Robbins）在其《管理學》教材中將管理職能精簡為計劃、組織、領導、控制等四項職能，③ 而大部分管理學教材仍然沿襲了管理職能模式，即以管理職能來組織教材內容。

我們認為，管理可以定義為通過計劃、組織、領導和控制，協調以人為中心的組織人力資源、物質資源和知識資源，以高效率和高效能的方式實現組織目標的過程。

這個定義重點強調了以下幾個方面：

（1）管理的目的是有效實現目標，所有的管理行為，都是為實現目標服務的。

（2）管理實現目標的手段是計劃、組織、領導、控制等四大職能。計劃職能（Planning）就是必須規定組織的目標以及如何實現目標。計劃職能包含制定組織目標、制定整體戰略以實現這些目標，以及將計劃逐層展開，以便協調和整合各種不同類型的活動；組織職能（Organizing）是說管理者還承擔著設計組織結構的職責，包括決定組織要完成的任務是什麼、誰去完成這些任務、這些任務怎樣分類組合、誰向誰報告，以及各種決策應由哪一層級制定；領導職能（Leading）說明了每一個組織都是由人組成的，管理的任務是指導和協調組織中的人。當管理者激勵下屬，指導他們的活動，選擇最有效的溝通渠道解決組織成員之間的衝突時，他就是在進行領導；控制職能（Controlling）表明，當設定了目標之後，就開始制定計劃，向各部門分派任務，雇傭人員，對人員進行培訓和激勵。儘管如此，有些事情還可能出錯。為了保證事情按既定的計劃進行，必須監控組織的績效，必須將實際的表現與預定的目標進行比較。如果出現任何顯著的偏差，管理的任務就是使組織回到正確的軌道上來。這種監控、比較和糾正就是控制職能的含義。

（3）管理必須以高效率和高效能的方式實現組織目標，在這一過程管理者必須運用多種管理職能。在這裡，效率和效能這一組概念與管理密切相關。效率（Efficiency）反應輸入與輸出的關係。管理就是要使資源成本最小化。效率涉及活動的方式，而效能（Effectiveness）涉及的是活動的結果。如果一個人不顧效率（如成本），很容易達到有效能（如質量），但可能得不償失。同樣，組織可能是有效率的但卻是無效能的。在更多的情況下，高效率與高效能是相關聯的。

---

① 周健臨, 唐如青. 管理學教程
② 楊文士, 張雁. 管理學原理
③ Stephen P Robbins, Mary Coulter. Management [M]. New Jersey: Prentice Hall, 2007.

（4）協調是管理的本質特徵，協調並貫穿於所有的管理職能中。正如哈羅德・孔茨所說，協調是管理的本質特徵。

（5）管理的對象是是以人為中心的組織人力資源、物質資源、信息資源和知識資源。

管理人員在管理活動中執行著計劃、組織、領導、控制等若干職能。我們認為，管理是一個循環的過程，從「計劃」到「控制」，再從「控制」反饋到「計劃」表明了這一過程的連續性。

二、組織的概念

組織是人類走向文明的伴生物。組織作為一種社會實體而出現，可以說是西方世界近代社會史上的頭等大事。而所有的現代社會的核心問題都圍繞我們想從組織中獲得什麼、組織所服務的社會採取何種組織形式才能最好地滿足我們的願望和需求。德魯克發現，現代社會是一個「組織的社會」（The Society of Organizations），其運行是在「組織實體」之間進行的，而不是在「個人」之間進行的（Tarrant, 1976）[1]，這就成了「組織是社會的一個器官」的命題。推而廣之，現代社會是由各類組織機構組成的，是一個所謂的「機構型社會」。組織機構是由「全體成員」共同構成的，而非由「各種生產資源要素」構成的；組織就是社會中的「一個社區」，組織成員就是社會公民，現代社會是一個所謂的「員工型社會」。「所謂組織，其實是一種工具。通過它，個人及社會成員始終能做出其貢獻，始終能夠取得其成就。」因此，組織及其管理的職能就是「將人的力量轉化為生產力」[2]。

在管理理論研究與實踐中，管理是被置於「組織」的背景之下進行研究的，組織是管理學家們作為研究的範圍而提出的；在實踐中，組織是管理者從事管理活動的主要場所。正如湯姆・丹尼爾斯（Daniels et al., 1997）所指出的那樣，人不僅僅是社會的生物，也是組織的生物。「組織生活」（Organizational Life）已經成為人類的主要經驗特徵。[3]

組織一詞使用甚廣，含義各異。但大致可分為兩類：一是作為一個動詞，意思是指組織工作或活動；二是作為一個名詞，意思是指一個組織體。

作為名詞使用的組織（Organization）可以說是管理活動實施的場所。亨利・法約爾說，組織包含物質組織與社會組織，一般管理學談到的只是後一個問題。[4] 人們將企業、學校、醫院或政府機關都稱為組織，並將組織劃分為營利性組織與非營利性組織、正式組織（Formal Organization）與非正式組織（Informal Organization）等。作為一個名詞的

---

[1] John J Tarrant. Drucker: the man who invented the corporate society [M]. Boston: Cahners Books, 1976.

[2] Peter F Drucker. Management: tasks, responsibilities, practices [M]. New York: Harper and Row, 1973.

[3] Tom D Daniels, Barry K Spiker, Michael J Papa. Perspectives on organizational communication [M]. Dubuque: Brown & Benchmark, 1997.

[4] Henri Fayol. General and Industrial Management [M]. London: Pitman, 1949.

組織有多種說法，簡單地說，組織就是一個有效的工作群體。而在管理研究中，把人們組織成有效的工作群體一直是管理過程的核心。古典組織理論的研究者詹姆斯·穆尼（Mooney，1931）認為，組織是每一種人群為了達到某種共同的目標而聯合的形式。[1] 切斯特·巴納德（Barnard，1938）認為，組織就是有意識地加以協調兩個或兩個以上的人的活動或力量的協作系統。[2] 哈德羅·孔茨認為，組織是「正式的有意識形成的職務結構或職位結構」。[3] 詹姆斯·馬奇和赫伯特·西蒙（March & Simon，1958）認為，組織理論的對象為「相互關聯的活動的系統，這種系統至少包含幾個主要的群體，而且通常具有這樣的特點，按照參與者的自覺程度，其行為高度理智地朝向人們一致認識到的目標」。[4] 這裡，我們注意到，切斯特·巴納德、哈德羅·孔茨、詹姆斯·馬奇和赫伯特·西蒙都強調組織是一種特定的體系。

一般來說，作為一個名詞，組織是指一種由人組成的，具有明確目的和系統性結構的實體。

組織具有如下三個共同特徵：

第一，每一個組織都有一個明確的目的。這個一般是以一個或一組目標來表示的。組織既定的目標具有雙重性，即盈利性和非盈利性。功利性是組織目標設定的核心特徵。盈利性並非一個貶義詞，它表現了這一目標對社會、國家以及組織本身的根本價值，體現了該組織存續的基礎。

第二，每一個組織都是由人組成的。

第三，每一個組織都發育出一種系統性的結構，以維持組織的存在和運行，規範和限制成員的行為。這裡，系統結構可以定義為能夠長期影響組織行為的一系列關鍵性的相互關係[5]。系統結構不是組織平面圖所顯示的結構。作為長期影響組織行為的關鍵性關係，系統結構具體表現為上級-下級關係、同級關係、程序關係、協作關係等，這些關係一般通過規則、規章制度以及明確的程序來予以詳細界定。

在管理學的研究中，人們一般認為社會學家斯坦利·尤迪對組織定義較為準確。尤迪（Udy，1965）認為，「組織」是指那些具有明確的、有限的，並且是公開宣告了其目標的「正式」組織。它們的形式具有共同的、正式的目的，並要求人們與它建立一種正式的、帶有契約性質的關係。組織的關係結構是由在一個領導人層次結構框架下，互相關聯的正式群體集合而形成的構架。而「管理」為「組織的社會」的生存、發展和價值實現，提供前所未有的指導和服務。正如德魯克在他的《管理的實踐》一書中引用英

---

[1] James D Mooney, Alan C. Reiley. Onward industry [M]. New York: Harper & Row, 1931.
[2] Chester I Barnard. The Function of the executive [M]. Cambridge: Harvard University Press, 1938.
[3] Harold Koontz, Cyril O'Donnell. Management: a book of readings [M]. New York: Mc Graw Hill Book Company, 1984.
[4] James G March, Herbert Alexander Simon [M]. New York: Wiley Press, 1958.
[5] Peter M Senge. The fifth discipline: the art & practice of the learning organization [M]. New York: Currency Doubleday, 1990.

國著名社會福利改革家羅爾·貝弗里奇爵士（Lord William Henry Beveridge, 1879—1963）所說的「組織的宗旨就是使一群平凡的人做出不平凡的事」①。

我們認為，組織是以目標導向的、經過精心建構的社會團體。這個定義重點強調了以下幾個方面：

（1）「以目標導向」的意思是說組織要實現某種目標，例如盈利、顧客服務、社會貢獻、滿足員工的需要等；

（2）「精心建構」的意味著任務的分解以及執行任務的責任要落實到每個員工身上；

（3）組織是一種特定的體系。這種特定的體系可以有兩種理解：一是把組織作為現存事物的存在，它是事物內部（及其與外部）按照一定結構與功能關係構成的方式和體系；二是指過程性的演化體系，那麼它是指事物朝著空間、時間上或功能上的有序組織結構方向演化的過程體系。後一種情況，往往被稱為「組織化」（Organization）。組織化及其結果可以分為兩種方式，即「自組織」（Self-organization）和「被組織」（To Be Organized）。自組織是指如果系統在獲得空間的、時間的或功能的結構過程中，沒有外界的特定干預，我們便說系統是自組織的。這裡的「特定」一詞是指那種結構和功能並非外界強加給系統的，而且外界是以非特定的方式作用於系統的。②「被組織」是指如果組織系統在獲得空間的、時間的或功能的結構過程中，存在外界的特定干預，其結構和功能是外界加給組織系統的，而外界也是以特定的方式作用於組織系統的。

三、管理者

一般來說，組織成員可以分為兩種類型：操作者（Operatives）和管理者（Managers）。操作者直接從事某項工作和任務，不具有監督其他人工作的職責。管理者是指揮別人活動的人，他們也可以擔任某些作業職責，但一定要有下級。這種分類來源於以泰羅為代表的科學管理學派。他們堅持認為，管理者的任務是計劃、組織和控制，操作者則按照管理指令執行勞動任務。

最早對管理者的定義是「負責下屬工作的人」，換句話說，管理者就是「老板」，代表高位和權力。隨著人們對管理者職責認識的深入，人們發現管理者的定義應當變為「負責員工績效的人」。早期的德魯克認為，管理者（Manager）一詞隱含著控制和權威的涵義，而不適用於對知識工作者的管理，他更傾向於使用比較中性的經理人（Executive）來代替。在德魯克晚年的作品中，德魯克傾向於使用「管理者」這個概念。德魯克認為，管理者不再是對下屬的工作負責的人或對他人的業績負責的人，而是對知識的應用和知識的績效負責的人。因此，管理者正確的定義應該是「負責知識的應用和績效的人」。德魯克（Drucker, 1985）在《創新與企業家精神：實踐與原理》一書中寫到：

---

① Peter F. Drucker. The practice of management [M]. New York: Harper Press, 1954.

② Hermann Haken. Synergetics, an introduction: Non-equilibrium phase transitions and self-organization in physics, and chemistry [M]. Berlin: Springer-Verlag, 1983.

「我發覺自己使用更多管理者這個字眼，因為這個字眼含有對某個領域負有特定責任的意思，而不僅僅是統治屬下。」①德魯克給出了「管理者」一個全新的定義，即「在一個現代的組織裡，如果一位知識工作者能夠憑藉其職位和知識，對該組織負有貢獻的責任，因而能實質地影響該組織的經營能力及達成的成果，那麼他就是一位管理者」。

在《管理：任務、責任與實踐》一書中，德魯克認為，我們必須改變視角，將目光從責任轉向貢獻，將管理的定義修正為「對貢獻負責」，經理人就成為「對貢獻負責的人」。② 按照這個定義，經理人這個群體的範圍就大大擴展了，包括傳統管理人員、專業工作者及兼這兩種工作的人。正如德魯克所說：「總有人單獨作戰，無一部屬，然而仍不失為管理者。」

管理者的職責並不僅僅限於支持一線工作，更需要創造條件保持一線的運轉，並為激發一線員工開展高效和有效的工作提供動力。德魯克認為：「管理者是每個企業裡具有活力並賦予生命的元素。如果沒有管理者的領導，『生產資源』只能是資源，永遠無法轉化成生產力。」

實際上，管理工作必須在組織的各個層次展開，管理工作涉及的層次是從一個組織的首席執行官（Chief Executive Officer，CEO）、總經理/總裁（General Manager/President）到一線管理人員。儘管組織中的管理層次結構可以被劃分為若干垂直結構層次，但通常有三個層次：高層管理者（Top Managers）、中層管理（Middle Managers）和基層管理者（First-line Managers），基層管理者有時也稱為一線管理者（見圖1-1）。一般來說，這三個層次管理者的任務和職責，隨組織不同而有所差異，這取決於組織的規模、技術和其他因素。

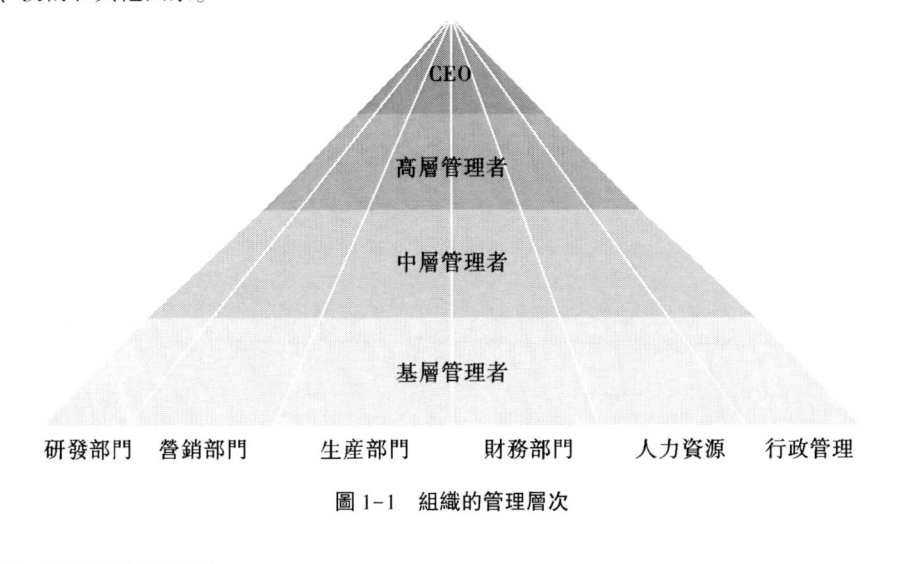

圖1-1　組織的管理層次

---

① Peter F Drucker. Innovation and entrepreneurship: practices and principle [M]. London: Heinemann, 1985.
② Peter F Drucker. Management: tasks responsibilities practices [M]. New York: Harper and Row, 1973.

由於組織中的管理層次的任務和職責的不同，不同層次的管理者在各種管理職能中所花的時間也不盡相同（參見圖1-2）。所有管理者，無論他處於哪個層次上，都要制定決策，履行計劃、組織、領導和控制職能，只是他們花在每項職能上的時間不同①。

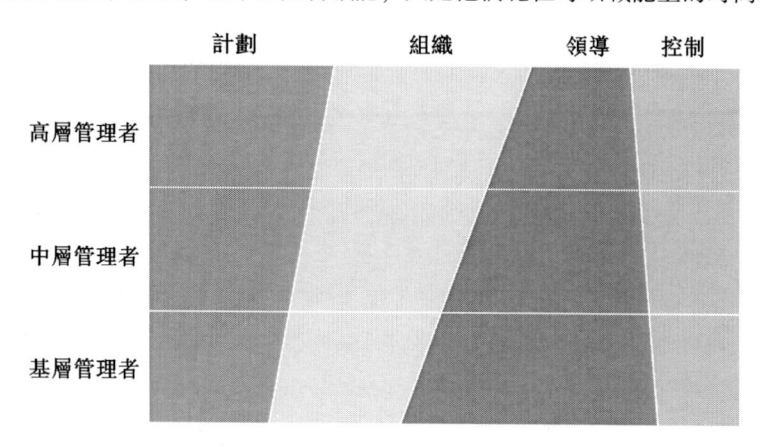

圖1-2　管理者的層次和管理職能示意圖

所有管理者都需要擁有一定的管理技能（Management Skills）。羅伯特·卡茨（Katz, 1974）認為，管理者必須具備三種類型的技能②（見圖1-3），具體如下：

1. 概念技能（Conceptual Skill）

概念技能意味著對模糊的、不明確的複雜問題進行分析，明確問題的本質和問題的根源，確定問題的關鍵變量，理解變量與問題之間的關係，從而使問題清晰化。概念技能是對問題進行思考和推理的能力，是判斷某種狀況並能識別其因果的能力。我們可以將概念技能理解為一種將組織視為一個整體，對組織所面臨的複雜問題建立起適當的分析框架，設想組織如何適應外部環境變化的能力，即分析、判斷和決策能力。因而，概念技能也稱為「決策技能」。這種能力具體包括：①把握全局的能力；②理解事物的相互關聯性，從而識別關鍵因素的能力；③權衡方案優劣及其內在風險的能力。

管理者所處的層次越高，其面臨的環境和問題越複雜，越沒有先例可以依循，因而越需要高超的決策技能。

哈羅德·孔茨將概念技能進一步分為認識、分析、解決問題的能力和規劃決策能力。認識、分析、解決問題的能力對於各個層次的管理者是同等重要的。與僅僅局限於某一專業領域的技術技能不同，概念技能建立在豐富的經驗、靈敏的直覺和多學科知識的背景之上。與受到決策者風險偏好的深刻影響，決策者必須為決策行為承擔責任規劃決策能力不同，認識、分析與解決問題的能力只為承擔任務的執行結果負責，不為決策行為承擔責任。因此，認識、分析與解決問題的能力是一種「大智」，而規劃決策能力

---

① Stephen P Robbins, Mary Coulter. Management [M]. Englewood Cliffs：Prentice Hall, 2007.
② Robert L Katz. Skills of an effective administrator [J]. Harvard Business Review, 1974.

則是一種「大勇」。

2. 人際技能（Human Skill）

人際技能是管理者處理與他人包括個人和團體關係的能力，是能夠溝通、激勵、協調組織和個人的能力。管理最主要的任務是管理人，這就要求管理人員必須具有識別人、任用人、團結人、組織人和調動人的積極性以實現組織目標的能力。對於各個層次的管理者來說，人事技能都同樣重要。管理人員不僅要處理好與下級的關係，學會影響和激勵下級的工作；還要處理好與上級、同級之間的關係，學會如何說服領導、如何與其他部門進行有效合作。

3. 技術技能（Technical Skill）

技術技能是管理者掌握專業知識和技術的能力，即與特定專業領域有關的知識和能力。一般而言，管理者所處的管理層次越低，對技術技能的要求越高；所處的管理層次越高，對技術技能的要求越低。管理人員沒有必要使自己成為某一技術領域的專家，因為他們可以借助於有關專業人員來解決技術性問題。但他們需要瞭解或初步掌握與其專業領域相關的基本技術知識，否則他們將很難與其所主管的組織內的專業技術人員進行有效的溝通和交流，從而無法對其所管轄的業務範圍內的各項管理工作進行具體的指導。這也會嚴重影響決策的及時性、有效性。

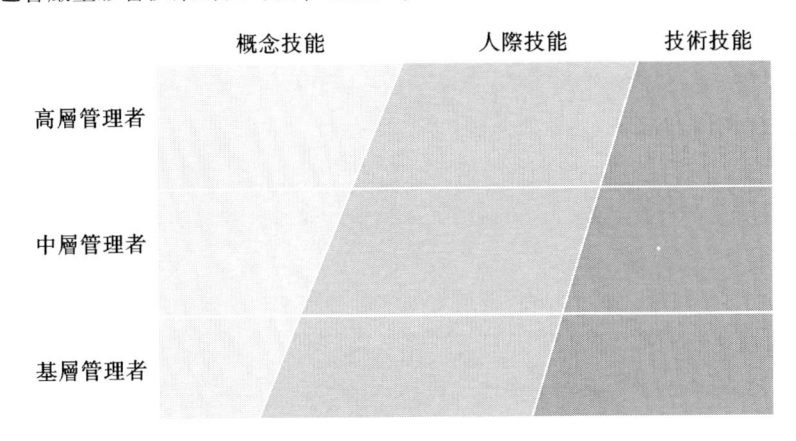

圖 1-3　管理者的層次和管理技能示意圖

四、管理者的角色

加拿大管理學家亨利·明茲伯格（Mintzberg，1973）把管理者的角色（Managerial role）劃分為以下 3 大類[1]：

1. 人際角色（Interpersonal Role）

管理者人際角色的目標：協調和溝通組織成員，確保組織的方向。他們扮演著三種

---

[1] Henry Mintzberg. The nature of managerial work [M]. New York: Harper & Row, 1973.

角色：①名義領袖（Figurehead Role），代表組織向組織內外傳達組織的使命和目標；②領導者（Leader Role），激勵、指導組織成員發揮潛力，為組織做出卓越貢獻；③聯絡員（Liaison Role），協調組織內外的人，幫助組織實現目標。

2. 信息角色（Informational Role）

管理者信息角色的目標：獲取和傳遞與組織任務密切相關的信息。他們扮演著三種角色：①監控者（Monitor Role），分析來自組織內外的信息；②傳播者（Disseminator Role），傳播信息來影響組織成員的態度和行為；③發言人（Spokesperson Role），通過言論來影響組織內外的人，使他們積極地回應。

3. 決策角色（Decisional Role）

管理者決策角色的目標：進行戰略規劃並有效地利用資源。他們扮演著四種角色：①企業家（Entrepreneur Role），決定啟動哪些項目或計劃；②危機處理者（Disturbance Handler Role），處理意想不到的事件或危機；③資源分配者（Resource Allocator Role），為組織各部門配置資源；④談判者（Negotiator Role），為組織尋找較好的解決方案。

組織行為學大師盧桑斯（Fred Luthans）和他的副手研究了450多位管理者，發現他們大都從事以下四種活動：①傳統管理：決策、計劃和控制；②溝通：交流例行信息和處理文書工作；③人力資源管理：激勵、懲戒、調解衝突、人員配備和培訓；④網絡聯繫：社交活動、政治活動、與外界交往。

今天，隨著全球經濟一體化趨勢的加快和跨越組織的管理的出現，管理者的角色也正在發生如下改變：

（1）全球化的組織管理日益增多，如何有效管理全球化供應鏈是重點；

（2）如何建立高度的競爭優勢。這包括如何有效管理諸如效率（Efficiency）、質量（Quality）、創新（Innovation）、顧客反應（Responsiveness）等關鍵的價值驅動因素；

（3）如何在高績效的同時，維護道德倫理標準（Ethical Management），如何自我約束、自我規範；

（4）如何管理多樣性的組織（Organizational Diversity），如何管理員工、企業文化、價值觀等；

（5）如何採用新技術，如何研發、採用新技術改造優化業務流程。

第二節　管理學的研究對象與學科體系

一、管理學的研究領域和研究對象

特定的研究領域和研究對象，是一門獨立學科的重要標誌。對於管理學學科體系應包含的研究領域和研究對象的理解，各個管理學家有不同的看法。

美國管理學家哈羅德·孔茨和海因茨·豐里克在《管理學精要》一書中開宗明義地說「本書的目的是闡明經營理論和管理科學的基礎知識」。小詹姆斯·唐納利等人 (Donnelly et al., 1998) 在《管理學基礎》中表述的管理學則為「討論只與某一特定的（雖然也是相當廣泛存在的）事例有關的管理過程」。王德中教授等人認為，管理學的研究對象是適用於各類社會組織的共同的管理學原理和一般方法，實際應當是存在於共同管理工作中的客觀規律性。[1]

從某種意義上講，管理學至今缺乏完整的概念框架，甚至連基本的理論假設也沒有。中國現今的管理學研究是從職能角度（Functionalist Perspective）的立場出發，大多數管理學教科書都沿用管理職能（或過程）學派的體系。許多學者和管理人員都認為，把知識有條理地組織起來，有利於對管理進行分析。因此，在研究管理問題時，將其細分為計劃、組織、人事、領導和控制等職能，並依據這些職能將知識組織起來是非常有用的。這樣，便可以將管理科學的概念、原則、理論和技術歸於這些職能之下。這種情況出現的主要原因是中國管理學界深受職能（或過程）學派早期的代表人物亨利·法約爾的影響，在管理學教材體系上都沿用法約爾的管理職能學說，深受中國管理學者推崇的美國著名管理學教授哈羅德·孔茨也是管理過程學派的著名代表性人物。「管理過程學派的基本方法，首先就是注意管理人員的職能，然後再研究這些職能，並從紛繁複雜的管理實踐中探求出基本規律，以期對這些職能進一步詳加剖析」。[2]

的確，管理過程學派是一種適用性極強的綜合管理理論框架，這一結構體系已在多年的管理實踐中得到檢驗，中國大多數現代管理學教科書仍應用這種框架。在討論管理方法時可以看到，管理職能方法的理論家所用的這些管理職能的如計劃、組織、激勵、領導和控制，已經作為劃分日益增長的管理知識的一種方法。

管理過程學派把它的管理理論建立在以下 7 個基本信念基礎上：①管理是一個過程，可以通過分析管理人員的職能，從理性上很好地加以剖析；②可以從管理經驗中總結出一些基本道理或規律，這些就是管理原理，它們對認識和改進管理工作能起到一種說明和啟示的作用；③可以圍繞這些基本原理開展有益的研究，以確定其實際效用，增大其在實際工作中的作用和適用範圍；④這些原理只要還沒有被證明為不正確或被修正，就可以為形成一種有用的管理理論提供若干要素；⑤就像醫學和工程學那樣，管理是一種可以依靠原理的啓發而加以改進的技能；⑥即使在實際應用中由於背離了管理原理而造成損失，但管理學的原理，如同生物學和物理學中的原理一樣，仍然是可靠的；⑦儘管管理人員的環境和任務受到文化、物理、生物等方面的影響，但管理理論並不需要把所有的知識都包括進來才能起一種科學基礎或理論基礎的作用。[3]

---

[1] 王德中. 管理學

[2] Harold Koontz. The management theory of jungle revised [J]. Academy of Management Journal, 1980, 5 (2): 175-187.

[3] Harold Koontz. The management theory of jungle revised [J]. Academy of Management Journal, 1980, 5 (2): 175-187.

二、管理學的學科體系

作為一門邊緣科學和應用科學的管理學，實際上，其學科體系究竟應包含哪些內容，一直存在著爭論。不同的管理學者和實際操作者，對管理學的理解是不相同的，這是人們站在不同的角度來看待管理問題所致。從某種程度上講，每一種理解都是正確的，但又不可避免地帶有一定的片面性。因此，在研究管理學所探討的問題時，應明確管理學學科體系所包含的內容。

管理學首先面對的是組織的類別問題，組織的管理包括了對企業組織和非營利性組織的管理。這兩類不同組織的管理問題既有共同性，又有個性，對這些問題的理解決定了對管理學學科體系所應包含的內容的理解。一般來說，管理學更多地是研究營利性企業組織的管理問題。

管理學學科體系所涉及的領域，可以從廣義和狹義兩個方面來看。從廣義上講，包括了組織機構的管理職能（Management Functions）和企業組織的營運職能（Operating Functions），如市場行銷（Marketing）、人力資源（Human Resource）、會計（Accounting）、財務（Financing）、生產與作業（Production and Operating）等。

管理學從狹義上講，主要探討組織機構資源的有效配置和利用、組織結構的設計、員工的行為和激勵問題以及組織的戰略問題等，所涉及的範圍和討論的課題相當廣泛。按照美國管理學會（Academy of Management）下屬的專業委員會（Professional Divisions）[1]的分類來看，可以分為公司政策與戰略（Policy and Strategy）、職業發展（Careers）、衝突管理（Conflict Management）、管理的批判性研究（Critical Management Studies）、組織中的性別與多樣性（Gender and Diversity in Organizations）、創新或創業（Creating and Entrepreneurship）、健康保健管理（Heath Care Management）、人力資源管理（Human Resource Management）、組織的溝通與信息系統（Organizational Communication and Information System）、國際企業管理（International Corporate Management）、管理教育與發展（Management Education and Development）、管理諮詢（Management Consulting）、管理史（Management History）、管理、心靈和宗教（Management, Spirituality and Religion）、管理與組織認知（Managerial and Organizational Cognition）、運作管理（Operations Management）、組織和管理理論（Organization and Management theory）、組織行為（Organizational Behavior）、組織的發展與變革（Organizational Development and Change）、組織與自然環境（Organizations and The Natural Environment）、公共與非盈利性組織的管理（Public and Nonprofit）、研究方法（Research Methods）、管理的社會事項（Social Issues in Management）、以及技術與創新管理（Technology and Innovation Management）等。本書所要探討的管理理論，即是按上述狹義的管理學分類中

---

[1] 在美國管理學會下面，共有24個專業委員會（Professional Divisions）和3個利益群體（Interest Groups）。

的屬於管理理論總綱的內容。

第三節　管理學的歷史演進與主要流派

一、管理學的歷史演進

管理實踐可以追溯到人類通過集體活動來達到目標的遠古時代，但管理學成為一門科學是在 20 世紀初期才開始。[1]

美國馬薩諸塞大學洛厄爾分校（University of Massachusetts Lowell）的威廉・拉佐尼克教授（Lazonick，1992）認為，第二次工業革命以來，隨著生產技術的進步，美國等國家建立了大批量生產的組織方式，並構建了以生產職能分工→管理職能分工為特徵的職能經理制組織結構。[2] 到 1890 年，美國有 1,500 個公司的雇員超過 500 人，其中 1/3 的公司的雇員甚至超過 1,000 人，這種情況是同時期的英國所無法比擬的。職能化管理成為組織的組成部分。由於美國大批量生產的組織方式具有很強的複製性，因此，職業化管理專家有效地推動了美國企業的業務擴張。正是在這一時期，管理從傳統的因襲式管理（Conventional Management）和經驗管理（Experiential Management）變成為一門科學。隨著科學管理思想和技術的引入，美國企業內部的作業任務走向了標準化。

在第二次世界大戰之前，管理學著作大多出自有實際管理經驗的工程師或企業家，如美國工程師弗雷德里克・泰羅（Frederick W Taylor）、法國科芒特里-富香博-德卡維爾採礦冶金公司總經理亨利・法約爾（Henri Fayol）、美國通用汽車出口公司的總經理詹姆斯・穆尼（James D. Mooney）、美國新澤西貝爾電話公司總經理切斯特・巴納德（Chester I. Barnard）等人之手，由此創建了古典管理理論（Classical Perspective）。泰羅的偉大之處在於，他像詹姆斯・瓦特（James Watt）一樣，將知識運用於勞動工具而發明蒸汽機，把知識系統地運用於勞動過程的管理，通過「時間研究」（Time Research）和「動作研究」（Action Research），實現了管理工作的標準化，按照泰羅的思維方式所設立的「勞動準備部門」關注的重點就是加強和更新勞動的技能。泰羅認為，通過合理量度一個勞動力一天的勞動標準，計算一個勞動力一天勞動的合理報酬，促進機器生產體系和技術流程的不斷進步，就可以實現「科學管理」（Scientific Management）。[3] 泰羅強調管理研究方法的理性與科學性，主張組織與工作設計的決策應該建立在對個別情況

---

[1] Daniel A Wren. Management history: issues and ideas for teaching and research [J]. Journal of Management, 1987, 13 (2): 339-350.

[2] William Lazonick. Controlling the market for corporate control: the historical significance of managerial capitalism [J]. Industrial and Corporate Change, 1992, 1 (3): 445-488.

[3] Frederick W Taylor. The Principles of Scientific Management [M]. New York: Harper-Row Publishing House, 1911.

精確而科學研究的基礎上,他所倡導的「科學管理」致力於把組織建設成高效運轉的機器。科學管理主張,管理者應當為每一項工作制定精確的、標準化的流程,挑選具備適當能力的工人,對工人進行標準操作規程的培訓,制訂工作計劃,並提供工資激勵以提高產出水準。

古典管理理論的另一分支是古典組織理論(Classical Organizational Theory)。法約爾、穆尼、巴納德等人強調要從整體上宏觀地看待組織的設計與運轉,德國社會學家馬克斯·韋伯(Weber)提出了有效地解決組織內部協調和效率問題的組織理論,法國企業家法約爾(Fayol)和美國企業家穆尼(Mooney)[1] 最早開始進行了以法規和理性為基礎的組織管理探索。隨著古典組織理論的發展,科層制組織的建立和職業經理人的出現,一種被美國管理學家小阿爾弗雷德·錢德勒(Chandler)稱為「看得見的手」(The Visible Hand)的相關組織行政管理知識和管理技能成為了支撐組織運行的理論學說。[2]

在20世紀40年代,古典管理學集大成者、英國管理學家林德爾·厄威克(Urwick, 1943)在他的著作《管理的要素》一書中就提出應當對主要的管理著作及思想進行歸納總結,以形成管理學的統一理論框架。厄威克認為,科學管理與一般行政管理在思想上和術語上極為相似,因而他提出了他認為適用於一切組織管理的八項原則。[3] 厄威克最大的貢獻是對古典管理理論進行了綜合。他在《行政管理原理》一書中,把各種管理理論加以綜合,創造出一個新的體系:他把泰羅的科學管理理論和科學分析方法作為指導一切管理職能的基本原則,綜合了泰羅、法約爾的計劃、組織管理要素,將計劃、組織、控制職能作為管理過程的三個主要職能,將法約爾的管理原則放在管理的職能之下。發展出控制職能,說明了控制職能包括配備人員、挑選和安排教育人員等。由此形成了泰羅、法約爾和厄威克等為代表的古典管理學派。

在20世紀20至30年代,霍桑實驗(Hawthorne Experiment)的研究成果的發表,引發了一場善待員工的革命,並為後來研究員工的需求與待遇、領導、激勵、人力資源管理奠定了基礎。美國哈佛大學心理學家喬治·埃爾頓·梅奧(George Elton Mayo)、弗里茲·朱利斯·羅特利斯伯格(Fritz J Roethlisberger)關於人際關係的著作,美國社會心理學家庫爾特·盧因(Kurt Lewin)從人性化角度談管理的著作使工業心理學和人際關係學說受到人們的關注。

1954年11月6日這一天是管理學劃時代的日子,德魯克《管理的實踐》一書的問世標誌著管理學進入到現代管理學階段。《管理的實踐》是現代管理思想的啟蒙書,幾乎所有的現代管理思想都來自於這本書,或可以在這本書中找得到蹤影,它在概括管理思想和管理實踐方面達到了一個全新的高度,它的重要性比其他任何管理學著作都重

---

[1] James D Mooney, Alan C Reiley. Onward industry: the principles of organization and their significance to modern industry [M]. New York: Harper and Row, 1931.

[2] Alfred D, Chandler J. The Visible Hand: the management revolution in American business [M]. Cambridge: Harvard University Press, 1977.

[3] Lindall F Urwick. The elements of administration [M]. New York: Harper, 1943.

要。德魯克對管理學的基礎原理進行了精確闡釋,在該書的開始部分,德魯克就高度強調管理的重要性:「在人類社會演進的中,管理的出現,無疑是一個重大的轉折點……未來西方文明將延續多久,管理就有可能持續扮演主導這個社會制度的角色……管理傳達了現代西方社會的基本信仰……很明顯地,它是這個社會的主要器官,負有讓社會資源充分發揮生產力的重責大任……它反應了當今時代的基本精神……就本質而言,管理是這個社會不可或缺的要素。」[1]

可以這樣說,20世紀50年代到80年代是現代管理學高速發展的時代。管理學中最重要的概念,如目標管理(MBO)、人力資源管理(Human Resource Management)、雙因素理論(Two Factor Theory)、管理方格論(Management Grid)、「X理論」和「Y理論」、權變(Contingency)、決策樹(Decision Tree)、一體化(Integration)與多元化(Diversification)、零基預算(Zero Based Budgeting)、授權(Empowerment)、質量管理小組(Quality Cycle)、Z理論、組合管理(Portfolio Management)、卓越(Excellence)、走動管理(MBWA)、看板管理(Kanban Management)、矩陣組織(Matrix Organization)、戰略管理(Strategic Management)、內部創業(Intrapreneuring)、組織文化(Organizational Culture)、自我管理團隊(Self-management Team)和全面質量管理(Total Quality Management)等,都是在這一時期產生的。

直至20世紀80年代,在工業革命時期發展起來的行為科學理論和科層制理論一直是組織設計與運轉的主要理論基礎。總體來說,對工業經濟時代的大多數組織還是適用的。但在20世紀80年代,問題開始出現了,日趨激烈的市場競爭,尤其是經濟的全球化,改變了競爭的場所(Playing Field),使企業孕育出新的價值觀:注重精細化、靈活性、快速顧客回應、員工激勵、顧客關係和優質產品與服務。

隨著組織規模的擴展,管理者角色也發生了很大的變化,組織知識也隨著實踐過程而得到更多的累積。有關組織知識的利用和知識的配置不僅表現為組織經常性的勞動培訓,而且也推動了管理者角色的變化和組織職能的變化。但是,從20世紀90年代起,人類進入一個以知識創新密集為特徵的後工業經濟時代,傳統的勞動密集型、資本密集型的組織正在被技術密集型和知識創新密集型的後現代組織所取代。科學技術的高速發展、知識工作者數量的擴大、社會文化的重大變遷、經濟的全球一體化等既是知識創新密集型組織得以產生的原因,同時又加劇和擴大了知識創新的進程。所有的這一切,又呼喚著新的管理思想與更加柔性的組織與管理方法。

二、管理學的主要理論流派

可以這樣說,管理學概念數量之多,可謂是汗牛充棟。管理學的各種分析方法、大量的理論研究以及各種不同的觀點導致了一些混亂現象產生,如對什麼是管理、什麼是

---

[1] Peter F Drucker. The practice of management [M]. New York:Harper Press,1954.

管理理論和管理科學，以及如何分析管理的各種問題等存在著爭論。我們看到，管理學者和實際管理工作者的不同貢獻形成了不同的管理分析方法，結果造成一種「管理理論的叢林」。

在過去的50年間，管理學的理論流派或研究取向有了很大的發展和變化。1961年12月，美國著名管理學教授哈羅德・孔茨（Koontz, 1961）在其發表的一篇著名論文《管理理論的叢林》中，把當時的管理理論分歧稱為「管理理論的叢林」（The Management Theory of Jungle）。哈羅德・孔茨對第二次世界大戰之後的管理理論中的各種學派加以了分類和詳細說明，他認為當時的管理學的理論流派有六大流派或研究方法（Schools）。他們是：①管理過程學派（The Management Process School）；②經驗或案例學派（The Empirical or 『case' Approach）；③人際行為學派（The Human Behavior School）；④社會系統學派（The Social System School）；⑤決策理論學派（The Decision Theory School）；⑥數量學派（The Mathematics School）。

孔茨（Koontz, 1961）在評價各種管理理論時指出：「當前這股學術浪潮，帶來了眾說紛紜、莫衷一是的局面……管理理論的一些早期的萌芽，現在已經過於滋蔓，成了一片各種管理理論學派盤根錯節的叢林……不難想像，現在要想穿過我們稱之為管理理論的這個叢林會有多麼不容易。」[①]

孔茨的這篇文章促成了美國管理學界的一場大辯論。1962年夏天，哈羅德・孔茨邀請了一批著名的管理學者和實際管理工作者，在加利福尼亞大學洛杉磯分校（UCLA）校園內舉行了一次管理理論的討論會，孔茨是這次會議的主席。與會者重溫了不同的管理學派的思想並就能否綜合形成一種一般管理理論展開了激烈的討論。事實上，這次討論會反應了管理理論的不一致的狀況，管理學者們只能瞭解那些來自同一專業的人，實際管理工作者卻不瞭解學者，反之亦然；值得注意的是，管理學唯知性目標和實用性目標之間的聯繫卻被人為地割裂開來，管理學理論家們和實際管理工作者各執一端。管理學理論家們追求唯知性目標，實際管理工作者卻追求實用性目標。前者關心的主要是各種學說，以及假設是否成立、是否真實，而後者常常從效率觀念出發，關心的主要是實際成果在組織、技術和企業制度中所起的作用。「管理理論中的許多糾纏不清的問題都是由於管理學者們不能或不願相互瞭解而引起的。但是，管理學者們不會缺乏相互瞭解的能力。所以，只能得出一個結論，他們相互不瞭解的障礙在於不願意」。因此，到會議結束之時，大家仍未能達成共識。然而，在會上孔茨極力宣揚了管理過程學派，認為這個學派致力於以管理職能框架來綜合各種管理理論、管理實踐經驗以及邊緣的學科理論和知識，指出它作為一種一般管理理論，為走出「叢林」開闢了道路。

經過20年左右，1980年哈羅德・孔茨在另一篇論文《管理理論的叢林再探》中認

---

① Harold Koontz. Management theory of jungle [J]. Academy of Management Journal, 1961, 3 (4): 174-188.

為，經過時間的發展，管理理論的叢林更深，並發展成為11個不同的理論派系。[1] 孔茨承認每一個學派都對管理理論的發展做出了貢獻，但哈羅德·孔茨指出：不應把管理內容和管理工具混淆。例如，不應將行為科學學派、數量學派等等同於管理，而應將它們看作是管理人員的工具。[2]「毫無疑問，運籌法之類的數學方法和模型製作方法是完全適用於企業管理科學理論中的計劃和控制領域的，多數企業管理學家都懂得這一點。」因此，哈羅德·孔茨的結論是管理學正在走向分歧，而並不是在走向統一。「無疑形成一種適用的管理理論和科學的進程是緩慢的，無疑我們仍舊未能就管理的科學基礎獲得明確的認識，也還不能清楚地表達合格管理者的確切含義。」[3]

在哈羅德·孔茨去世之後，他的同事海因茨·韋里克（Heinz Weihrich）繼續對管理理論叢林進行分類，他認為在孔茨對管理理論進行分類以來，這個「叢林」裡的植物生態結構發生了一些變化，一些新的理論或方法正在發展，但管理學理論的發展，仍然具有「叢林」的特色（參見表1-1）。[4]

表1-1　　　　　　　　　管理理論思想的流派或管理方法

特徵與貢獻	局限性
經驗法或案例法（The Empirical or『Case』Approach）	
通過案例研究經驗，鑑別成敗的因素	情況是完全不同的 並不企圖去確定一些原則 限制了發展管理理論的價值
人際行為法（The Interpersonal Behavior Approach）	
注重人際行為、人際關係、領導藝術和激勵的研究。 以個人心理學為基礎。	不顧計劃組織和控制。 心理訓練不足以成為一名有效的主管人員。
群體行為法（The Group Behavior Approach）	
強調在群體中人的行為。以社會學和社會心理學為基礎。 主要研究群體行為模式。對大型群體的研究常稱為「組織行為」。	往往沒有完整的管理概念原則、理論和技術。 需要更緊密地結合組織結構設計、配備人員、計劃和控制。
協作社會系統法（The Cooperative Social System Approach）	
致力於把人際行為和群體行為兩個方面引導到一個協作系統中。 把概念擴大到任何一個具有明確目的協作集體。	對於管理研究的範圍過於廣泛。 同時，它忽視許多管理概念、原則和技術。

---

[1] Harold Koontz. The management theory of jungle revised [J]. Academy of Management Journal, 1980, 5 (2)：175-187.

[2] Harold Koontz. Management theory of jungle [J]. Academy of Management Journal, 1961, 3 (4)：174-188.

[3] Harold Koontz. The management theory of jungle revised [J]. Academy of Management Journal, 1980, 5 (2)：180.

[4] Harold Koontz, Heinz Weihrich. Management：a global perspective. New York：McGraw-Hill Inc, 1993.

表1-1(續)

社會技術系統法（The Social Technical System Approach）	
技術系統對於社會系統有巨大影響（個人態度群體行為）。 著重在生產辦公室業務以及技術系統和人之間具有緊密關係的其他方面。	只強調藍領和低層的辦公工作。 忽視更多的其他管理知識。
決策理論法（The Decision Theory School）	
強調決策的制定，做決策的人或群體以及決策過程。一些理論家把決策看作研究所有企業活動的出發點。現在對研究範圍已經沒有了明確的界定。	比起決策來，有更多的管理工作。在同一個時間，重點既過於狹隘而又過於廣泛。
系統法（The Systems Approach）	
系統概念有廣泛適用性。 系統有範圍，但它們也和外部環境一起相互影響，即組織是開放系統。 認識到研究一個組織和許多子系統內的計劃組織和控制的內部關係的重要性。	各系統與子系統的內部關係的分析以及組織同它們的外部環境相互影響的分析。 幾乎不能考慮新的管理方法。
數學的或「管理科學」方法（The Mathematical or「Management Science」Approach）	
管理工作被看成是數學過程、概念符號和模型。把管理看成是一種純粹的邏輯過程，用數學符號和數學關係來表示。	首先要做的是建立數學模型。 管理工作的許多方面並不能模型化。 數學是一種有用的工具，但很難說是一種學派或是一種管理方法。
權變或隨機制宜的方法（The Contingency or Situational Approach）	
管理實務取決於環境（是隨機制宜的或因情況而異的）。 隨機制宜理論認識到已知的解決方法對企業行為模式的影響。	管理人員早已體會到沒有一種可以到處適用的最佳方法。 難於確定所有的隨機制宜有關因素並指明它們的關係，因為這些關係可能是很複雜的。
管理任務法（The Managerial Roles Approach）	
最初的研究是對五位總經理進行觀察，在此研究的基礎上確定了主管人員的十項任務並分為三類：①人際關係的；②信息的；和③決策的任務。	最初的樣本很小（只有五個經理），有些活動不屬於管理的範圍。活動實際上就是計劃組織、人事、領導和控制。 但一些重要的管理活動卻未加以考慮（如主管人員的考評）。
麥肯錫的 7-S 結構體系（The McKinsey 7-S system）	
這七個 S 是：①策略（Strategy）；②結構（Structure）；③系統（Systems）；④作風（Style）；⑤人員（Staff）；⑥技能（Skills）；⑦共有價值觀（Shared-values）。	雖然這家富有經驗的諮詢公司現在採用這樣一種結構體系，它類似於 1955 年以來由孔茨等發現的這一有用的體系，在肯定它的實用性的同時，應指出其所用的專門名詞不確切，而且對問題也沒有進行深入討論。
運籌法（The Operation Research Approach）	
把其他領域和管理方法的概念、原理、技術和知識匯聚在一起，旨在發展實用性的科學和理論。 這一方法對管理知識加以區分並圍繞計劃、組織、人事、領導和控制五項管理職能制定出分類體系。	並不同於某些作家那樣把「代表」或「協作」看成是一種獨立的職能。例如，協作是管理人員的本質並且是管理工作的目的。

第四節　管理理論研究的範圍

在一般的管理學理論的研究中，在分析現象時也可以使用不同的理論角度來解釋組織和個體的行為。這些不同角度的區別，多在於以不同層面來分析組織現象、對社會及環境對組織和個人行為的限制給出的不同假設。在這裡，我們可以說，管理理論是從不同的角度對無限的現實世界所做出的選擇或解釋。在這些理論中，可以按第二次世界大戰之後的幾十年間的管理學發展歷史進程來進行討論。

一、組織理論的研究

管理學的焦點問題是組織如何有效地運作問題，因此，早期的管理學文獻及研究大多集中於如何改善組織內的工作方法和組織結構，以使一般的生產力得以提高。這方面的研究可以統稱為組織理論（Organizational Theory）。

現代組織理論認為不僅組織內部問題，尚有組織外部問題、組織內部調整問題、組織的動態均衡問題都是重要的。所謂的組織的動態均衡就是要利用經濟學的方法來實現組織內部生產力和外部效用的均衡，使組織做出適應外部環境的決策，利用適當的技術，通過組織的各種要素的配合，實現組織的利益（外部均衡）。同時通過創造貢獻（勞動、資本、知識、信息、技術、銷售和利潤）、分配誘因（工資、股息、商品和勞務）和說服的方法（內部均衡）使集體勞動體系（組織）生存和發展。第二次世界大戰之後討論較多的課題是：組織的環境、組織設計與結構、組織的生命週期（Life Cycle）、組織的成長、組織內的權力政治活動、組織的創新和轉變，以及科技的管理等課題。這類課題以較為宏觀的角度來審視組織的各種活動，著重如何提高組織的效能（Effectiveness）和效率（Efficiency）。第二次世界大戰之後的數十年間，許多研究組織問題的學者都認識到了對待個人需求與組織目標之間的矛盾亦即內部協調問題，並從理論和實踐兩方面提出各種解決辦法，大幅度地修改甚至重塑了科層制體系機制的基本特性。

20世紀90年代以來，隨著知識經濟時代的來臨，互聯網的發展和新經濟的興起催生了企業組織結構和經營模式的變革，要適應未來競爭的需要，必須打破原有嚴格等級模式並重建組織概念、邊界和原則，建構組織理論的新範式。今天，全球化、信息化和網絡化所帶來的巨變對組織的各個方面產生了深刻的影響。這種影響的一個重要體現就是組織概念和邊界正在變得日益模糊，組織之間的關係更加複雜，組織與市場、組織與環境之間的關係錯綜複雜。企業之間，你中有我，我中有你；企業組織與市場之間，企業中有市場，市場中有企業。透過這些現象，人們不禁要追問，知識經濟時代的組織究竟是什麼樣？組織邊界在什麼地方？組織與市場是什麼關係？在經濟網絡化的背景下，

應當如何提升組織的效能和效率？所有的這些問題，都涉及組織理論的發展問題。

20世紀90年代以來的研究熱點主要集中於組織與市場、組織與組織之間的關係（Inter-organizational Relationship），較熱門的理論有交易成本理論（Transaction-cost Theory）、資源基礎觀（Resource-based View, RBV）、知識基礎觀（Knowledge-based View, KBV）、能力理論（Competence Theory）、動態能力理論（Dynamic Capability Theory, DCT/Dynamic Capabilities Perspective, DCP）、社會邏輯觀（Social Logic View, SLV）、組織學習（Organizational Learning）、種群生態學（Population Ecology, PE）、協作網絡理論（Collaborative Network Theory）等，應用主要集中在網絡組織（Network Organization）、戰略聯盟（Strategic Alliance）、知識創新型公司（The Knowledge Creating Company）和虛擬組織（Virtual Organization）等方面。

應當看到，現代組織理論，特別是組織經濟學中的組織生態學、資源依賴理論、協作網絡理論和制度理論等不同的流派，由於它們賴以形成和發展其理論範式的所屬或所關聯的學科門類並不相同，而且各學科門類在學科發展的程度和對有關概念的界定上存在著很大差異，從而使組織理論研究面臨著極其複雜、多樣甚至混亂和難以統一的狀況。[1]

二、以「人」為本的研究

以「人」為本的研究和討論也是第二次世界大戰之後管理學發展的重點課題。這方面的研究者非常注重心理學和社會心理學，尤其是作為社會心理學對象的個人和激勵個人的事物。研究者有的把處理人際關係看成只是管理者職務的一部分，只是一種工具。管理者借助於這種工具可以理解人們的需求，並通過滿足人們的需求和進行激勵來使人們做出最大的貢獻；另一些研究者則把個人和團體的心理學行為看成是管理學的主要內容。研究者中的有些人強調處理人的關係是管理者應當很好地加以領會和運用的一種技能；另外有些人則重視管理者的領導職能，有時甚至把管理等同於領導；這樣，實際上就是把一切群體活動都看成是「受到管理的狀況」。有的人把對群體動態和人際關係的研究乾脆看成是一種社會心理學關係的研究。

以「人」為本的研究包括了組織行為學（Organizational Behavior）和人力資源管理學（Human Resource Management）兩個方面。這兩個課題各有不同的重點，但卻互為補充。

組織行為學主要探討組織內個人行為及群體行為，包括個人的性格（Nature）、認知風格（Cognitive Style）、價值觀的差異（The Difference of Value）、學習的方式和決策的異同、激勵（Motivation）和領導方法（Leadership）、工作組合（Work Group）、小組動態（Group Dynamic）、衝突管理（Conflict Management）、溝通管理（Communication Man-

---

[1] 王鳳彬，陳莉平．學科研究與企業管理科學的發展

agement）等。同時也以人為主來探討一些宏觀（組織的整個行為）的課題，例如，創新和創意（Entrepreneurship and Innovation）、組織變革（Organizational Change）、組織文化（Organizational Culture）等。

人力資源管理學主要是處理一些有關吸納、遴選，以及保留有素質的員工的各種問題。[1] 例如人力資源計劃、人員配置、獎勵制度、考核制度、培訓和發展等。另外，一些與人力資源有關的較為宏觀的課題也在研究之列，如組織職業生涯管理（Organizational Career Management）、雇傭關係（Employment Relationship）、集體談判（Collective Bargaining）、勞動力市場（Labor Market）、性別與就業（Gender and Employment）、工作的生活質量（Quality of Work Life）、組織人口學（Organizational Population），以及近年流行的戰略性人力資源管理（Strategic Human Resource Management，簡稱 SHRM）等。

當企業逐漸國際化，所面臨的競爭會更加劇烈。相比之下，與人有關的問題也愈重要。如何吸引、留任與激勵越來越多樣化的人力已成為當前最重要的課題。吸引即獲得具有技術、知識、能力的人才，使員工讓組織更具有競爭力很重要，而以往強調管理特權的控制系統，勢將無法彈性因應。因此，如何通過有效的人力資源管理，以提升員工工作效率，是決定組織績效與生存的重要因素（Walton，1985）。近年來，人力源管理除了傳統的人事薪資功能，例如，確保、開發、報償、維持等之外，也將人力資源各項功能和活動融入組織的戰略需求中，與組織的戰略需求相輔相成，即所謂的戰略性人力資源管理（SHRM）。

德文納等人（Devanna，Fombrum & Tiehy，1984）在1984年最先提出了戰略性人力資源管理的架構圖，認為當企業的環境改變時，將會影響組織的戰略、結構與人力資源管理的方法，必須通過這些因素的相互調整，才能建構出戰略性的人力資源管理。可以這樣說，戰略性人力資源管理的管理活動對於發展和執行戰略性經營的需求（Strategic Business Needs）扮演著極其重要的角色；人力資源管理的角色從過去的作業性地位提升為戰略層次，隨著資本與技術取得越來越容易，對組織持續競爭優勢來源的研究，逐漸朝向提升組織能力方面發展（Ulrich & Lake，1990）[2]。多數戰略性人力資源管理領域的學者特別將焦點放在「有計劃的人力資源調度與活動的模式，以促進實現組織的目標」

---

[1] 與人事管理相比，人力資源管理主要具有如下特徵：第一，就工作內容而言，其不僅包括傳統的人事管理活動，而且包括人力資源規劃與實踐活動，輔助決策活動。其內容更廣，工作模式更加靈活，並逐步進入直線職能，擁有直線職權。第二，就其與組織戰略的關係而言，是一種雙向聯繫：即戰略的規劃與制定要求人力資源管理部門提供信息以檢驗其可行性；當基於人力資源管理者的輔助而制定了戰略目標及執行策略後，又需人力資源管理進行相匹配的規劃與實踐活動。與人事管理相比，人力資源管理在戰略制定中發揮了一定的輔助作用。第三，就其績效關注的焦點而言，由關注本部門績效向關注組織績效轉移，由短期導向逐漸向長期導向轉變。第四，就其角色而言，逐漸由執行者、操作者轉向為控制者、規劃者。

[2] Dave Ulrich, Dale Lake. Organizational capability: competing from the inside out [M]. New York: John Wiley and Sons, 1990.

(Wright & McMahan, 1992)① 上。這個著眼點強調兩種類型的適配或匹配：第一，「垂直適配」包括公司的人力資源管理實務與戰略管理程序的調校；第二，「水準適配」意味著各種人力資源管理實務的一致性。垂直適配是以主動的行動引導人力資源以實現組織的主要目標，實現水準適配則為有效配置這些資源的工具。

有關戰略性人力資源管理的發展，美國新澤西州立大學（又名羅格斯大學-Rutgers）全球勞動力研究中心主任蘭德爾·舒勒（Schuler, 1992）提出所謂的「5-P 模式」（5-P Model）來解釋戰略性人力資源管理的內涵。這個模式中所涵蓋的人力資源管理活動都有可能是戰略性的，其決定關鍵在於是否與企業之戰略需求有系統性的聯結。所謂的5-P model 主要有以下五個部份：人力資源哲學（Philosophy）、人力資源政策（Policy）、人力資源計劃（Program）、人力資源實務（Practice）和人力資源過程（Process）。②

三、戰略管理學的研究

20世紀70年代後期崛起的戰略管理學（Strategic Management）是受人關注的一個重要課題。戰略管理學所研究的內容是組織應當如何掌握環境的變化，並制訂一套長遠的行動方針，來保持組織的競爭力。這是一個較為新興的研究課題。早期的研究以公司政策（Corporate Policy）的討論為主，加上市場學（Marketing）的觀念而得到了較大的發展，後來則廣泛應用了組織經濟學、組織理論和心理學的知識，成為管理學上一個特定的研究領域。

戰略管理的討論包括較為傳統的環境分析、產業（市場）分析、戰略制訂和實施過程，各種競爭戰略、戰略性的公司治理結構和獎勵制度、多元化業務的戰略和管理、近年來討論較多的全球化戰略（Globalization Strategy）、組織的資源與核心競爭能力（Core Competence）、組織的戰略聯盟以及高級管理人員的戰略構思等課題。

20世紀90年代以來，戰略變革（Strategic Change）的背景問題日漸突出，主要的原因是在知識經濟時代，由於組織及其技術、政治和社會環境越來越複雜多變，組織變革的規模和複雜程度也隨之逐漸增長。這種發展趨勢使人們從「戰略過程」的角度來看待組織發展，在組織層面鼓勵計劃變革過程。互聯網的發展和新經濟的興起催生了對企業商業模式（Business Model）的研究，與此相關的企業租金理論再度受到人們的重視。同時，在20世紀90年代，戰略管理理論形成了資源基礎觀（Resource-based View, RBV）、動態能力論（Dynamic Capabilities Perspective）和知識基礎觀（Knowledge-based View）三大理論齊頭並進發展的局面。動態能力論和知識基礎觀認為，應當更加強調企

---

① Wright P M, McMahan G C. Theoretical perspectives for strategic human resource Management [J]. Journal of Management, 1992, 18 (2): 295-320.

② Randall S Schuler. Strategic human resource management: linking the people with the strategic needs of the business [J]. Organizational Dynamics, 1992, 21 (1): 18-31.

業獲取和累積資源的過程，更加強調對企業間互動行為的研究，使分析的視角轉向相互聯結、相互嵌入的企業網絡。

同時，戰略管理向其他學科的滲透的分支，如戰略性人力資源管理（SHRM）、戰略管理會計（Strategic Management Accounting，簡稱 SMA）、戰略性知識管理（Strategic Knowledge Management）[1]等也成為一些特定的研究領域。

四、知識管理和知識創新型組織的構建

事實上，從 20 世紀 80 年代起，人類進入一個以知識創新密集為特徵的後工業經濟時代，傳統的勞動密集型、資本密集型的組織正在被技術密集型和知識創新密集型的後現代組織所取代。科學技術的高速發展、知識工作者數量的擴大、社會文化的重大變遷、經濟的全球一體化等既是知識創新密集型組織得以產生的原因，同時又加劇和擴大了知識創新的進程。

傳統經濟學家「將企業組織視為黑箱（Black Box），僅探討投入與產出」的觀點，已經無法適用於今天信息技術飛速發展和全球經濟一體化高度競爭的情況。各領域學者開始研究「黑箱」內部的運作本質，發現創造公司產品與服務價值的主要生產要素是員工的知識，它深藏在員工日常的工作與實踐當中。員工把知識化為行動，為公司創造市場價值，也為個人創造生存價值。有時候，新技術的出現可能會扭轉競爭模式，但最終所有公司都能購得同樣的技術，沒有任何公司能夠長期壟斷最尖端技術，因此，技術並不是持久的競爭優勢來源。而點子（Ideas）和商業模式（Business Model）推動了全球市場的形成和發展，但好點子和新商業模式很快就被眾所周知，競爭對手可以很快地模仿最好的產品或服務點子、商業模式，或產生更好的點子和商業模式，新產品與製造的優勢將越來越難以維繫。唯有具備豐富知識和知識管理良好的公司，憑藉著不斷提升質量、創意、效率及顧客價值，才能持續不斷地維持競爭優勢。有形資源越用越少，知識資產則越用越多，企業已經覺悟到「知識導向」，組織才能在未來具有競爭優勢。

20 世紀 90 年代中期以來，管理學理論發展的一個鮮明特點是注重知識管理（Knowledge Management）構建知識創新型公司（The Knowledge Creating Company）。這一時期非常流行的關於創新和全球競爭的兩本書，在它們的標題裡就包括了「知識」範式的概念，比如美國管理學家列昂納德·巴頓的《知識的源泉：建立並保持創新的源泉》[2]和日本管理學家野中鬱次郎和竹內廣隆（Nonaka & Takeuchi，1995）的《知識創造型公司：日本公司如何培養創造力和創新性以獲得競爭優勢》。[3] 他們介紹了許多的日本公司

---

[1] Ann B Graham, Vincent G. A question of balance: case studies in strategic knowledge management [J]. European Management Journal, 1996, 14 (4): 338-346.

[2] Dorothy Leonard-Barton. Wellsprings of knowledge: building and sustaining the sources of innovation [M]. Boston: Harvard Business School Press, 1995.

[3] Ikujiro Nonaka, Hirotaka Takeuchi. The knowledge creating company: how Japanese companies create the dynamics of innovation [M]. New York: Oxford University Press, 1995.

和美國公司,如惠普(Hewlett-Packard)、摩托羅拉(Motorola)是如何通過有效的建立和管理知識來獲取競爭優勢的。這些知識能力被描述為「核心競爭力[①]」「無形資產[②]」「知識資本」「智力資本」[③],並說明了它們對提升組織效能做出了很大的貢獻。

今天,人們已經認識到,瞭解知識的本質已經變得非常重要。如果我們從知識基礎觀(KBV)看待組織知識管理的研究,那麼在組織被視為一座分佈且嵌入知識庫的基本思維下,知識分享無疑是組織知識管理中最基本的課題。

我們必須認識到,對組織的集體學習和知識創新,既反應出組織所面臨的一種知識危機,又預示著組織內部各種人際關係、權力關係的再調整。組織知識管理問題實質上是一種組織權力關係的再調整。

五、企業家精神和創業現象的研究

小型企業的管理(Small Business Management)的研究往往集中於企業家如何創業,這就是企業家精神的研究(Entrepreneurship Studies)。管理學者都認為企業家與大機構的管理人員是有區別的,他們有獨特的思想和決策方法,創業時所面對的管理問題也有所不同,因此,應單獨進行研究。今天,無論是實業界還是學術界,對於企業家精神和創業現象都表示出越來越強烈的興趣與關注。雖然有眾多的作者寫了大量的文章來宣傳企業家精神和創業現象,介紹企業家精神、創業活動,分析創業過程,然而,專門針對企業家精神和創業理論的系統性研究還很少。從國外的文獻來看,對於企業家精神和創業現象的分析開始於18世紀中期,經過兩個世紀之後,在20世紀80年代得到迅速發展,直到今天呈現出越來越熱烈的局面。

今天,國內外學者對於企業家精神和創業的現象和行為的研究的興趣越來越濃,進行了系列企業家精神和創業理論研究。例如,微軟(Microsoft)、英特爾(Intel)等著名公司從小企業發展成為全球500強中成功的大企業只用了不到20年的時間,如此的迅速和如此的成功,是歷史的必然還是歷史的偶然?如果是偶然,只能說明這些企業運氣好;如果是必然,那麼這些企業獲得巨大成功的背後必然隱藏著某些奧秘和規律。對這些奧秘和規律的探索引起了學者們極大的興趣。如何加快中小企業的發展、如何發現和培養更多的創業家、如何提高企業家創業的積極性、創業家的行為有什麼特徵等都是對企業家精神和創業現象研究的主要內容。

需要指出的是,進入新世紀之後,創業研究主題才逐漸引起一般管理學領域學者的重視。研究課題也從早期較多地探討創業家人格特質而漸進拓展至創業機會、創業戰略、國際創業、創業環境、創業團隊管理等更廣泛的領域,顯示創業研究的深度與廣度

[①] Prahalad C K, Gary Hamel. The core competence of the corporation [M]. Harvard Business Review, 1990, 68 (5): 79-91.

[②] Hiroyuki Itami, Thomas Roehl. Mobilizing for invisible assets [M]. Cambridge: Harvard University Press, 1987.

[③] Leif Edvinsson, Michael Malone. Intelligent capital: realizing your company's true value by finding its hidden brainpower [M]. New York: Harper Business Press, 1997.

已獲得顯著提升。

在研究主題方面，目前研究多著眼於創業投資、公司創業的課題，或僅是以一般管理概念分析新事業開發的問題，而明顯忽略從創業前期的概念來探討創業過程管理的課題。

事實上，企業家精神和創業卻是一個非常寬泛的名詞，對企業家精神和創業理論進行研究的學者來自各個領域，如經濟學、管理學、金融學、社會學、心理學、教育學、法學、商業倫理學、公共政策學等。這說明，創業是一種多維度的概念，橫跨多個學科領域，因此許多理論都可用以解釋創業現象。研究者們針對創業研究常應用的理論有認知理論（Cognitive Theory）、社會網絡理論（Social Network Theory）、資源基礎觀（Resource-based View）與制度理論（Institutional Theory）等，探討它們對於創業研究的影響與應用方向。通過理論應用來瞭解創業的內涵，目的是為了使未來創業研究能建立在更為堅實的理論基礎上。這些不同領域的企業家精神和創業研究，並不著眼於理論的整合或創新，而是旨在說明這些理論與創業課題的關聯性。

由於企業家精神和創業理論來自於不同的領域，有著不同的基本假設、研究範疇，以及適用範圍，甚至這些理論也存在著互補與衝突。我們應注意理論層次的問題（Level of Theory），具體如下：

認知理論主要用於個人層次的分析。認知理論試圖說明為什麼有些人能發現機會、有些人會去開創新事業、為什麼有些人能夠創業成功。認知理論的研究者認為，要瞭解創業的核心，必須更深入地去探討創業家的本質。因此，許多研究者從認知心理學的角度切入，試圖解開創業家認知模式的黑盒子（Black Box），憑藉此探索如何才能有效發掘創業機會。認知理論可用以連結創業家認知與創業環境、創業行為之間的關係，使研究者思考有關於創業心理的課題。綜合而論，認知理論可以為創業研究提供較為豐富的理論基礎，使研究者能夠更深層次地分析創業家與創業團隊發掘機會的心路歷程。

社會網絡理論可以用於連結總體與個體層次的分析。社會網絡可以定義為兩個以上的個人或組織所形成的關係連結，是創業家獲得外部信息與資源的重要渠道。社會網絡的內涵按照不同維度進行分類，可分為個人與組織網絡兩大類。個人網絡是指創業家直接接觸的人際網絡，包括朋友、家人、關係密切的公司同事、老師及其他相關人員，而組織網絡則指企業對企業的正式關係。創業家可經由投資夥伴、經理人、顧客、供應商、其他利益關係人之間跨越疆界的活動，來發展這些網絡。社會網絡理論提出連結強度的概念，並以「接觸的頻率、關係的情感密度、熟悉程度與行動者的互惠承諾」等四項準則來度量連結強度，並可分為強連結（Strong Ties）與弱連結（Weak Ties）兩大類。強連結傾向於以長期關係來連結的熟悉朋友，例如親近的朋友與家人，優點是可提供搜尋有利信息及關鍵資源的捷徑，降低監控與談判的成本。然而，強連結關係也有其缺點，當網絡成員中同質性太高，會使信息的重複性過高。相對來說，弱連結是指鬆散及非情感性的連結，可增加接收新信息及認識新朋友的機會，並可為新的連結關係打開

一扇大門。目前，社會網絡在創業研究中已逐漸受到重視。然而，更細節的網絡內涵以及維度間因果關係仍有些模糊，目前創業研究還缺乏對於網絡理論應用的全面檢討，而且實證性研究也相當不足。

資源基礎觀以組織層次為主。資源基礎觀強調企業必須具備有價值的戰略性資源，才能擁有競爭優勢，資源基礎觀認為，有價值、稀有性、不可模仿性、不可替代性等四種資源的特徵，可用以辨識戰略性資源。對於創業家來說，擁有戰略性資源才能打敗競爭者，同時還要長期維持競爭優勢。由於創業課題與資源獲取與配置息息相關，因此需要利用資源基礎觀來加以解釋。結合資源基礎觀與創業課題，試圖擴展資源基礎觀的應用範圍，並建立適合於解釋創業行為的新理論。雖然異質性（Heterogeneity）是創業與資源基礎觀的共通點，但資源基礎觀著眼於資源的異質性，而創業則更傾向於探討資源價值信念（Beliefs）的異質性。事實上，資源基礎觀十分適合用來分析創業家的決策、機會認知、機會發現、組織能力與市場競爭優勢。由於創業活動是賦予資源一種新能力的活動，其強調創業活動中的資源異質性是發現機會的核心，因此資源基礎觀有助於解釋創業者的資源轉換過程。

制度理論則是探討總體層次的影響。制度是指規章（Norm）、禮儀（Ritual）、規則（Role）。制度是通過參與者不斷互動所形塑出的共同行為準則，處於該制度的個體將會受到結構的規範。制度學派理論對於組織生存的解釋，著重於組織如何調整其內部結構及運作方式以符合制度規範的要求。因此，制度理論強調企業的組織形態與運作方式，乃是受到制度環境中政治、法令、社會規範、文化認知等力量的影響。制度理論中的正當性/合法性機制（Legitimacy）對於創業過程的有著非常重大的影響。制度理論強調正當性機制，除了法律的正當性，還包括文化制度、觀念制度、社會期待等正當性。按照制度理論的觀點，可以發現一個國家的政治、經濟、社會等因素與新創事業之間存在著相互影響的關係，研究者或可針對各國不同的制度環境進行創業活動的比較，也或是探討政策、社會規範等對於創業的影響。

除了上述的理論之外，近來崛起的知識基礎觀（Knowledge-based View）、組織學習觀（Organizational Learning），以及動態能力觀（Dynamic Capability）等，也是值得關注的焦點。

儘管當前研究顯得紛繁複雜，但是企業家精神和創業究竟能否作為一個獨立的理論研究領域還沒有得到充分的確認。無論對於國內還是國外，對企業家精神和創業理論的系統性研究都處於剛剛起步階段。阿諾德·庫伯（Cooper, 2003）在對30年來的創業與中小企業研究的發展情況進行總結時認為，創業與中小企業研究單獨成為一個領域雖然時間不長，但隨著經濟的發展和中小企業作用的日益凸顯，學者們的研究興趣會越來越大，這一研究領域也會得到更快的發展。

六、移動互聯網時代價值創造的管理

今天，如何在移動互聯網時代進行價值創造並實施管理，已經成為管理學研究的熱

點問題。隨著這些熱點問題的出現，自組織（Self-organization）、跨界經營（Crossover）、去中心化的組織結構（Decentralization Structure），「混沌有序的組織」（Chaordic Organization）、跨界行銷（Crossover Marketing）、管理和經營整合（Curriculum Integration）[①]、社群管理（Community Management）和社群控制（Community Control）成為了人們關注的重點。

今天，隨著社交網絡的發展，傳統工業經濟時代似乎正離我們遠去。移動互聯網時代的企業組織的商務活動超出了現代管理學所設定的組織邊界和範圍。隨著企業組織競爭環境的日益動態化，跨界（Crossover）、速度（Speed）、柔性化（Flexibility）、整合（Integration）和創新（Innovation）成為導致互聯網經濟時代企業組織成功的關鍵因素。組織邊界和範圍需要企業組織快速地回應顧客多樣化的要求，推動了組織的學習和員工個體的不斷學習，企業組織應更多地關注跨界流程而不是專門化的環節。未來經濟與社會組織不再是凝固、僵化的「矩陣式」形態，而是呈現出在互聯網社群支持下個性張揚的「網狀」模式。

也就是說，互聯網時代帶來的是人類連接方式的改變：①互聯網時代將是自由連接的時代，即從組織協作轉向自由協作的時代；②將是豐富連接的時代，即從產品化商業轉向到體驗化商業；③將是聚合連接的時代，即從中心化傳播轉為碎片化傳播。正是這種連接方式的巨大改變，使互聯網時代又成為動盪劇烈的時代，環境的劇烈動盪是企業和個人不得不面對的重要問題。

應當看到，「規模」一詞仍然具有意義，但組織規模的概念卻正在發生實實在在的變化。美國管理學家湯姆·彼德斯（Peters，1988）認為：「舊的關於組織規模的概念必須廢棄。『新的巨大』可以是確實非常巨大，也可以是『網絡巨大』。以市場力量作為衡量規模的標準，指的是企業的外延家族，即處於流動和半永久狀態的夥伴們所具有的能力，而不是指自己擁有和直接控制的事物。」[②]與傳統的商業生態系統不同的是，移動互聯網時代的商業生態系統不再是廠商組織間的商業生態系統，而是廠商與消費者之間所構建的商業社群生態系統。商業社群生態系統的根本價值，是實現社群中不同層次消費者的價值主張與價值滿足。應當看到，在商業社群生態系統的構建過程中，消費者因為好的產品/內容/服務而聚合，並通過社群而實現沉澱。因此，消費者聚合與消費者沉澱是同一過程的兩個方面。因為用戶深度參與式的互動，構成了社群的價值界面，共同價值主張和興趣成為價值協同的基礎，因而使用戶得以留存，最後形成了深度聯結的用戶群，才有了定制化的 C2B 模式，最終變現了流量價值，成為了 business 2.0。

在移動互聯網時代，組織的概念已經擴大為包含組織外部的商業夥伴——供貨商及

---

① 英文 Curriculum Integration 的原意是學科整合，但用在移動互聯網時代價值創造的管理方面，是指按照統一標準，實施數據集中，在此基礎上，進一步使有交叉的工作流彼此銜接，通過一體化的舉措而實現信息系統資源共享和協同工作。其精髓就是將分散的要素組合在一起，最後形成一個有效率的經營整體或管理整體。注意，這裡的整合往往是跨界的。

② Tom J Peters. Thriving on chaos：Handbook for Management Revolutions [M]. New York：Alfred P. Knopf, 1988.

客戶在內。資源的流動已經從資本轉移到人才、知識和信息上來了。從組織內部來看，信息擴散速度的加快，工作緊張程度的加劇、協作關係的日益密切使組織的經營活動突破了傳統組織的活動界限，組織內部活動的過程往往是世界性的；從組織的外部邊界上看，組織與環境的界限越來越模糊，組織的核心生產活動具有虛擬性的特點。移動互聯網打破了組織中時間序列和空間組合絕對化、靜止化的傳統觀念，使時間和空間的觀念變得相對化，組織可以將管理對象定格於一個全新的時空範圍——網絡空間域和網絡時間態。大批的不能與時俱進的組織將死亡，他們的傳統優勢將成為組織轉型的負資產。

應當看到，移動互聯網改變了價值創造的基本邏輯。

工業經濟時代價值創造的三大基本邏輯是：①通過「組織化」協作產生效能，而決定人與人、人與物、人與信息之間通過什麼關係連接，如何協作，最重要的是對協作的指揮。因而，企業家是指揮協作的人，是創造協作樣式的人，他們是財富的主要獲得者；②「產品化」規模產生效能，「產品化」就是物化，把人類豐富的情感、物質需求，變成單一的物，並拼命地大規模複製。產品化的邏輯是假設消費者全部是理性的，他們需要的東西越來越好，價格越來越便宜。③「中心化」傳播產生效能。在傳統工業經濟時代，由於獲得和傳播信息的成本高昂，盛行的是資本之間的游戲。

移動互聯網時代價值創造的基本邏輯是：①通過「跨界」產生效能，跨界經營提供了創新企業商業模式的機會，這就是湯姆·彼德斯（Peters，2003）所宣稱的重新定義商業思維。他認為，「我們需要一種新的商業模式來應對一個狂熱的新經濟形勢。我非常忌諱使用『商業模式』這樣的詞語，然而我們又的確需要一些『模式化』的東西，使我們在一場新的經濟浪潮中能夠具備一些全新的、深刻的、基本的創造價值的理念。在這樣的一種經濟形勢下，一切都是無形的，是以智力資本為基礎的，是創造力在不斷驅使的，同時又是快速回轉的，這是技術瘋狂型的年代」。①②消費者的體驗感產生效能。工業經濟時代的邏輯給自己挖了一個墳墓，現在已經進入豐裕社會，產品同質化、豐富化，人類只剩下一個器官無法滿足，就是自己的大腦。也就是說，消費者越來越在意產品給自己帶來的體驗感。湯姆·彼德斯（Peters，2003）認為，商業模式要體現出具有創造力的「解決方案」「體驗」和「實現夢想」。③移動互聯網顛覆了傳播方式，用《人民日報》的話來說，就是「消費者成為信息和內容的生產者和傳播者，進而催生了生產者和消費者權力的轉變」。現在的世界，正在變成一個又一個小的社群世界，正在宣告傳統「中心化」傳播時代的結束。在移動互聯網時代，由於獲得和傳播信息的成本急速下降，傳播方式轉向為碎片化傳播，屌絲們真正擁有了與經營者組織對抗的可能性，創業機遇前所未有。移動互聯網的魅力就是「來自低端的力量」（The Power of Low End）。

從某種意義上說，移動互聯網時代的管理是社群邏輯下的管理。所謂的社群邏輯，

---

① Tom J Peters. Re-imagine: business excellence in a disruptive age [M]. London: Dorling Kindersley, 2003.

就是一種用戶主導的 C2B 商業形態。品牌與消費者之間的關係逐漸由單向價值傳遞過渡到廠商與消費者雙向價值協同（Value Synergy）。這裡，傳播被賦予了新的含義——價值互動（Value Interaction）。Value Interaction 一詞也可以翻譯為價值界面，也就是說，廠商的品牌，已經轉化為社群的品牌，是用戶在一次次價值互動中完成的體驗。在社群邏輯中，廠商成功的秘密在於「兜售參與感」，其核心就在於要把廠商主導下的品牌變成社群主導下的品牌，是用戶主導的口碑品牌，絕不是廠商主導下的廣告品牌。因此，互聯網時代的品牌，賦予了社群的關係屬性，是一個個用戶評價的產物，是若干流量的沉澱，是在一次次廠商與消費者雙向價值互動中完成的體驗。廠商要主動將自己轉變成「用戶平臺級公司」，其實質就是要實現消費者行為的被動接受向消費者行為的主動參與的轉變。也就是說一定要讓用戶參與到產品創新與品牌傳播的所有環節中去，樹立「消費者即生產者」「消費者即產品創意者」的理念。今天，在「80 後」「90 後」消費者身上，這種消費行為的變遷就非常明顯。這些年輕的消費者群體更加希望參與到產品創意、研發和設計環節中，希望產品能夠體現自己的獨特性。也就是說需求的長尾（The Long Tail）末端始終是存在的，哪個廠商能夠滿足整個需求，其生存能力和盈利能力就越強。長尾末端需求的存在說明了當今市場正在產生從為數較少的主流產品和市場（需求曲線的頭部）向數量眾多的狹窄市場（需求曲線的尾部）轉移的現象和趨勢。其基本原理是：只要存儲和流通的渠道足夠大，需求不旺或銷量不佳的產品所共同占據的市場份額可以和那些少數熱銷產品所占據的市場份額相匹敵，甚至有過之而無不及。

從邊際效用遞增角度看，「用戶平臺級公司」所主張的社群邏輯使廠商的經營在若干方面有不同於工業經濟時代廠商的做法：①注重挖掘傳統市場邊界之外的潛在需求，特別是長尾末端的需求；②注重超越傳統產業市場邊界，往往進行跨界經營，推出新產品或新服務處於價值鏈的高端或具有獨特性，具有較高的效用價值；③注重追求針對社群消費者心理需求與社會需求的效用創新，注重為消費者創造產品的功能價值（需要滿足）、情感價值（如品牌知覺與忠誠）、學習價值（經驗、知識累積的機會）；④注重市場客戶的消費體驗，強調廠商組織的所有活動都是用戶體驗，即從產品研發、設計環節開始，到生產、包裝、物流運送，再到渠道終端的陳列和銷售環節都有消費者體驗，以使得邊際效用遞增；⑤非常重視來自需求方的範圍經濟，使得消費者之間的效用函數相互依賴，而非相互排斥。

應當看到，工業經濟時代價值創造的基本邏輯逐步衰落會使組織和傳統管理方式的解體進一步加速，組織要想在移動互聯網時代進步，需要進行「強制拆遷、異地重建」。可能組織的基本形態沒有變化，但構成組織的基因完全不同了。並不是管理團隊換一個思路、換一個打法就能夠成功的。在我們看來，移動互聯網意味著管理革命，意味著企業價值創造基本邏輯的改朝換代，意味著自由，意味著改變，意味著死亡與新生，意味著若干行業的萎縮、崗位的消失，意味著前所未有的創業機遇。移動互聯網時代的企業領需要持續保持組織的不穩定和混沌狀態的能力，以保持組織內部必要的張力。當

然，對這種不穩定和混沌狀態應有一個恰當的限度，不宜過度。移動互聯網時代的管理是以個人為中心的自組織、去組織化、社群管理、混序式組織（chaordic organization）。

以上列舉的都是現代管理學發展過程中一些較為核心的課題，是人們廣泛研究的課題。但事實上，一個組織內的管理問題並不僅限於這些研究課題，其他的如比較管理、管理教育和發展、管理史、科技與創新管理、公共管理、組織與自然環境之間的關係等課題，也是比較重要的研究課題。這些課題本身，既反應了管理學研究的深度、廣度和難度，同時也反應出管理學是一個著重理論與實務的跨學科（Interdisciplinary）的邊緣科學和應用科學。

本章復習思考題

1. 應當如何理解管理這個概念？
2. 如何理解組織這個概念才比較全面？
3. 簡要描述現代管理學的學科體系。
4. 古典管理理論的主要代表人物有哪些？他們的代表理論是什麼？
5. 人際關係學派的主要研究對象是什麼？
6. 現代管理理論的主要流派有哪些？
7. 試列舉3~5個管理理論研究的熱點。

第二章　管理的基本假設

在管理工作中對管理的基本假設的不同假定，形成了不同的管理出發點、管理方式和管理原則，形成了不同的組織運作模式。對於管理的基本假設的認識，可以幫助我們劃分一定社會經濟時代組織的管理特徵。對基本假設進行抽象設定的目的或作用主要有兩個方面：一方面是要表明理論適用的範圍或條件；另一方面是要區分各種管理理論的根本依據。理論上，之所以有古典管理學、人際關係學、系統科學等不同學說之分，根本原因即在於其不同的基本假設，既包括公開提出和明確設定的，也包括暗含在分析之中的。由此而得出的不同結論則是情理之中的事了。

第一節　人性的基本假設

人性的基本假定是人們進行管理的重要前提條件，管理是人類為了實現一定的目的而進行的有組織的社會實踐活動。在組織的活動中，人既是管理活動的主體，又是管理活動的客體，人與管理有著極為密切的關係。

一、「政治人」的基本假設

「政治人」的基本假設是人類對於人性本質的第一個認識。早在公元前 4 世紀至公元前 3 世紀，古希臘思想家亞里士多德（Aristotle）就做出了這樣的假設。此後兩千多年，「政治人」的基本假設就成為了人類進行管理活動的主要出發點和選擇管理形式的依據。

亞里士多德認為，互相依存的兩個生物必須結合，其種類才能得到延續。對於人類，這種結合的形式就是家庭，在家庭的基礎上，由若干個家庭聯合組成村莊，再由若干個村莊聯合組成城邦。隨著社會的發展，社會已經從以宗親關係的家庭、部落構成的社會關係為基礎，轉變為以城邦的政治生活為基礎。城邦的形成是源於人類生活的自然發展，其存在的理由是為了使人類過上「優良的生活」。也就是說，「城邦」是自然的產物，是古代社會組織發展的終點，體現了自然的本性。亞里士多德認為，「人類在其本性上，也正是一個政治動物」。這就是世人廣泛引用的亞里士多德那句名言——「人是

政治的動物」①。

亞里士多德進一步探討，作為動物，人類為什麼能比蜂類或其他群居動物所結合的團體成為更高等級的政治組織呢？答案就在於人類有語言和理性。有了理性，人類就可以辨認善與惡、正義與非正義以及其他類似的觀念；有了語言，人類就可以把這種理性的認識互相傳達；有了語言和理性，人類就可以形成思想上的共識，進而結成政治上的共同體——「城邦」。

誰是城邦這樣的政治組織的管理主體呢？亞里士多德的回答是：全體公民的輪流執政。根據亞里士多德的設想，城邦中的全體公民都天賦有平等的地位，依據公正的原則，全體公民都應當參與政治，實施管理。在同一個時間裡，一部分人管理，另一部分人接受管理；處於管理層的執政者應該輪流執政，並且在執政者退休以後同其他公民處於同等的地位。在這裡，亞里士多德提出了一個組織體民主政治的一些基本的管理原則。

以亞里士多德的「政治人」基本人性假設為基礎的民主政治的管理原則有：

（1）強調人類的「合群性」。對於形成「合群性」的原因，亞里士多德突出考慮的是語言和理性的能力，語言和理性的能力是人類所特有的，在其他動物中是找不到的。

（2）如果人人都具有人性和倫理秩序的分辨能力，那麼在理論上人人都有可能成為社會政治組織的管理者。

（3）在政治組織的管理中，主要依靠「法治」的作用，而不是依靠「人治」的作用。

（4）按照自然的本質，人人都具有同等的價值，因而也就應該具有同等的權利。同等價值和權利的人在政治上擁有同等的權力，交互做統治者（管理者）也做被統治者（被管理者），這才合乎正義。

與亞里士多德同時代的中國古代學者韓非子主張治國（管理）之道要用「勢」「法」「術」。韓非子的管理方式其實很簡單：以「霸王」取代「聖王」，以「法治」代替「人治」。就立法而言，韓非子主張君主專制，理想的治國者不再是智慧的化身而只是權力的化身，他獨斷獨行，依靠法令、權勢和權術進行管理，實行「一人之治」。② 但就執法而言，韓非子卻強調法律的權威，主張「刑無等級」「法不阿貴」，這很有點現代法制社會「法律面前人人平等」的味道。

在我們看來，「政治人」的人性基本假設的提出，具有這些重要的意義：

（1）人類進行政治組織的管理基礎是人性的基本假設，亞里士多德強調人是政治的動物，天生就具有一種組織性（合群性），從而為人類社會的政治活動和政治管理奠定了人性的基礎。

（2）在亞里士多德以後的兩千多年的奴隸社會和封建社會中，政治活動和政治組織

---

① 亞里士多德. 政治學
② 韓非. 韓非子

的管理是整個人類社會活動的主題，經濟活動的管理只是作為政治活動的附屬內容。

（3）亞里士多德研究古希臘城邦制度，企圖尋求理想的國家、政府、政治的管理形式，從那以後，直到近代的民主政治，中西方社會的管理一直是以政治管理為中心的。

二、「經濟人」的基本假設

「經濟人」（Homo Oconomicus）基本假設，也稱「理性人」假設或「最大化原則」。這是西方經濟學家分析經濟的最基本的前提假設。「經濟人」是人類對於人性假設的第二個劃時代的認識。這一假設是18世紀的英國古典經濟學者亞當·斯密（Adam Smith）提出來的，它對此後二百多年人類現代工業文明社會的管理活動帶來了廣泛而深刻的影響。

在亞當·斯密看來，「經濟人」是對經濟生活中一般人性的抽象概括，人的本性是追求私利的，是以利己為原則的。自利的動機是人類與生俱來的本性。人們正是懷著這種自利的動機從事經濟活動的，人就成為斯密所謂的「經濟人」。在斯密看來，研究經濟世界絕不能從同情心出發，而只能從利己主義出發，個人利益是唯一不變的、普遍的人類動機，「經濟人」的理性體現在力圖以最小的經濟代價去追逐和獲得最大的經濟利益。亞當·斯密對經濟制度的研究，就是要把個人對物質利益的追求引導到使資本使用方向合理、資源配置有效的方面上來，這就是他關於「看不見的手」的設計。

在一個由「經濟人」組成的社會中，「自利」是得到全體社會成員認可的行為原則，這其中的秘密在於交換與分工。斯密指出，與人類「自利」的天生本性相伴隨的，是人類互通有無、物物交換、互相交易的天然傾向。斯密強調，這種分工與交換的傾向，為人類所共有，亦為人類所特有。這種自覺的交換意識，僅限於人類。

在當今西方經濟學正統理論中，「經濟人」有了更為精確的表述：在理想情形下，經濟行為者具有完全有序的偏好、完備的信息和無懈可擊的計算能力，在經過深思熟慮之後，他會選擇那些能比其他行為更好地滿足自己偏好的行為。換言之，經濟行為者會在利己心的驅使之下，在各種約束條件的限制下追求自身利益最大化。

古典管理學家弗雷德里克·泰羅繼承了亞當·斯密以來的古典經濟學家的觀點，認為人都是「經濟人」。古典管理學採取了物理學中最常見的分析方法——隔離法（Isolating Approach），通過一系列假定，排除一切干擾因素，把個人從社會中抽象出來，得到了一個「理想類型」（Ideal Type）——「經濟人」。企業家經營企業的目的是獲取最大限度的利潤，而工人的目的是獲取最大的工資收入。泰羅認為，應該通過工人在經濟方面的需求得到滿足來調動工人工作的積極性。按照泰羅的觀點，正是這種「經濟人」的認識使勞資雙方有了合作的基礎，而雙方通過親密無間的合作，把計劃的職能與執行的職能分開，管理當局主要負責「科學」的制定和形成，而工人則負責對「科學」的貫徹和執行，這樣就能提高企業的生產效率，從而實現「勞資雙方的共同繁榮」。

事實上，在勞動仍被作為謀生的手段時，在收入水準不高而且對豐富的物質產品世

界充滿慾望時，人的行為背後確有經濟動機在作怪。因此，「經濟人」的基本假設利用人的這一經濟動機，來刺激、引導和管理人們的行為，應該是一大創新。它使得對人的管理變為從其內在動機出發，而不是一味利用壓迫、規制的管理方式。

事實上，對工人採用經濟的激勵手段，給予提高工資的刺激，並非企業家良心發現，而是在完成科學制定出來的工作標準之後的事。泰羅制的管理制度的指導思想是勞資合作，鼓吹雇員的利益與雇主的利益的一致性。怎樣做到一致呢？這就需要來一場完全的「思想革命」（Mental Revolution），這正是泰羅所說的科學管理的實質。[①] 20 世紀初的美國是個人主義價值觀占統治地位的時代，作為這種思潮的反應，科學管理的實質是從企業家和工人雙方都有的個人主義利益出發，來尋求他們雙方為提高效率和改善管理而進行努力的方法。

三、「社會人」的基本假設

重視人的積極性對提高勞動生產率的影響和作用，進而形成一種較為完整的全新的管理理論則始於 20 世紀 20 年代末期美國哈佛大學心理學家喬治·埃爾頓·梅奧（George Elton Mayo）、弗里茲·羅特利斯伯格（Fritz J Roethlisberger）等人進行的著名的霍桑試驗（Hawthorne Experiment）。

由美國國家研究委員會與美國西方電器公司合作，在美國西方電器公司（Western Electric）所屬的設在芝加哥附近霍桑（Hawthorne）工廠進行的長達 9 年的實驗研究——霍桑試驗，真正揭開了作為組織中的人的行為的研究序幕。霍桑試驗揭示了那種「傳統假設與所觀察到的行為之間神祕的不相符合」的現象。梅奧認為：影響生產效率的根本因素不是工作條件，而是工人自身。參加試驗的工人意識到自己「被注意」，是一個重要的存在，因而懷有歸屬感，這種意識助長了工人的整體觀念、有所作為的觀念和完成任務的觀念，而這些是工人在以往的工作中不曾得到的，正是這種人的因素導致了勞動生產率的提高。同時，在決定工人工作效率因素中，工人為團體所接受的融洽性和安全感較之獎勵性工資有更為重要的作用。

梅奧的核心觀點是，職工是社會人，個人不僅受經濟因素的激勵，而且受各種不同的社會和心理因素的激勵。該假設包括以下幾個基本點：①人們基本上是由社會需求來激勵的，並且從與其他人的關係中得到他們的平等與否的基本感覺；②由於產業革命和工作合理化的結果，工作本身的很多意義已經消失了，因而應該從職務的社會聯繫中去尋求滿足；③人們對由同事們結合成的團體的社會力量比對管理的刺激和控制更敏感；④人們在主管人員能夠滿足下級的社會需求及承認需求的範圍內對管理更為敏感。

梅奧認為，職工作為一個「社會人」，他們還具有更重要的一種需求，也就是社會、心理方面的需求，即追求人與人之間的友情、安全感、歸屬感和受人尊重等。因此，必

---

① 弗雷德里克·W. 泰羅. 科學管理原理 [M]. 胡隆昶，冼子恩，曹麗順，譯.

須從社會、心理方面來鼓勵職工提高生產率，而不是單純從技術條件著眼。也就是說，要著重於對「人」的內在特性的研究，而不是著重於或僅僅從「人」的外在特性出發去看待和研究管理中的人的問題。

霍桑試驗的研究結果否定了古典管理理論對於人性的基本假設，表明了工人不是被動的、孤立的個體，他們的行為不僅受工資的所影響，還被工作中的人際關係（Interpersonal Relations）所影響。霍桑實驗表明，工人是「社會人」而不是「經濟人」。人們的行為並不單純出自追求金錢的動機，還有社會方面的、心理方面的需求，即追求人與人之間的友情、安全感、歸屬感和受人尊重等，而後者更為重要。在決定勞動生產率的諸因素中，置於首位的因素是工人的滿意度，而生產條件、工資報酬只是第二位的。職工的滿意度越高，其士氣（Moral）就越高，從而產生效率就越高。高的滿意度來源於工人個人需求的有效滿足，不僅包括物質需求，還包括精神需求。

霍桑試驗的重要貢獻是發現了霍桑效應（Hawthorne Effect），即一切由「受注意」引起的效應；承認組織的雇員是社會人，因而管理方式、管理的出發點和新的領導能力在於提高員工的滿意度。

梅奧提出的「社會人」的思想，顯然比「經濟人」的思想前進了一大步。它不但開創了管理科學發展過程中的一個新階段，即行為科學階段，而且使對管理中「人」的問題的研究開始進入一個全面的發展階段，並最終確立了「人」這一因素在整個管理過程中的主導地位。

四、「自我實現的人」的假設

根據霍桑實驗和人際關係理論的研究結果，組織心理學家提出了更加人性的而不是從經典理論中推斷出來的經濟理性動物的「自我實現」模型（Self-actualizing Model）。在他們的理論中所包括的激勵概念更強調個性需求和工作群體的非正式過程。

人們除了一般的社會需求外，還有一種想充分運用自己的能力、發揮自己潛力的慾望。「自我實現的人」的提出，是基於亞伯拉罕·馬斯洛（Maslow, 1954）的需求層次論[1]、阿吉里斯（Argyris, 1957）的「不成熟—成熟」理論[2]，以及麥克雷戈（McGregor, 1957）的「Y理論」綜合而成的。「自我實現的人」的假設包括下面幾個基本點：

（1）人們的動機是分成等級的，是逐級向上的。
（2）人們希望在工作上成熟起來，而且他們能夠做到這一點。
（3）人們從根本上是自我激勵的，也是自我控制的。
（4）在自我取得成就和更為有效的組織活動之間不存在固有的矛盾。

---

[1] Abraham H Maslow. Motivation and personality [M]. New York: Harper and Row, 1954.
[2] Chris Argyris. The individual and organization: some problems of mutual adjustment [M]. New York: Harper Press, 1957.

「自我實現」是馬斯洛的需求層次理論所列出的人的最高層次的需求，也是該理論的核心所在。馬斯洛認為：每一個人都要成為他必須成為的那樣的人，人的能力要求去應用，只有讓能力充分發揮出來，才會停止吵鬧。①

美國著名學者克里斯·阿吉里斯（Argyris, 1956）建議，管理部門應發揮個人的全部潛力，改善人與人之間的關係，從而使整個組織更好地發揮作用。② 阿吉里斯進一步認為，一個健康的人從不成熟向成熟發展，是一個自然過程。人總是經由被動—主動、依賴—自主、少量動作—多種動作、興趣淺薄—興趣濃厚、少自我意識—多自我意識這樣一個發展過程。③

麥克雷戈認為，人的本性並非懶惰及不可靠，人們在適當的激勵下能夠自我激發、自我領導，明確全力以赴便是達成自己目標的最好辦法。

「自我實現的人」的假設認為，人具有五類由低級到高級的不同層次的需求，它們分別為生理上的需求、安全上的需求、感情和歸屬上的需求、地位和受人尊重的需求以及自我實現的需求。這些需求是逐級向上的，即當低層次需求獲得滿足時，人們便追求更高一層次的需求；人們因工作而更成熟，且其能力也被開發，使人變得更能獨立、自主；人是自動激發並能自制的，外在規律、控制很可能對員工構成一種威嚇，而造成不良適應，工人的自我實現傾向與組織所要求的行為之間並沒有衝突，如果能給員工一個機會，他會自動地把自己的目標與組織的目標結合起來；如果環境有利，工作就像游戲一樣自然。④

「自我實現的人」這一假設對人的認識，顯然比「社會人」的認識更進了一步。在這一假設的基礎上，管理開始將注意力放在如何才能創造使人能更充分發揮其才能的工作環境上，而不是放在對人的具體行為的管理上。在獎勵方面，則主要靠人自己內在的激勵，即提出恰當的機會，使其在企業成功的貢獻中得到內在的激勵，並為此積極創造條件。同時，給予員工更多的自主權，並促使其參與企業的管理與決策。管理者的任務就是創造條件使個人和組織的目標融合一致。

五、「複雜的社會人」的基本假設

行為科學學說認為，人們應當將研究對象及重點轉移到工作本身的性質和管理者在何種程度上能夠滿足人們發揮自己的技能與才能的需求上，他們所提出的「複雜的社會人」的觀點大大豐富了早期管理學的內容。

美國心理學家、行為科學家道格拉斯·麥克雷戈（Mc Gregor, 1957）強調瞭解人的本性與行為之間關係的重要性。他在1957年提出了對人的本性的認識，有兩種截然不同

---

① Abraham H Maslow. Motivation and personality [M]. New York：Harper and Row，1954.
② Chris Argyris. The individual and organization：some problems of mutual adjustment [J]. Administrative Science Quarterly, 1956, 2 (2)：1-24.
③ Chris Argyris. Integrating the individual and the organization [J]. New York Wiley, 1964.
④ Abraham H Maslow. Motivation and personality [M]. New York：Harper and Row，1954.

的觀點：一種是消極的「X 理論」（Theory X），另一種是積極的「Y 理論」（Theory Y）。對於這一理論，任何一位管理者都應當熟知並可嫻熟運用。

他認為，自泰羅以來的古典管理理論，對人性的看法，做了錯誤的假設，麥克雷戈把它叫做「X 理論」。關於人的本性問題上的「X 理論」對人性的觀察，作了以下假設：

（1）一般人的本性對勞動有一種天生的厭惡，他們會盡可能地躲避它，好逸惡勞是人的本性，只要有可能就會逃避工作。

（2）人生下來就以自我為中心，對組織的需求漠不關心。

（3）大多數人缺乏進取心，怕負責任，沒有雄心壯志，寧願被人領導。

（4）一般人寧願被人指使而希望迴避責任，他們沒有抱負，要求安定高於一切。人們都趨向保守，安於現狀，把安全看得高於一切。

麥克雷戈認為，傳統的管理都以「X 理論」為指導，或者用「強硬的」管理方法，包括強迫和威脅、嚴密的監督，以及對員工行為的嚴密控制；由於人對勞動有厭惡的特性，所以，對大多數人必須實行管、卡、壓，並以處罰來威脅，這樣才能使他們努力去完成企業的目標；或者用「鬆弛的」管理方法，包括採取溫和的態度，順應職工的要求和保持一團和氣等。

麥克雷戈認為，泰羅的科學管理是強硬的「X 理論」，人際關係學說是溫和的「X 理論」。事實證明，這兩種辦法都沒有起到調動職工積極性的作用。不改變對人的本性看法，用懲罰和控制來進行管理，都不能激勵人的行為。要達到激勵的目的，就必須探討新的管理理論，並把這種新理論建立在對人的本性更為恰當的認識的基礎上。他把這種「恰當」的認識稱為「Y 理論」。

關於人的本性問題上的「Y 理論」對人性的假設如下：

（1）對人來說，在工作中應用體力和腦力如同休息、娛樂一樣自然。

（2）人們對於自己參與的目標會實現自我指導和自我控制以完成任務。

（3）在適當條件下，每個人不但能承擔責任，而且能主動承擔責任。

（4）大多數人都有解決問題的豐富的想像力和創造力，在現代工業條件下，一般人的潛力只能得到部分的發揮。

麥克雷戈認為，基於「Y 理論」假設的管理就應該是「一個創造機會、發掘潛力、消除障礙、鼓勵成長、提供指導的過程，這就是彼得·德魯克所謂的『目標管理』」。

麥克雷戈根據「Y 理論」，提出了激勵人行為的具體措施：

（1）分權（Decentralization）與授權（Delegation of Authority）。分權表示給下級一定的權力或職權，讓他們能較自由地支配自己的活動，承擔責任。授權就是上級管理者將自己的部分權力（主要是決策權）授予下級管理者去行使。管理工作中更重要地是通過分權與授權，為人們滿足自我的需求創造條件。

（2）擴大工作範圍（Job Enlargement）。擴大工作範圍也稱為工作擴大化，是指擴大工作的範圍（Scope），將幾種工作納入一個職務中，使職務具有挑戰性。這就要求管理

者要為員工提供富有挑戰性和責任感的工作，鼓勵處在基層的人員多承擔責任，滿足人們的社會需求並且實現自我抱負，發揮自己的才能。

（3）採取參與式管理（Participative Management）。鼓勵員工積極參與決策，尤其在做出與下級管理人員有直接影響的決策時，要給他們發言權，激勵人們為實現組織的目標進行創造性的勞動，建立良好的群體關係。

（4）提倡自我評價（Self Evaluation）。鼓勵職工對自己的貢獻進行自我評價，使他們為實現組織的目標承擔更大的責任，有助於員工發揮自己的才能。滿足自我實現的需求。

約翰·莫爾斯和杰伊·洛希（Morse & Lorsch，1970）提出的「超Y理論」認為，「X理論」和「Y理論」反應的是人性的兩種極端的情況，不能說：「Y理論」一定優於「X理論」。「超Y理論」主要論點為：人的需求是多種多樣的，不同的人，需求不一樣，同一個人在不同的年齡、不同的時間、不同的地點會有不同的需求和行為；由於工作和生活條件的變化，人會不斷產生新的需求和動機；由於各組織的目標、性質不同，人員的能力、需求各異，因此，管理方式應根據具體情況而定，不可能有適合於任何時期、任何組織和任何個人的普遍適用的管理方法。[①] 權變理論（Contingency Theory）含有辯證法因素，在西方的管理實踐中受到相當程度的重視。「超Y理論」的要點如下：

（1）人們是抱著各種各樣的願望和需求加入企業組織的，這種願望和需求可以分成不同的類型。有的人願意在正規化的、有嚴格規章制度的組織中工作，但不想參與決策和承擔責任。而有的人卻願意有更多的自治權和充分發揮個人創造性的機會。

（2）不同的人對管理方式的要求是不一樣的。上述第一種人比較歡迎以「X理論」為指導的管理模式，第二種人則更歡迎以「Y理論」為指導的管理模式。

（3）組織的目標、工作的性質、職工的素質等對於組織結構和管理方式有很大的影響。凡是組織結構和管理層次的劃分、職工的培訓和工作的分配、工資報酬和控制程度等適合於工作性質和職工素質的企業，效率就高；反之，則效率低。

（4）當一個目標達到以後，可以激發職工的勝任感和滿足感，使之為達到新的更高的目標而努力。

「超Y理論」認為，任何人性假設都不能適用於一切人。由於人是複雜的，人的需求隨著各種變化而變化，因此要求管理者因人而異，靈活地採取不同的管理措施，即用「權變理論」做指導，來達到激勵人的目的。

綜合這些假設，可以把以下兩點認識作為激勵工作的依據。

第一，人的需求是多樣、複雜的。有經濟需求、社會需求等，因此不能單純地將某人當作「政治人」「經濟人」，或是「社會人」來對待，人在不同程度或不同時期，這些特性可能都具備，所以如何全面、綜合地識別人的需求，成了管理工作中的一個重要

---

① Jay W, Lorsch, John J Morse. Structural design of organizations [M]. Homewood Illinois: Irwin and Dorsey, 1970.

問題。

第二,人的需求是變化的。人的需求是因人而異、因時而異、因事而異的,是處於變化中的,這就使得在激勵過程中對人的需求的引導和改變成為可能。

第二節　管理是科學還是藝術的假設

事實上,人們在建立管理學的過程中經常會遇到一個問題:管理是一門科學,還是一種藝術?對這個問題的回答不僅涉及管理理論研究的取向和著重點,還決定著管理學的發展方向和管理實踐者對管理概念及其變化的理解問題。

一、管理的科學性

在西方管理傳統中,管理被描述為技術性的,似乎關於其性質的理論探討已屬多餘。例如,科學管理學派的開拓者泰羅說管理是科學,它不是被制定出來的,而是被發現的。那麼,是被誰發現的?人們被告知說,科學規則是被科學家發現的,管理是被管理學家發現的。這樣,管理主體的局限性就被遮蔽了,人們相信管理學像物理學定律一樣中立和客觀。管理被說成是一種生活方式,而一些基本的問題,如管理是原則還是經驗、是普遍規律還是依具體情況而確定的規則,是與社會密切相連還是超脫於社會之上,則未被納入西方管理學主流學術視野之內。關於管理的多樣性、不確定性、不一致性的探索被視為異端,或者被看作是對其他領域如經濟學、哲學、心理學、社會學、人類文化學等的干擾。而管理本身是不應該有這些干擾的,科學管理的鼻祖泰羅早已為管理的純潔定位:管理的合理性存在於對理性、真理和精確性的追求之中,對這個基本問題的質疑是沒有意義的。

人們發現,管理工作有其客觀規律性。人們通過長期實踐,累積經驗,探索到這些規律性,就按照其要求建立一定的理論、原則、形式、方法和制度,形成了管理學這門科學。我們說管理是科學,是因為管理有一整套系統化的基礎知識,管理學是由許多概念、原理、基本原則組成的知識體系。管理必須遵循一定的原則和方法,它不僅具有普遍性而且還反應了客觀規律性。就管理工作有客觀規律性、必須按照客觀規律的要求辦事而言,管理是一門科學,且已形成科學。科學是經過整理的知識。任何科學的根本特點是,運用科學的方法去發展知識。因此,科學應該具備明確的概念、明確的理論和其他累積起來的知識,而這些知識是從假設(假定某些事物是真實的)、實驗和分析發展而成的。

哈羅德・孔茨指出:「理論是將相互依存的概念和原則系統地組合起來,從而構成知識的基本框架或組合。在管理領域裡,理論的作用在於提供一種手段,把重要的和有關的管理知識進行分類。例如在擬訂有效的組織結構時,存在一些相互關聯的和對管理

人員來說具有預測價值的原則。有些原則可以用於指導權力授予，這些指導原則包括按預期的成果授權的原則、權責統一的原則、統一指揮的原則。管理方面的原則是基本真理（或者說，在一定時間內被認為是真理），用於解釋兩組或多組變量之間的關係，通常說明一個自變量（Independent Variable）和一個因變量（Dependent Variable）之間的關係。原則可能是敘述性的，或者是預測性的，但不是指示性的。也就是說，原則用以說明變量間的聯繫，說明變量相互作用時，會發生什麼情況。」[1] 原則並不規定人們應該做什麼，這就需要人們在管理的實踐活動中靈活地加以運用。

二、管理的藝術性

但是，人們又從實踐中發現，管理工作很複雜，影響它的因素很多，管理學並不能為管理者提供解決一切管理問題的現存的或標準的答案。管理學只是探索管理的一般規律，提出一般性的理論、原則、方法等，而這些理論、原則、方法等的運用，則要求管理者必須從實際出發，具體情況具體分析，充分發揮各自的創造性。管理大師彼得・德魯克爭辯說，管理是實務（Practice）而非科學。他指出，管理不只是一種經驗或天賦能力，它的因素與要求是可以系統地加以分析與組織的，而且任何具有正常智力的人都可通過學習來掌握它。德魯克（Drucker, 1954）指出：「管理是一種實踐，其本質不在於『知』而在於『行』；其驗證不在於邏輯，而在於成果；其唯一權威就是成就。」[2] 換言之，管理是有其明確的專業性色彩和科學性的一面。但是如果我們完全相信，管理是完整的科學的話，那麼，受害的可能是我們自己。管理的最高檢驗標準是績效。德魯克（Drucker, 1989）在《新現實》一書中清晰地解釋了為什麼稱「管理」為一門「綜合藝術」。他說：「管理被人們稱之為是一門綜合藝術——『綜合』是因為管理涉及基本原理、自我認知、智慧和領導力；『藝術』是因為管理是實踐和應用。」事業成就的目標與證明也是績效而不是知識，管理是實務而不是科學或職業，雖然它兼具後面兩種因素。但將管理職業化，或把管理的職位限制於獲得有某種特殊學位的人，其結果對社會及經濟勢必造成莫大的損失。結果管理者將被官僚所取代，並阻礙改革、實踐精神及創造力的正常發展。[3]

從這個意義上說，管理像其他一切藝術那樣，是一種藝術和技巧（Art and Skills）。把書本當作教條，靠背誦原理來從事管理工作的人，沒有不失敗的。哈羅德・孔茨指出：「管理工作，如同醫學、作曲、工程設計、會計工作甚至棒球運動等實踐活動，是一門藝術。管理是『技巧』，即依據實際情況而行事。運用條理有序的管理學知識，管理人員會把管理工作完成得更好。而也正是這種知識構成了科學。因此，管理實踐是一

---

[1] Harold Koontz, Heinz Weihrich. Management: a global perspective [M]. New York: McGraw-Hill, 1993.
[2] Peter F Drucker. The practice of management [M]. New York: Harper, 1954.
[3] Peter F Drucker. Management: tasks, responsibilities, practices [M]. New York: Harper Collins, 2002.

門藝術，而指導這種實踐活動的有條理的知識，可以被稱為一門科學。」①

三、管理科學和藝術矛盾的解決

哈羅德·孔茨曾經指出：「最富有成效的藝術總是以對它所依借的科學的理解為基礎的。因此，科學與藝術不是相互排斥的，而是相互補充的。沒有一種任何事情是已知的、所有的關係都已被證明了的科學，所以科學不可能是行家們解決各種問題的萬能工具，不論是診斷病症、設計橋樑，還是管理公司，都是這樣的。」② 人們常常見到，管理者如沒有掌握管理理論的知識，就只能靠運氣和過去的經驗，其成功率肯定不高；一旦掌握了科學的管理理論，又深入實際調查研究，具體情況具體分析，靈活地運用管理理論，就很可能對管理問題設想出切實可行的解決辦法，收到較好的效果。德魯克指出，迄今我們對管理這門學問所知仍然有限，所以根本沒有資格將管理學置於科學的「緊身衣」裡，也不能把管理的實務限制為一種壟斷性的專業。管理的研究尚處在起步階段。但在有關的管理原則上，我們知道有許多事情，在理論上似乎言之成理，但實際上在管理實務中卻是行不通的。

一般而言，管理工作的方式卻深受各國的特徵、傳統與歷史的影響，甚至被其所決定。管理受組織文化的制約，然而反過來，管理與管理者也可以塑造組織文化與社會。所以，管理雖然是一種組織化的知識，它可應用到任何事務上，但它也是一種「文化」，它並不是「超越價值觀」的科學。③ 所以，管理既是一門科學，又是一種藝術。

不過，管理學同數學、物理學等「精確的」自然科學相比，只是一門不精確的科學。管理的對象如企業、學校、醫院、政府機關等，都是社會組織，社會現象複雜多變，許多因素難以定量化，對未來的預測、決策和計劃更難做到精確。第二次世界大戰後，由於數學和計算機科學的發展，並在管理學中得到廣泛應用，管理問題的定量分析已取得巨大的進步，但無論如何，也不會使管理學成為「精確的」科學。

第三節　中國傳統文化假設

從某種意義上講，獨特的歷史文化背景可能是導致中國管理學獨特性或個性化的最根本原因。中國文化顯然不同於西方文化，這種區別甚至是根本性的。因此，我們完全有理由認為人們在行為方式和行為目標上將表現出特殊性。

---

① Harold Koontz, Heinz Weihrich. Management: a global perspective [M]. New York: Mc Graw-Hill Inc, 1993.
② Harold Koontz, Cyril O'Donnell. Essentials of management [M]. New York: Mc Graw-Hill, 1976.
③ Peter F Drucker. Management: tasks, responsibilities, practices [M]. New York: Harper Collins, 2002.

一、「面子」的基本假設

傳統文化思想中的「面子」(Face)或「臉面」是最重要的假設。「面子」可以是一種名譽、信譽、名聲和人情[①]，也可以是一種權力和影響。在經濟交易中，「面子」在中國更多是被看作一種名譽、信譽、名聲和人情；在組織的管理中，「面子」在中國更多是被看作一種人情、權力和影響。在中國人看來，從某種意義說，這種能夠節約交易成本的「面子」可以被視為一種作為生產要素的資本。這種資本是一種有助於生產經營和交換的價值存量的泛化的資本。

由地位、權力和影響帶來的「面子」是一種資本。只不過，這種資本與經濟學中的「物質資本」是不相同的，是屬於一種包含各種社會關係在內的「社會資本」[②]。嚴格地說，「面子」是一種有助於節約交易成本的人際資本。所謂的人際資本是存在於人際關係之中的，可以對未來的生產或交易有所助益的價值存量。[③]「面子」是這種人際資本的表象，其背後的實質性東西是人際關係中的核心內容——信任關係。我們說「面子」有助於節約交易成本，其核心的問題是指交易必須發生在相互信任的行為主體之間，在這個行為主體之外，「面子」是沒有作用的，即信任關係是「面子」的支撐點。

「面子」在管理實務中表現為：某個領導人的講話或表態，其他人是不能否定的，這就是「面子」的威力所在；中國的行政組織和企業組織注重等級、階層的觀念和行為，事實上就是「面子」的最重要的反應，在中國「享受某種級別的待遇」就是「面子」的具體表現形式；一般的國有企業和民營企業都是以家長式領導為主，而不是由職工參與和集體民主決策，也是「面子」的作用結果；「面子」的假設使管理工作中更多地看重領導者個人的管理哲學、領導者個人的素質並強調員工絕對服從，而不是制度、原則作用的結果。在中國組織的管理工作中，領導者的個人能力固然重要，但中國人特別講求人際關係和為人處世，「面子」的作用往往更重要。

事實上，「面子」或「名譽機制」作為一種非制度化的約束機制對經濟交易和組織的管理的影響是極為複雜的。

首先，「面子」影響著人們從事管理活動和進行經濟活動的動機的強度。「面子」的介入，使管理者不能單純地追求效益、效率的最大化，使交易者不能單純地追求利益的最大化。

其次，「面子」往往會使管理者背負一種道德責任，這種道德責任常常與組織的效益、效率目標相衝突，從而使管理者陷入一種兩面不是人的難堪境地。由於管理者不能放手追求組織的效益、效率，就會減弱管理者進行規範化管理的動機，從而降低管理的

[①] 中國文字中「人情」一詞的漢字拼音「Renqing」是英文中一個具有特定含義的詞，表達了中國人人際關係的本土的關鍵概念。

[②] Jane Jacobs. The death and life of great American cities [M]. New York: Random House, 1961.

[③] 王詢. 文化傳統與經濟組織

水準。

第三，出於對「面子」的目標或偏好的考慮，可能不能夠對組織內部資源進行有效的配置。

第四，「面子」也可以對人構成一種約束力量，它使人們更傾向於守信，能減少欺騙行為。在中國的社會生活中，「面子」就是一種信用的代表物。「面子」可以使「道德風險」的不確定性減少，可以增進組織或管理者個人的人際資本。但是，當受儒家文化影響的中國人一旦脫離了由人際關係構成的圈子，就很少受「面子」的約束，從而表現出了很強烈的機會主義取向，認為整個世界可以為自己自由地利用。[1] 因此，「面子」的約束力量只是在人際關係的圈內起作用，在圈外並不起作用。

第五，「面子」具有不可替代的特性。在中國這種特殊主義人際關係的組織從事管理工作，人與人之間的關係替代的難度越大，則「面子」的威力和作用越大。管理者的「面子」越是不可替代，組織的特殊主義人際關係取向就越明顯。

第六，「面子」已經形成了一種思維慣性。中國人正是由於「面子」形成的思維慣性，對「理」（事理）的認同就遠不如對「情」（情理）的認同。合「理」若不合「情」的舉措，是普通中國人很難理解和接受的；而合「情」不合「理」（事理、法理）的行為，卻能為大多數中國人所寬容或默許。

二、「關係」的基本假設

中國著名社會學家、人類學家和社會活動家費孝通先生認為，中國人的人際互動是以自己為中心的，將與自己有互動的他人依據親疏遠近分為幾個「同心圓圈」；越親近的他人，則與自我中心越貼近，且自我與不同圈層的他人有不同的交往法則。費孝通的差序格局（Differential Mode of The Association）體現了中國人在人際關係互動中的三個特色：①關係以家族主義的概念來區分人際親疏；②關係被一種「特殊主義」取向的人際差別對待；③關係具有伸縮彈性的格局界線。

西方學者認為，中國人對於「關係」在商業活動和管理活動中所扮演角色的認知，遠比西方更早。西方人對中國人的「關係」是這麼界定的：「關係」是一種特殊的朋友關係，是關係雙方的相互承諾。只是中國人常掛在嘴上的「關係」多半是由家族、族群、語言、經驗等的相似性而來，強調「個人化」的人情關照和信賴，嚴格說來，是一種非系統化的非正式關係。西方企業則較強調通過契約、協定等成立正式關係。

關係假設認為，應用關係方法（Relationship Approach）可以給組織帶來積極作用（Positive Effect），主要體現在：

（1）關係是減少不確定性的手段。從組織內部看，組織管理者不僅面臨環境的不確定性，同時還要面對內部許多人際關係的限制因素，多數人沒有足夠的數據和精力去進

---

[1] 王詢. 文化傳統與經濟組織

行分析。在決策過程中，管理者必須減少可能採取行動的可能性數量，並設定某些因素是不變的。因此，關係假設提供瞭解決複雜性的有效方法。為了克服不確定性給組織帶來的負面影響，組織可能選擇長期的、重複的關係。

（2）關係可以降低交易成本。特別是當一個組織中或組織之間非正式關係非常緊密時，人們相互熟悉，「信息不完全」和「信息不對稱」的問題也不是很嚴重，就會產生「社會信用並不是對契約的重視，而是發生於對一種行為的規則熟悉到不假思索時的可靠性」。① 在關係中，有幾方面的因素會減少交易成本。一是關係密切的員工、供應商可以減少交易成本。包括花費較少的時間收集信息和評估新的員工和供應商、談判、協調、行為的控制和檢查等；二是因關係使雙方行為協調而降低單位成本，以及共同學習、經濟規模交易而降低價格；三是因減少在幾個交易者之間轉換而降低的運作成本，其中包括雙方的磨合成本。

（3）可以利用外部資源實現效率。單個組織的資源是有限的，組織必須具備獲取外部資源的能力。同時，在變化迅速的環境下，組織擁有全部所需要的資源也使組織失去靈活性。為解決內部資源的有限性與組織經營的靈活性矛盾，組織從孤立地依靠自有資源轉為建立關係。

（4）關係可使組織獲得經濟價值之外的社會價值。對單個個人和組織來說，關係是一個重要資產，其價值不僅表現在創造效率和創新上，還表現在提供信息、影響其他人和組織上。關係是個人之間和組織之間學習的良好途徑。

在中國，「關係」反應在組織的管理制度中，會使原本制定得非常嚴謹、科學的管理制度產生異化，常常會出現嚴謹、科學的管理制度，卻沒有較為嚴謹科學的組織結構和可以嚴格實施的管理制度，因人設事、因人設職、缺乏清晰嚴格的責任制度的現象大量出現，這就是加入了人的因素和「關係」的假設使然的結果。

在實踐中，中國許多具有現代管理制度特徵的組織不願介入關係，這是因為關係具有兩面性，具體如下：

一是相互依賴與失去獨立性的矛盾。關係意味著相互依賴（Interdependence），介入關係的一方不放棄一些獨立性（Independency）是不可能的。關係的一方必然介入另一方的內部事物。合作雙方還需要一定的資源建立關係，甚至組織的組織結構和業務流程也要做相應的調整。關係限制了組織和員工選擇的自由性。如果介入關係，就不能自由地向其他人轉移，人往往會處在「人在江湖，身不由己」的境地。

二是關係雙方預期的價值的不對稱性。組織和員工、組織和供應商或顧客對建立關係的意願和條件可能不一致。美國社會學家彼得·布勞把這種社會關係稱為「非零和博弈」。布勞指出：「個體在社會交往中所得到的報酬往往會使其他個體付出一定的代價。這並不意味著，大部分社會交往都涉及零和游戲……恰恰相反，個體之所以相互交往，

---

① 費孝通. 鄉土中國

是因為他們都從他們的交往中得到某些東西。但他們不一定所得相等，也不一定同等的分擔提供利益所需的支出。」①

三是關係中存在著機會主義的行為。關係中的機會主義行為實際上是很難避免的。

四是關係方法可能限制競爭，導致組織效率的損失。彼得·布勞認為：「特殊主義的價值在副結構中創造社會團結的整合紐帶，但同時也在更大的社會結構中的副結構之間創造隔離性的界線。」② 這種「副結構」就是我們日常所說的「圈子」。一方面，「圈子」可能導致組織效率的提高，另一方面，「圈子」也可能限制競爭，導致組織效率的損失。如組織對關係員工與其他員工區別對待，這就是一種對員工的歧視行為。

五是長期價值與短期效率的不一致性。建立關係需要雙方對關係進行感情投資，這些投資的回收要等待相對長的時間。

三、「家」的基本假設

中國文化以人的自然化作為倫理的參考系，這就形成了「家」的借喻、隱喻、明喻，甚至諷喻的意義派生。像國家、社會大家庭、日常用語中對非血緣關係的血緣稱謂（如姐妹、弟兄等）皆屬於此。研究中國的組織管理，如果脫離「家」的基本假設，這個中國傳統文化的核心價值系統，也同樣是難以想像的。

嚴格地說，中國的組織文化，既不是個人主義的文化，也不是集體主義的文化，而是小團體的「家的文化」。也就是說中國人在「家」中是集體主義的，而在「家」之外就不是集體主義的。

中國人認為「家」的利益是高於一切的。例如，在企業經營中運用《孫子兵法》所說的「詭道」和商業間諜的方法，到底是否違反現代的商業倫理準則，對中國人和西方人來說，看法是不一致的。大多數西方人受到猶太教和基督教教義的影響，在他們的眼中，施行商業「詭道」以及利用商業間諜收取情報是不道德的行為，不足為取。西方人對商業倫理有其執著和文化背景淵源，在西方國家都強調應把道德標準作為管理的主要概念，即管理的基本標準應當是社會的道德標準；但在中國人看來，「詭道」和商業間諜的方法卻被視為無傷大雅，是與道德拉不上關係的純商業手段，只存在著為誰的利益而做的問題。在中國的企業組織，只要是為高於個人的大眾，即是為「家」的利益，便不必顧忌。

中國的企業組織是「家」的基本假設的一個濃縮反應，在中小規模的家族企業內，家庭結構或家族結構成為企業組織的基本構架；在規模較大的所謂的現代企業組織中，「家」的基本假設也成為企業權力結構的來源之一。「家」的基本假設和「家的團體文化」對組織的管理有著重要的影響，反應在組織的管理思想上，一般說來，大致有如下情況：

---

① 彼得·布勞. 社會生活中的交換與權力 [M]. 孫非，張黎勤，譯. 北京：華夏出版社，1988.
② 彼得·布勞. 社會生活中的交換與權力 [M]. 孫非，張黎勤，譯. 北京：華夏出版社，1988.

(1) 家長制 (Patriarchy)。

由於企業組織的設計是「家」的基本假設的物質載體的實現，家或家的代理人（包括國家在內的上級委派的代理人）中的權威人物自然就是組織的權威。由於「家」的基本假設超越了職業化的需要，家或家的代理人，即組織的家長自然而然地成為組織的權力核心，其合理性和合法性不會受到組織內其他成員的質疑，也如同「君權神授」一樣自然。同樣的道理，組織成員對組織或組織的家長的忠誠表現為一種「私忠」。[①]

(2) 人情至上。

既然企業組織結構是「家」的基本假設的物質載體的實現，親屬集團 (Kinship Group)、宗親 (Lineage)、氏族 (Clan)、朋友、同學、熟人、鄉親等各種關係，就會接踵而來，構成了組織內的基本人際關係，再加上一起「打天下」的兄弟，組織內結拜認領等形成的干親、共同構成中國組織的錯綜複雜的人事關係，這種人事關係不同於西方管理學中的人事關係，而是一種人倫關係。

面對這種錯綜複雜的人事關係，「情、理、法」往往就成為處理組織內部關係的三種手段[②]，其出發點往往是以「情」為重，以「理」為據，萬不得已，才用「法」。嚴格地說，在中國人的「情、理、法」關係中，「合情」往往是放在最重要的位置上的，這可能與孔子的「父為子隱、子為父隱，直在其中」之說有極大的關係，因為按照儒家的說法，即使講求公道、法制，仍不能超越人倫之情。

(3) 等級制和三六九等。

組織內的關係有親疏，在職權設置上就有差異，這就是組織分層 (Organizational Stratification)。中國社會組織中存在「圈子」這一說，即各種特殊關係的作用範圍是不同的，「關係」可以分遠近親疏、三六九等，這也就是費孝通先生所說的「差序格局」。中國的企業組織在人員使用和提拔上的最大問題當屬任人唯親。組織的接班人必須由組織的家長提名或任命，除非是組織的接班人作為家的代理人的身分有問題。這種現象，與封建王朝的權力接班如出一轍。

四、「禮」的基本假設

「禮」的基本假設在中國人的組織管理中扮演了重要的角色。按照費孝通 (1998) 的說法，中國組織的治理秩序既非「法治秩序」，也非「人治秩序」，而是「禮治秩序」。[③] 在我們看來，中國式管理既非「法治秩序的管理」，也非「人治秩序的管理」，而是「禮法共治秩序的管理」。這就是說，「禮」的基本假設在中國式管理中扮演了極為重要的角色，深諳中國式管理之道的人會禮法並重，法不能廢，但也要兼顧人情。[④]

[①] 鄭伯壎. 差序格局與華人組織行為.
[②] 楊國樞, 曾仕強. 中國人的管理觀.
[③] 費孝通. 鄉土中國生育制度.
[④] 羅家德, 葉勇助. 中國人的信任游戲.

禮治是相對於法治與人治的，它們之間的區別在於維持秩序所用的力量和所根據規範的性質的不同。所謂的法治是指組織管理中人與人的關係和治理秩序主要是依靠章程、制度等法律來維持的；所謂的人治是指組織管理中人與人的關係和治理秩序主要是依靠情感、信任、承諾和認同等來維持，但也不排斥以章程、制度等法律形式來維持。所謂的禮治是指組織管理中人與人的關係和治理秩序主要是依靠一種自動的秩序來維持的，既不排斥根據情感、信任、承諾和認同等來維持，也不排斥依靠章程、制度等法律形式來維持。

在組織的管理中，「禮」主要表現為：①「禮」成了組織非正式規範，雖不具有法律效力，但有強大輿論支持的行為規範；②「禮」強調創造和培養忠誠、奉獻、責任感和義務感的人，不但可以成為組織成員個人的良心訴求，推動人們去「克己復禮」，自我節制，也自然而然地會形成群體氛圍的壓力，「千夫所指，無病自死」說的就是這個意思；③「禮」是在組織人際關係發生衝突時進行衡量的一把尺子。對於組織中人與人之間的衝突、小團體與小團體之間的衝突，領導者也要依「禮」進行裁決，管理秩序才能夠得以維持；④「禮」可以使組織中的人與人之間保持一種彈性，有協商空間，並盡量取得共識的基礎。也就是說組織的任何協商與取得共識的過程要依「禮」而行；⑤「禮」並不是靠一個外在的權力來推行的，而是從教化中養成了個人的敬畏之感，使人服膺，人服「禮」是主動的。「禮」是可以為人所好的，這就是所謂的「富而好禮」。

「禮」的這些主要特徵說明，權力與制度並不是中國式管理的全部內容，而「禮」的基本假設在中國式管理中常常表現出一些特殊的行為規範：

1. 有限自利性

有限自利性是指中國人對人的自利行為的容忍度和接受度有限。中國人同西方人一樣也講自我（Ego）和自利（Egoistic），但中國人對自利的接受有一個限度。超過這個限度，就會引起他人的反感，甚至遭到他人的攻擊，這表明中國傳統文化中對個人自利行為的容忍度和接受度遠遠低於西方社會。如果將中國人和西方人的自利性進行比較，可以說中國人對人自利的容忍度和接受性是感情型的，有一套特殊主義的價值取向標準承認結果和財富的差異；而西方人對人的自利的容忍度和接受性是理性型的，採用的是普遍主義的價值取向標準來認同結果和財富的差異。

中國人意識中的平均主義的傾向，其思想來源就是「大家」的共財觀或共財之義，這說明中國管理學需要對西方管理學中的完全個人主義、經濟人行為假定或理性假定進行修正。中國人注重的不是機會均等，而是注重結果和財富的均等。當然中國人從來都看不到機會均等的倫理效果和倫理地位，只知道要分得別人碗裡的菜肴。當把不公正、不平等、不道德的中國式解釋學循環上升到倫理高度之後，人們就不惜用不道德的形式去實施自己心中那種對道德偶像和道德目標的追求，即用暴力形式去實現道德目標，主要是平均主義目標。

因此，在中國組織的管理中，只承認或者只以單一的個人利益的自利性或群體利益

最大化的觀點來分析人們的行為機制，是片面的和不符合中國傳統文化假設的。

2. 因果報應

「禮」往往具有一定的彈性範圍與空間，既告訴人們我們鼓勵什麼行為、反對和懲罰什麼行為，還告訴人們我們容忍什麼行為。人的行為如果超過某一臨界點時，就不合「禮」，就會受到處罰，因而就有「因果報應」之說。「禮」中既考慮個人的自利，又考慮利他的目標，但重點強調和鼓勵的是滿足個人自利基礎上的利他。如果個人行為不符合這個規範，就會受到處罰，遭到「報應」（Retribution）；如果個人行為能夠以某種利他主義（Altruist）目標作為其行動指南或行為規範，或許能夠在社會組織中更好地生存下來。

在現實生活中，人們總是希望用「禮」來規範人的行為，這樣既能夠避免遭「報應」，又能夠使自己成為其他人利他行為的受益者。這種思想頗有點類似現代社會生物學「群體選擇論」（Group Selection）的觀點。群體選擇論認為，遺傳進化是在生物種群的層次上實現的，當利他主義有利於種群利益時，這種行為特徵就可能隨著種群利益的最大化而得以保存和進化。[1]

3. 隱性規則

由於「禮」是在正式規定的各種制度之外，在種種明文規定的背後實際存在的、不成文的又可獲得廣泛認可的規矩，因此「禮」也可以叫作「隱性規則」（Hidden Rules）。隱性規則也被稱為「游戲規則」（Game Rules），是指沒有顯現出來但已是心照不宣的某些規矩，不成文、不公開地在各自的領域內得到大多數人的默許和遵守成為相關法律法規之外的另一套行為準則和規範。一般來說，中國組織管理中存在著遊離於組織規章制度之外的不成文的又可獲得廣泛認可的隱性規則，它與各行各業遊離於法規之外的「潛規則」不同。各行各業的潛規則實質是非規則、反規則，以及「拿不上臺面」「見不得陽光」的「行規」和「慣例」，而組織內部的潛規則往往是組織在長期實踐中形成的，是得到組織大多數成員的默許和遵守的行為準則和規範。

作為隱性規則的「禮」有幾個重要的作用：①隱性規則注重的不是組織規章制度對人行為的約束，而是注重人們私下認可的行為約束；②注重隱性的行為約束，依據對當事各方的造福或損害性，在社會行為主體的互動中自發生成，可以使互動各方的衝突減少，使協調成本或交易成本降低；③隱性的行為約束強調行為越界必將招致報復，對這種利害後果的共識，強化了互動各方對彼此行為預期的穩定性；④某些隱性規則在實際上得到遵從的規矩，可能背離了正義觀念或正式制度的規定，侵犯了主流意識形態或正式制度所維護的利益，因此不得不以隱蔽的形式存在，當事人對隱蔽形式本身也有明確的認可；⑤隱性規則對人的行為約束具有隱蔽性，可以將人們拉入私下交易之中，憑藉這種私下的規則替換，獲取正式規則所不能提供的利益。

---

[1] Edward Osborne Wilson. Sociobiology: the new synthesis [M]. Cambridge: Harvard Belknap Press, 1975.

4. 「禮」注重主體的依存性和利益的相關性

「禮」的主體依存性和利益相關性主要體現在：①「禮」一定要以理性作為基礎，否則組織管理和社會秩序就會亂套和失控。因此，中國組織內部往往有許多約定俗成的規則，如關於人的行為的認同標準、人與人關係處理標準的認定；在中國組織間的交往中，往往會有業界規範，如關於議價時間的約定、質量標準認定的約定等；②管理中尊重人的情感，強調做人不要太絕，做事要留有餘地，為人要留情面，甚至要為人做點情面。與西方管理學的情感主要表現為親密性、距離感與情緒支持上的不同，中國人情感交換的內容有一套道德標準，這就是人倫法則。作為道德要求的「禮」，是一種強大的規約力量與集體監督手段，這就是日本學者山岸俊男和山岸美登里（Yamagishi & Yamagishi，1994）所說的東方人的「保證關係」（Assurance）[1]；③要有能夠從旁輔助的補充機制與仲裁機制。中國式管理的補充機制一般可以用一個「同」字來概括，比如同學、同鄉、同宗、同族、同事或同儕等是重要的補充機制；而仲裁機制是指存在著第三方可以用這群人的「禮」來進行仲裁，如工會、行業協會、政府等；④「禮」能夠表現人倫，做人的核心是守禮。這就是說中國式管理既要以制度和理性為基礎，又要兼顧「朋友有義」。「朋友有義」時下的流行說法叫「哥們義氣」，這是中國人圍繞關係角色定下來的五倫之一，符合中國人的道德觀，遵守這種道德也是人與人關係中守禮的表現[2]；⑤「禮」是一種加權關係。中國式管理強調各種利益主體相關性目標的滿足，因而把「禮」看成是「利益、事業、情感」等的加權關係。

五、本節小結

我們可以看到，中國傳統文化的獨特性及其假設對管理學研究的啟發十分深遠。這種啟示首先表現在對西方現代管理學理性行為假設的質疑上。這種質疑不同於西方現代管理學由於人的潛能的重新認識所引起的對人的完全理性假設的修正，而是對中國人的理性行為本身的重新認識，從而導致了對人的行為目標和行為規劃的重新認識和界定。其次表現在一些具體的理論問題上，特別是在對管理制度變遷的方式和過程等基本理論問題的研究上，人們已經開始用中國文化的獨特性來解釋中國組織管理制度改革的漸進式特徵，即改革的路徑依賴問題；逐漸認識到組織文化創新與傳統文化的存量之間絕不是相互分割的。

傳統文化的存量作為一種資源，具有很高的利用價值。而此處的傳統文化的存量更多地是指倫理、道德、傳統、習慣、意識形態等作為文化組成要素的非正式規則。20世紀80年代以來的中國管理實踐，終於使我們懂得了一個真理：管理現代化的陷阱原來不是中國傳統文化，倒是對中國傳統文化的不屑一顧。這就是說，為了走向管理現代化

---

[1] ToshioYamagishi, Midori Yamagishi. Trust and commitment in the United States and Japan [M]. Motivation and Emotion, 1994, 18 (2): 129-166.
[2] 羅家德、葉勇助. 中國人的信任遊戲

的未來，需要的不是同中國傳統文化的一切徹底決裂，而是應該妥善地利用中國傳統文化，在中國傳統文化這塊既定的地基上構築管理現代化的大廈。

應當看到，中國傳統文化是成套的行為系統，其核心則由一套傳統觀念，尤其是價值系統所構成，在一定意義上有點狹隘，帶有明顯的特殊主義取向。從更深層次上看，對中國文化的研究將可能導致管理哲學、管理學方法論、管理發展觀等一系列根本性問題的深刻變革，引起管理學真正意義上的創新，並促進一種新的管理理論範式的形成。

本章復習思考題

1. 為什麼說「經濟人」的基本假設是科學管理的基礎？
2. 霍桑試驗有什麼意義？
3. 道格拉斯·麥格雷戈的人性理論的主要思想是什麼？
4. 「自我實現的人」的理論來源有哪些？
5. 「自我實現的人」的假設包括哪些方面？
6. 麥格雷戈根據「Y理論」，激勵人行為的具體措施有哪些？
7. 「超Y理論」主要論點是什麼？
8. 試說明管理的科學性。
9. 試說明管理的藝術性。
10. 試說明中國文化對人們的行為方式和行為目標的影響。

第三章　組織文化

　　文化是管理學與其他人文科學研究的基本問題之一。組織文化不僅代表了組織的精神風貌，更應該蘊涵組織的指導思想和經營哲學。因此，除了組織形象外，它還代表了組織的價值標準、經營理念、管理制度、信念、行為準則、職業道德。

第一節　組織文化概述

一、組織文化的概念

　　「文化」一詞在西方來源於拉丁文 Cultura 或 Cultus，原義是指農耕及對植物的培育。[1] 自 15 世紀以後，「文化」一詞逐漸引申使用，把對人的品德和能力的培養也稱之為文化。18 世紀之後，在西方的語言中，Culture 逐漸演化為個人素養、整個社會的知識、信仰、藝術道德、法律、風俗的匯集，並引申為一定時代、一定地區的全部社會生活內容等。

　　在中國的古籍中，「文」既指文字、文章、文採，又指禮樂制度、法律條文等。「化」是教化、教行的意思。從社會治理的角度而言，文化是指以禮樂制度教化百姓。漢代劉向在《說苑》中說：「凡武之興，謂不服也，文化不改，然後加誅。」此處「文化」一詞也為文治教化之意。「文化」一詞的中西兩個來源，殊途同歸，今人都用來指稱人類社會的精神現象，抑或泛指人類所創造的一切物質產品和非物質產品的總和。歷史學、人類學和社會學通常在廣義上使用文化概念。

　　在社會科學中，文化恐怕是最難以定義的研究對象。美國社會學家阿波特·勞倫斯·羅威爾（Lowell，1926）坦率地說：「我被托付一項困難的工作，就是談文化。但是，在這個世界上，沒有別的東西比文化更難琢磨。我們不能分析它，因為它的成分無窮無盡，我們不能敘述它，因為它沒有固定形狀。我們想用文字來規範它的意義，這正像要把空氣抓在手裡似的：當我們去尋找文化時，它除了不在我們手裡以外，無處不在。[2]」

---

[1]　「文化」一詞在西方來源於拉丁語 cultus 或 cultura，與 cult（耕作、栽培）和 worship（崇拜、敬慕）有關，具有崇拜神或崇拜耕耘的意識。參見：Pat Joynt, Malcolm Warner. Managing across cultures: Issues and perspectives [M]. Boston: International Thomson Business Press, 1996.

[2]　Abbott Lawrence Lowell. Public opinion and popular government [M]. New York: Longman Green, 1926.

一般認為，組織文化代表了一個組織內各種由員工所認同並接受的信念、期望、理想、價值觀、態度、行為以及思想方法、辦事準則等。這些由員工所認同及接受的信念（Belief）、期望（Expectancy）、理想、價值觀（Value）、態度（Attitudes）、行為準則（A General Guide to Actions）能夠使員工凝聚在一起，幫助他們瞭解組織的政策；組織文化是組織成員的思想觀念、思維方式、行為方式以及組織規範、組織生存氛圍的總和，既是一種客觀存在，又是對客觀條件的反應。組織文化代表了組織中不成文的、可感知的部分。

組織文化理論研究者埃德加・沙因把組織文化描述為「一套基本假設——一個特定組織在學會處理適應外界和整合內部問題時，發明、發現或發展出來的假設——這些已被實踐證明行之有效，因而被認為是正確、恰當的，也因此被傳授給新進成員，作為理解、思考和感覺那些難題的正確方法」。[1]

按照埃德加・沙因所劃分的層次：位於組織文化最核心的是文化基本假設；其次是價值層面；再次是行為規範和行為方式層面；位於最表層的是組織文化的各種表現方式。

事實上，文化的本質是一定群體所共有的、具有相對穩定性的價值觀，這種價值觀可以通過一定的形式外化，形成現象文化，如習俗、語言等。簡單地說，組織文化是指決定組織行為方式的價值觀或價值觀系統（Values or Values System for a General Guide to action）。德倫西・迪爾和艾倫・肯尼迪（Deal & Kennedy, 1982）認為，「每個組織都有一套核心的假設、理念和隱含的規則來規範工作環境中員工的日常行為……除非組織的新成員學會按這些規則做事，否則他不會真正成為組織的一員。不管是高級管理階層，還是一線員工，只要有人違反這些規則，他就會受到大家的指責和嚴厲的懲罰。遵守這些規則是得到獎酬和向上流動的基本前提」。[2]

組織文化在其最表層，在表面上是可見物像和可觀測到的行為，我們可以根據文化的有形載體——如符號或表徵、故事、英雄、口號和儀式等去理解組織文化的基本價值觀。

符號或表徵（Symbol）是反應組織深層次價值觀的物像4，是向他人傳遞意思的一種物體、行為或事件。符號或表徵可以看成是一種豐富的、非文字的語言，它鮮明而強烈地傳遞著組織的重要價值觀，告誡人們，人與人之間是如何建立關係，人與環境是如何相互影響的。

故事（Story）是基於組織員工之間頻繁復述和分享真實事件所講述的事情。在新員工進入組織所進行的社會化培訓階段，給新員工講組織過去的故事，其目的就是為了保證組織的主要價值觀能夠不斷流傳下去。故事的內容會傳遞這樣的一個信息：組織鼓勵

---

[1] Edgar H Schein. Organizational culture and leadership [M]. San Francisco: Jossey-Bass, 1985.

[2] Terrence E Deal, Allen A Kennedy. Corporate culture: the rites and rituals of corporate life [M]. Massachusetts: Addison-Wesley, 1982.

什麼或組織反對什麼。

英雄（Hero）是代表強文化（Strong Cultures）的行為、品行和特徵的化身，英雄人物是員工們學習的榜樣。英雄的作用是教會我們在組織中如何做正確的事情，具有強文化的組織往往利用已經取得的成就來描繪英雄的形象，英雄是組織核心價值觀的倡導者。

口號（Slogan）是表達組織核心價值觀的一些簡潔的句子或短語。許多組織利用口號或某些說法向員工傳達特殊的意思。

儀式（Ceremony）是組織為了紀念特殊事件而舉行的有計劃的活動。舉行儀式常常是為了某種特殊目的或公眾利益的需要。通過舉行儀式，組織管理者可以為員工樹立起組織核心價值觀的典範。儀式就是在一些特殊場合，通過讓員工共同參與重要的事件、神聖化的程序和向英雄人物學習，達到強化組織核心價值觀、增強組織凝聚力的目的。

總之，組織核心價值觀可以通過多種方式展示，通過實施社會相互作用所構造的一整套模式化行為，可被用來解釋組織文化的內涵。這些可見的物像和行為可以被管理者用來塑造公司價值觀並強化組織文化。組織文化可以用不同的形式出現，往往借助著一種語言（Language）、組織使命（Mission）、傳說（Legends）、故事（Stories）、標誌和英雄（Heroes）事跡等在組織中傳播。所以，組織文化是可以多層面的，最基本的層面是組織內各員工所共同擁有的價值觀和假設，這些就是組織文化的「本質」。這一深層文化往往在組織的員工行為、禮儀典故及辦事傳統中表現出來，這個的層面的文化可以說是文化的「形式」，或者說是文化本質特徵的外在表現形式。

二、組織文化的作用

20世紀90年代以來，組織文化對於員工行為的影響作用似乎越來越重要。現代組織漸漸拓寬了控制幅度，使組織結構趨於扁平，引入了工作團隊，降低了組織的制度化、形式化程度，授予員工更大的權力，這些都要求一種強有力的組織文化提供共同的價值觀體系，從而保證組織中的每個人都朝同一個方向努力。一般認為，組織文化的作用是可以使組織的運作更加成熟；可以使員工更投入工作；可以為組織帶來利潤和效能。

強有力的組織文化會促使員工的行為保持一致性。在這個意義上，我們可以認為，強有力的組織文化是制度化、形式化的合理的替代物。制度化、形式化的規章制度是可以規範員工行為的。組織中高度的制度化、形式化可以帶來可預測性、穩定性、秩序性和行為的一致性。我們認為，強有力的組織文化同樣也能達到上述目的，而且不用書面的文件來發揮作用。因此，我們應該把組織文化和制度化、形式化看作是達到同一目的的兩種不同方式。組織文化越強，管理人員就越用不著費心制定規章制度來規範員工的行為。員工接受了組織文化的時候，那些規章制度就內化（Internalization）於他們心中了（結晶於員工的心中，使員工成為組織的一分子）。

組織文化在組織中具有多種功能：①它起著分界線的功能作用。即它使不同的組織相互區別開來。②它表達了組織成員對組織的一種認同感。③它使組織成員不僅僅注重自我利益，更考慮到組織利益。④它有助於增強社會系統的穩定性。文化是一種社會粘合劑，它通過為組織成員提供言行舉止的標準，而把整個組織聚合起來。⑤文化作為一種意義形成和控制機制，能夠引導和塑造員工的態度和行為。我們最感興趣的正是最後的這種功能。

中國著名企業家張瑞敏在分析海爾經驗時就說：「海爾過去的成功是觀念和思維方式的成功。企業發展的靈魂是企業文化，而企業文化最核心的內容應該是價值觀。」至於張瑞敏個人在海爾充當的角色，他認為「第一是設計師，在企業發展中如何使組織結構適應企業發展；第二是牧師，不斷地布道，使員工接受企業文化，把員工自身價值的體現和企業目標的實現結合起來」。實際上，海爾的擴張主要是一種文化的擴張，即收購一個企業，派去一個總經理、一個會計師，移植過去一套海爾的文化。

第二節　組織文化的形成

組織文化形成受到兩大因素的影響：其一是適應外部環境（External Adaptation）和生存的要求；其二是內部整合或一體化（Internal Integration）的需要。

從另一種意義上講，組織文化在組織中發揮兩個關鍵的作用：①整合組織成員，以使他們知道該如何相處；②幫助組織適應外部環境。組織行為理論的研究者沃倫·本尼斯指出，組織是一種複雜的，追尋自己目標的社會單元。組織要生存下去，必須完成兩項互相關聯的任務：①協調組織成員的活動和維持內部系統的運轉；②適應外部環境。第一項任務要求組織經由某種複雜的社會過程讓其成員適應於組織的目標，而組織也適應成員的個人目標，所以這一過程稱之為「互相適應」「內適應」或「協調」。第二項任務要求組織與周圍環境進行交流和交換，稱之為「外適應」或「適應」。①

一、外部環境適應

外部環境適應是指組織如何達到目標、應付外部環境因素。組織文化幫助指導員工們的日常活動以實現一定的目標，組織文化能幫助組織迅速地對顧客需求或競爭對手的行動做出反應。

外部環境不斷變更，尤其在當今競爭激烈和國際化的影響下，各種企業不得不找到一些空擋來定位和生存，這種外部環境適應的需要便有助於組織文化的形成。這種外部環境適應的需要更有助於組織文化的形成。例如，當企業組織準備確定使命和戰略時，以及一些目標和戰術手段時，這些刻意訂立的辦事原則便成為組織一般員工的行為準

---

① Warren G Bennis. Organizational developments and the fate of bureaucracy [M]. New York: Mc Graw-Hill, 1970.

則，在耳濡目染下，便會成為價值觀和假設的一部分，如果被員工廣泛認同和接受，便會形成一股強有力的組織文化。

市場經濟的最根本原則就是公平競爭原則，這不僅僅局限於一國之內，也涉及對外貿易。目前，世界經濟一體化逐步深透到各個方面，企業組織的行為規範不得不與市場經濟條件下的國際慣例接軌，一個企業組織只有實現自身行為的規範，才能在國際市場上立於不敗之地。這些市場經濟條件下刻意訂立的競爭原則便會成為企業組織價值觀和假設的一部分，如果被企業高層領導和員工廣泛接受和認同，便會形成一股強有力的組織文化。

而這一過程的另一面就是企業組織價值觀和假設的成型過程，是企業組織文化的形成過程。價值觀和道德理性基礎之所以會這麼重要和強有力，都因為它創造出來的「世界圖像」，時常像扳道夫一樣決定著由利益驅動的行為的發展方向。道德理性基礎對自利行為的這種無形制約，也是市場經濟中的一只「看不見的手」。它的秩序功能就在於「修正最大化行為」，以保證社會或團體的成員自覺地約束私欲的無限膨脹。具體到交換行為之中，就表現為使互惠關係的建立和維持主要依賴於公平競爭、相互尊重。因此，在市場經濟秩序建立過程中，培養和鑄就經濟行為主體的道德理性基礎即經濟人對經濟活動中的道德品質的信仰和自己行為的自覺、自律是至關重要的。

二、內部整合或一體化

傳統的管理理論是利用科層制來有效地解決組織的內部協調問題。實現科層制和組織的內部協調的社會影響結構是以法規和理性為基礎的，而不是以個人權威（Authority）為基礎的：被統治者同意服從是因為上司握有正式職位的權力和具備相應的專長和能力。

組織文化理論認為，內部整合意味著組織成員產生出一種集體認同感並知道該如何相互合作以有效地工作。正是文化指導日常工作關係，決定人們如何在組織內相互溝通、什麼樣的行為是可接受的、什麼樣的行為是不可接受的，以及如何分配權利和地位。有關關鍵人物和事件的故事、傳說與格言，企業組織的設計和構造方式，企業組織系統和工作程序，企業佈局、外表和建築的設計等，對於組織文化的形成有重要作用。[1]企業為了建立和維繫有效的工作關係，往往強調共同的語言、觀念或態度等。這些行為可以憑藉工作小組的界定、組合、地位和權利的劃分以及獎懲制度的建立而實現。因為內部整合的緣故，屬於同一小組的員工便自然地分享同一語言和工作常規模式，且共同接受既定的權力和制度，這些也是組織文化的基本要求。

在組織文化的形成和維繫過程中，有三個因素起著特別重要的作用：高層管理人員的行為舉措、組織成員的甄選過程、社會化方法。

---

[1] Edgar H Schein. The role of the founder in creating organizational culture [J]. Organizational Dynamics, 1983, 12 (1): 13-28.

組織高層管理者的舉止言行對組織文化也有重要的影響。高層管理者通過自己的舉止言行、所作所為，把行為準則滲透到組織中去。例如，公司是否鼓勵冒險；管理者應該給自己的下屬多大自由；什麼樣的著裝是得體的；在薪酬、晉升、其他獎勵方面，公司鼓勵什麼樣的行為和反對什麼樣的行為等。

組織成員的甄選過程的明確目標是，識別並雇用那些有知識、有技巧、有能力來做好組織工作的人。組織成員的甄選過程成了一種雙向選擇，它允許雇主和求職者相互不匹配時中止他們之間的聯姻。這樣，甄選過程通過篩選掉那些可能對組織的核心價值觀構成威脅的人，起著維繫組織文化的作用。

在組織文化的形成過程中，社會化占了一個很重要的地位。組織社會化（Organizational Socialization）為個人調整自己以適應特定組織角色的學習過程及內容（Chao et al., 1994），使一個人瞭解承擔組織角色或成為組織成員所需的價值觀、能力、期望行為及社會知識（Social Knowledge）的過程。也就是指組織的新人學習和內化（Internalization）組織常規運作模式的過程（Jones, 2004）。簡言之，新進員工從進入組織前的外部人（Outsider）到完全成為組織的內部人（Insider），這一完整階段的學習歷程被稱為社會化過程。也就是個人學習如何融入組織、成為組織成員的過程。如何能在最短時間內瞭解企業的工作環境，並能愉快地與大家相處在一起的人，才是企業期望的人員。組織要幫助新員工適應組織文化，這種適應過程被稱為社會化（Socialization）。

為使一個人成長為合格的組織成員，必須進行系統的社會化教育的基本內容有：

（1）教導有關生產與生活的基本知識和技能。在工業社會裡，生產活動從家庭中分離出來，人的社會化途徑主要通過學校進行有組織、有計劃的科學文化的基本知識教育，以及在就業單位如工廠、企業等不同崗位上，再接受職業技能訓練。

（2）教導組織規範（Organizational Norm）。組織規範是維持組織秩序的重要工具之一。組織通過各種形式的教育與輿論的力量，使人們逐漸形成一種信念、習慣與傳統，用來約束個人的行為，調整個人與個人，團體與團體，個人、團體與社會整體之間的各種社會關係。這是實現人的社會化的另一項重要內容。

（3）樹立生活目標，確立人生理想。人總是為著一定的理想而生活的。組織通過各種途徑指導人們樹立正確的生活目標和理想，從而達到組織整合的目的。

（4）培養社會角色。社會化的目的，是為組織培養符合於組織發展要求的組織成員，在組織結構大廈的各個部分充當適宜於各自身分、地位的角色。社會化的內容之一就是教育各種角色按其應盡的權利與義務，去規範自己的行為，自覺地為組織發展做貢獻。

現在中國許多公司（特別是股份公司和民營企業）的新員工都必須通過半個月到1個月的強化訓練。受訓者在公司分配的宿舍裡同吃同住，到公司所屬的旅遊地一起度假。這樣使他們學會了公司的做事方式——從如何與上級說話到如何著裝。在社會化階段，組織要盡力把外來者塑造成一個合格的員工。那些不能掌握角色行為要領的員工很可能被稱為

「不服從者」或「反叛者」，他們的下場往往是被開除。但組織會通過各種不明顯的方式，使員工在職業生涯中進一步社會化，這更進一步地起到了維繫組織文化的作用。

三、組織文化形成的方式

管理層的文化觀念是組織文化的根本要素，社會化只是向新來的員工傳遞組織的基本經營哲學和管理理念的過程，而對現有的員工，則需要依賴其他方法來強化和維繫組織文化。

（1）一個最簡單的方法是利用組織的獎賞制度。建立和完善組織的獎賞制度是一個促進基本經營哲學和管理理念的形成的比較直接和有效的方法，對那些符合組織文化的行為加以褒揚，可以達到改變員工的價值觀、信念和行為的目的。例如，當組織倡導提高服務質量和素質時，以獎金或晉升來獎勵良好的服務提供者，便可以樹立一些模範從而令組織其他員工仿效。利用組織的獎賞制度的方法，最根本的是要形成一個組織文化的物質基礎，只有物質基礎的位移，才能建立起組織的文化。千萬切記，空談組織文化，而沒有物質基礎的位移和改變，是建立不起來一個真正的組織文化的。

（2）經理人員的個人操守、品德和信念也是重要的一環。下屬往往視組織高層管理者為組織的代表，他們的舉止言行對組織文化的建立具有舉足輕重的影響。若組織高層經理人員能夠以身作則，充分表現組織的文化特質，便可以加強組織員工的文化認同。埃德加·沙因認為，促進組織文化的建立應當樹立榜樣，並由企業領導進行教育和訓練。[1]

（3）除了制度和樹立個人模範之外，企業的禮儀典章也是促進組織文化深化的有效方法。例如，廠慶、週年慶的文藝活動、聚餐、團體旅遊等活動，都是表達和宣揚組織文化的有效方法。

（4）企業面臨危機的應變方法，也對促進組織文化的建立有一定的意義。組織員工多視組織特定的經營戰略和策略為組織基本經營哲學和管理理念的具體體現。當組織面對激烈的競爭環境，盈利能力下降時，組織是否採取裁員來維持競爭力，便代表了組織是否重視員工這個組織文化的特質。若組織文化強調的是「以人為本」的文化觀念，便會盡量地保留職工，可能對職工進行再培訓，轉任其他工作；而沒有「以人為本」的文化觀念，則可能選擇裁員為第一的解決方法。

由此可見，組織文化的形成是由各種因素互相配合而產生的，其核心是管理層所希望達到的經營目標和使命，以及他們理想中的組織生活。

---

[1] Edgar H Schein. The role of the founder in creating organizational culture [J]. Organizational Dynamics, 1983, 12(1).

第三節　組織文化的種類

文化主要指的是一種群體的價值觀，它是不可直接觀察到的。我們只能通過群體中個人的行為和態度來推測。如果要對一家企業的組織文化進行分類，首先要假定的是這家企業只有單一的組織文化，或者只有一種主流文化。如果組織內有不同的次文化或亞文化，首先要克服的是找出不同次文化或亞文化的基本單位，才可能進行有效的分類。

丹尼遜和梅士拉（Denision & Mishra，1995）非常注重組織管理中的戰略和外部環境這兩大要素。他們從一些企業的個案開始，找出了4種不同的組織文化的特性。丹尼遜和梅士拉認為，戰略和外部環境對公司文化有著重要影響。公司文化應包含組織在其環境中所必需的因素。例如，如果外部環境要求靈活性和反應能力，組織文化就應當鼓勵適應性。文化價值觀和信念、組織戰略和商業環境之間的恰當關係會提高組織的績效。

丹尼遜和梅士拉利用了羅伯特·布萊克和簡·莫頓（Blake & Mouton，1964）的管理方格圖（Managerial Grid），從兩個不同的方向來劃分出4種不同的文化特性。他們在對文化和效能進行研究後認為，戰略、環境、文化間的適當配置與文化的4種類別相關聯，如表3-1所示。這些類別基於兩個因素：①競爭性環境所需要的轉變與彈性（靈活性）或穩定與指導（穩定性程度），即轉變與穩定的對比；②戰略的重心和強度側重於內部一體化（內部程度）或是外部導向（外部的程度），即外部適應與內部一體化的對比。[1] 存在著這些區別的文化的4種類別是適應性文化、使命性文化、投入性文化和持續性文化（或稱為均勻性文化）。

表 3-1　　　　　　　　　　　　　4種不同的文化特性

	轉變與彈性	穩定與指導
外部導向	適應性文化 Adaptability Culture	使命性文化 Mission Culture
內部一體化	投入性文化 Involvement Culture	持續性文化（均勻性文化） Consistency Culture

資料來源：Daniel R Denision, Aneil K Mishra. Toward a theory of organizational culture and effectiveness [J]. Organizations Science, 1995, 6 (3): 204-223.

1. 適應性文化（Adaptability Culture）

強調轉變與外部適應的文化特性可稱為適應性。適應性文化以實施靈活性和適應顧客需要的變化把戰略重點集中於外部環境適應上為特點。這種文化鼓勵那些支持組織去

---

[1] Edgar H Schein. Organizational culture and leadership [M]. San Francisco: Jossey-Bass, 1992.

探尋、解釋和把環境中的信息轉化成新的反應行為的能力的準則和信念。

適應性文化的公司並不只是快速地對環境變化做出反應，而是積極地創造變化。革新性、創造性和風險行為被高度評價並得到獎勵，公司的價值觀重視個人的首創精神和企業家精神，所有的員工都必須迅速地行動以滿足顧客的需要。

2. 使命性文化（Mission Culture）

對於那些關注服務於外部環境中的特定顧客，而不需迅速改變的組織適於採用使命性文化。使命性文化的特徵是強調穩定性，但有外部適應導向的特性，著重於對組織目標的一種清晰認知和目標的完成，諸如銷售額增長、利潤率或市場份額提高，以幫助組織達至目標。個人員工一般對特定水準的績效負責，組織相應給予承諾以及特定的回報。管理者通過建立長期願景（Long Term Vision）和傳達一種組織期望的未來狀態來塑造員工行為。因為環境是穩定的，他們可以把願景轉換成為可度量的目標，並且評價員工達到這些設定目標的業績。在某些情況下，使命性文化反應了一種高水準的競爭力和一種利潤導向的方針確定模式。

使命性文化的公司往往把自己設定為力圖成為世界上最優秀的同類公司。能達到高績效標準的管理者將得到慷慨的嘉獎——股票期權、獎金和快速的升遷。每年的績效評審特別關注於是否達到績效目標，例如銷售額目標或市場份額目標。

3. 投入性文化（Involvement Culture）

投入性文化強調轉變但著重內部一體化（Internal integration），注重組織成員的投入感、參與感、共享和外部環境所傳達的快速變化的期望。這種文化相比其他種類文化而言，這種文化類型更強調員工需求以獲得優異績效。參與、共享會產生一種責任感和所有權，然後，對組織產生更強的認同。

投入性文化中最重要的價值觀是關心員工。只有這樣做，組織才可以適應競爭和不斷改變的市場。時裝業和零售業的公司也可以運用這種文化類型，因為這種文化可以發揮員工的創造力，以對迅速變化的市場做出反應。

4. 持續性文化（Consistency Culture）

持續性文化有其內向式的關注中心（Internal focus）和對穩定環境的一致性定位。這種文化注重穩定和內部一體化，即有常規的模式規範，包括清晰界定的行為、制度和意義等。這種組織有一種支持商業運作的程式化方法的文化。支持合作、傳統和隨之確定的政策的表徵、英雄人物和儀式可作為成就目標的一種方式。在這種文化中，個人參與在某種程度上有所降低，但這被員工間高水準的一致性、簡潔性、合作性所彌補。這種組織依賴高度整合性和高效率而獲得成功。

這4種不同的文化特性提供了一個基本架構來分析一家企業的組織文化。值得注意的是，這4種不同的文化特性是沒有排斥性的，在一個企業組織內，可能存在著2種、3種文化特性，甚至4種文化特性同時存在。但在很少情況下，這4種不同的文化特性都有相同的強度，往往一個企業組織只會有一種較強的文化特性，成為其主流文化。

羅伯特·奎因和他的同事們提出了應用競爭價值結構（Competing Values Framework）來分析組織文化。競爭價值結構原本是用來分析組織效能的，經過奎因和他的同事們的改造，已被廣泛地應用於組織文化的研究上，而且學者們也建立起了一套量表來應用此結構，其信度和效度也被接受。

競爭價值分析結構強調組織內不同的價值觀，例如平穩與轉變之間（Control Versus Flexibility）的矛盾、外在環境與內部組織之間（Internal Versus External Focus）的矛盾，這些基本的價值衝突和張力可以用來解釋一個組織內不同的著重點，從而考慮該組織的領導人的風格、凝聚力、戰略導向以及組織整體的特性，從這些基本價值取向上便可以看到組織文化的重點。事實上，他們關於外在環境與內部組織之間的矛盾這一基本的價值衝突是來源於埃德加·沙因（Schein, 1992）的研究成果，沙因的外部環境適應與內部組織一體化是奎因和他的同事們提出的組織內不同的價值觀矛盾的理論來源。

羅伯特·奎因的組織文化分類可以分別稱為團體文化（Group Culture）、發展文化（Developmental Culture）、理性文化（Rational Culture）和層次文化（Hierarchical Culture）。

（1）從圖3-1中可以看出，團體文化著重組織內部一體化，但強調轉變和彈性，以人力資源為主要的戰略重點，這種文化的基本價值觀主要圍繞歸屬感、信任和參與等，因此要著重發展人的潛能和爭取員工的投入。

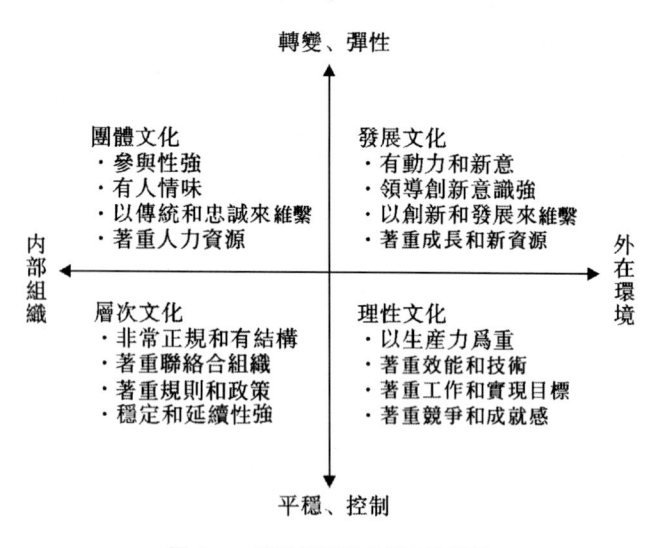

```
                        轉變、彈性
                            ↑
         團體文化          │         發展文化
         ·參與性強         │         ·有動力和新意
         ·有人情味         │         ·領導創新意識強
         ·以傳統和忠誠來維繫│         ·以創新和發展來維繫
         ·著重人力資源      │         ·著重成長和新資源
  內部                     │                        外在
  組織 ←────────────────────┼────────────────────→  環境
         層次文化          │         理性文化
         ·非常正規和有結構  │         ·以生產力為重
         ·著重聯絡合組織    │         ·著重效能和技術
         ·著重規則和政策    │         ·著重工作和實現目標
         ·穩定和延續性強    │         ·著重競爭和成就感
                            ↓
                        平穩、控制
```

圖3-1　競爭價值的組織文化結構

（2）發展文化強調轉變和彈性，但著重適應外在環境。因此，成長、新資源和創新等為其特色。

（3）理性文化比較著重平穩成長，以生產力、業績和實現目標為主要的戰略重點。組織偏重於實現目標，以適應外在環境的需要，組織領導人因此會看重工作效率和實現目標。

(4) 層次文化著重組織的穩定性，因此，極其依賴規則和政策，領導人比較保守，多以技術和控制來管理這類組織。

需要強調的是，這4種組織文化雖然是分佈於兩個不同的對比之中，但很少有企業組織是單獨屬於某一特定文化的，一般組織通常都有多重焦點，只有其中的一種比較突出。例如，一些社會服務機構比較著重團體文化，但也有層次文化和理性文化的影子。同時，一個正常的企業組織更不應該只有一種文化，否則很容易變極端，這正是此競爭價值結構所要反應的，一個組織之內有不同的力量在互相牽引著，因此，均衡是極為重要的。

第四節　中國企業的組織文化建設

在中國企業的組織文化中，受到傳統中國文化和計劃經濟體系下的組織文化的雙重影響，因而具有極為鮮明的中國特色。隨著中國經濟體制從計劃經濟向社會主義市場經濟體制的轉換和過渡，組織文化這種建立在特定物質基礎之上的意識形態也開始產生位移，形成了在當前這一特定歷史時期的豐富多彩的組織文化。

如果說組織文化是企業組織的「血液」，那麼大多數中國企業組織是「貧血」的，而對於我們來說，不僅要認識到「貧血」的現實和造血的重要性，更要掃除造血功能的障礙，即企業組織文化重構中可能出現的種種困境。至於如何重新塑造中國的組織文化，我們認為，應當聯繫到社會主義市場經濟體系的建立和企業作為一個獨立的市場競爭主體和法人主體地位來考慮，但至少應包含以下幾個方面的企業組織文化重構中迫切需要解決的問題：

一是要強調從增強企業主體的市場核心競爭能力入手，因而在組織文化中應注重創新的觀念，只有創新才能取得並維持企業的競爭優勢。因而中國的組織文化應關注發展文化，即強調對付國際經濟一體化所形成的環境改變和保持組織適當的彈性，以適應紛繁複雜的外部環境的變化。美國學者巴尼早在1986年就倡導應以組織文化為增強競爭優勢的工具，這一觀點是很重要的。因為只有組織文化是不易被別人模仿的，也不可能輕易地移植，可以維持較長的時間，因而可以使企業組織的競爭優勢得以延續。[①] 中國企業組織現在和將來身處的外部環境，使市場競爭日趨激烈，勞動力流失程度極高，高融資成本和低經濟增長的時代，在技術、經營、管理等方面也需要緊跟西方先進國家的企業水準。只有增強企業主體的創新能力，這樣才能保持競爭優勢。創新靠的是什麼呢？當然是組織文化。

二是要使企業組織的員工有歸屬感並努力地投入工作，這必須從獎勵制度和團隊工作入手。當前最為重要的工作是抓緊進行國有企業和民營企業的改制工作，把企業員工

---

① Jay B Barney. Organizational culture: can it be a source of sustained competitive advantage? [J]. Academy of Management Review, 1986, 11 (3): 656-665.

同企業的資本、資產緊密地聯繫起來，形成企業的「命運共同體」。只在口頭上強調組織文化的重要，而不進行實質性的改革和制度創新，那是一種主觀唯心主義，這是當前我們進行組織文化再塑造中最危險的一種傾向。我們強調，組織文化是一種意識形態的東西，它是建立在物質基礎之上的。「不強調企業的經濟與物質基礎的位移，建立物質基礎之上的組織文化重新塑造」實際上是一句空話；不進行實質性的企業制度的改革，推進產權重組和制度創新，就是抽象的肯定、具體的否定。因此，要用改革的方式和態度來加快企業的改革，實現獎勵制度的重新建立，在企業組織中廣泛地實施按勞分配與按資分紅相結合的分配制度，這是塑造企業員工的忠誠和投入感的重要的起步點。只有做到了這一步，才有企業員工的主人翁地位，才有員工的參與式管理，才能通過組織文化來強化員工之間的合作與幫助，使企業員工不單是在工作中互相依賴，在經濟利益關係上相互關切，而且在感情上有所依附，才會減少企業優秀員工的流失率，才會有真正意義上的團隊精神。

　　三是要杜絕組織文化中的狹隘觀念。組織文化固然成型於某一特定的企業組織環境中，但也要與優秀的民族文化、特定的社會文化相結合，更重要的是符合社會主義市場經濟的價值觀念，得到廣大人民群眾的廣泛認可。我們在組織文化再塑造中，應當旗幟鮮明地對封建主義思想的文化觀念進行批判，破除封建主義注重等級、階層的觀念。中國一些企業中可能有一些已經形成了激勵員工努力工作的組織文化，並使企業效率得到了提高，但它們的組織文化可能是狹隘的，僅僅實現了組織文化有關增強企業短期效率的職能，卻遠未實現用組織文化體現企業組織宗旨、願景和長期目標的職能。

　　四是要防止企業無形的文化與有形的管理制度發生碰撞。中國許多企業家都存在企業文化與企業制度互不相關的錯覺，有些企業家抱著「理想主義」甚至「空想主義」的心態去建設企業的組織文化，完全脫離企業制度建設的要求，最後的結果是企業的組織文化自我創新能力的喪失和企業制度運行的低效率，組織文化與企業制度發生了內耗。事實上，組織制度與組織文化是緊密相連的，強有力的組織文化是制度化、形式化的合理的替代物。現代管理制度本身是一個空殼，人的執行使其具有了客觀和實際的意義。而人在執行過程中的價值觀念、心理因素、態度、行為方式正是與組織文化的觀念息息相關的。沒有組織文化的制度是僵化的和缺乏內核的，沒有組織制度作為載體的組織文化也是不符合實際的。

　　五是在組織文化的形成過程中要強調物質基礎位移的重要作用。我們知道，組織價值觀的形成是一種組織員工個性心理的累積過程，這不僅需要很長的時間，而且需要不斷地強化。人們的合理的行為只有經過強化予以肯定，這種行為才能再現，進而形成習慣並穩定下來，從而使指導這種行為的價值觀念轉化為行為主體的價值觀念。我們認為，習慣孕育組織的文化個性，組織的文化個性則促進組織的成功。而這種習慣強化靠的是組織物質基礎位移的作用。強化手段的選擇要考慮組織行業特色、產品和服務特色、組織的發展階段和個人情況。要把精神激勵與物質激勵結合起來，要考慮被強化者的需求，這樣才能效

用最佳。行為得到不斷強化而穩定下來，人們就會自然地接受指導這種行為的價值觀念。從而使組織的價值觀念為全體員工所接受，形成優秀的組織文化。

六是在組織發展和擴張過程中，要防止組織文化的「水土不服」現象。西方國家好的組織文化，我們要學習和借鑑，但並不是完全照搬。組織文化的精髓在於因地制宜，根據自己的實際情況發展自己的競爭優勢，我們要靈活選用，不要輕易地移植。中國企業組織很有必要對西方國家好的企業組織文化進行研究和學習，取其精華，去其糟粕，為我所用。

最後需要指出的是，組織文化要注意在延續中整合和發展。文化的延續指的是組織文化在組織領導者更替過程中保持穩定，防止組織形象不穩定對組織造成的傷害；文化的整合指的是組織文化要隨變化著的社會經濟的法律環境、文化氛圍、組織制度而變化；文化的發展指的是組織文化的內容要不斷充實，追趕甚至領跑於社會文化和個人行為文化。在這一個過程的文化的延續、文化的整合和文化的發展3個特徵中，要堅決杜絕組織文化的內部衝突。因此，我們可以考慮以制度創新、市場創新和增強員工的投入感為塑造中國組織文化的基本目標，發展出一套具有中國人傳統優秀文化而非封建文化為本的行為模式和基本的信念、價值觀系統，再考慮個別企業的特色（如行業特色、歷史背景、產品和服務特色等），增加組織的效能。

本章復習思考題

1. 組織文化的概念、內涵、特點是什麼？
2. 組織文化是如何形成及變化的？
3. 列舉1~2種有代表性的組織文化理論。
4. 試述中國企業的組織文化建設現狀及存在的主要問題。

第四章　計劃

　　計劃職能是古典管理學派對管理理論做出的重要貢獻，現代管理理論又對其賦予了新的內容。現代管理理論的研究主要集中於計劃的目標、計劃的方法、目標管理、戰略規劃等方面的問題。

　　計劃就是通過調查研究，預見將來，制定出組織的目標和計劃，統一組織和指導組織內部各單位、各類人員的活動，以實現組織的宗旨。計劃是管理的重要職能，是任何組織為實現自身使命所不可缺少的一項重要的管理職能。

　　本章主要討論計劃的任務和內容、組織的目標與計劃、目標管理、計劃的編製、組織執行和戰略規劃等問題。

第一節　計劃的任務與內容

一、計劃的重要性

　　計劃作為管理的一個獨立職能，從古典管理學創立之時就已確立。古典管理學認為計劃職能包括決定最後結果以及決定獲取這些結果的適當手段的全部管理活動。或者簡單地說，計劃就是作為行動基礎的某些事項的考慮。[1] 哈羅德·孔茨認為，「計劃工作就是預先決定做什麼，如何做和誰去做。計劃工作就是我們所處的地方和所要去的地方之間鋪路搭橋」。[2] 根據這些解釋，他們都將組織的宗旨、方針、政策、目標、戰略、計劃、規劃、預算等的制定和實施納入計劃工作的範疇，並注重計劃的編製技術和方法；同時，他們都一致將計劃實施過程中的控制獨立出來，成為一個單獨的管理職能。在中國各類組織的管理實踐中，計劃工作則常常是指目標、計劃、規劃、預算等的制定和組織執行工作。

　　我們認為，計劃職能（Planning）這個詞通常有兩層含義：確定組織目標並詳細說明實現目標的方法。所謂的目標（Goal），是指組織努力要達到的未來的理想狀態；計劃（Plan）是組織成就的藍圖，它具體闡明了必要的資源分配、時間進度、任務及其他

---

[1] James H Donnelly, James L Gibson, John M. Fundamentals of management: selected readings [M]. Massachusetts: Addison-Wesley, 1987.

[2] Harold Koontz. Essentials of management [M]. New York: McGraw-Hill Book Co, 1972: 154-155.

行動。

計劃職能在管理中的地位和重要性（詳見圖4-1），可以從以下幾個方面去分析：

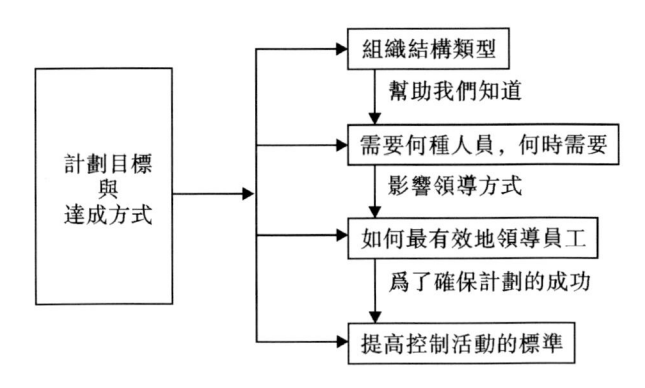

```
                          ┌─────────────────┐
                     ┌───→│  組織結構類型    │
                     │    └─────────────────┘
                     │      幫助我們知道
┌─────────────┐      │    ┌─────────────────┐
│  計劃目標   │      ├───→│需要何種人員，何時需要│
│     與      │─────→│    └─────────────────┘
│  達成方式   │      │      影響領導方式
└─────────────┘      │    ┌─────────────────┐
                     ├───→│如何最有效地領導員工│
                     │    └─────────────────┘
                     │      為了確保計劃的成功
                     │    ┌─────────────────┐
                     └───→│  提高控制活動的標準│
                          └─────────────────┘
```

圖4-1　計劃是管理的基礎

1. 組織宗旨的實現必須有計劃

為了實現組織的宗旨，一個組織必須滿足同它有關的外部環境的期望。組織生存所需要的資源都要靠外部環境提供，為了換取這些資源，該組織必須按社會可以接受的標準（包括價格和質量）向外部環境提供商品、服務和履行社會職能。在現代社會中，由於組織宗旨的實現與外部環境之間的相互依賴程度越來越深，組織就必須統籌策劃，妥善安排，盡力而為，量力而行。計劃圍繞著組織宗旨的實現而進行，為宗旨服務。

2. 計劃貫穿於組織系統的各個方面，貫穿於組織活動的始終

任何組織都是一個人、財、物集合於一體的系統，要使系統的活動正常運轉，需要通過計劃來組織和實現。因此，在組織系統中，計劃性是整個管理活動的原則，計劃工作是管理的重要職能；編製和實現計劃是管理過程的基本內容。對組織整體而言，計劃職能的主要任務在於以科學預測為基礎正確地確定組織的目標，並確定組織能在將來盡可能好地利用其資源，高效地實現其目標。

3. 計劃是為領導的科學決策服務的

科學決策是領導者的首要職責。決策的範圍很廣，但其中最重要的是規定組織的目標，制定組織總體的計劃，這樣才能做到統一領導，統一行動。領導者決策過程一般是從對外部環境的機遇與不利的估計開始的，包括變化程度、不確定性和資源的可獲得性；組織的領導者應估計內部的優勢與劣勢來明確與行業中其他組織相比所具備的特有能力。[1] 從這個意義上講，計劃職能同決策密不可分，它是為領導者科學決策服務的，同時也對決策行為起到規範和促進作用。

4. 計劃職能具有領先性，為實現其他管理職能提供基礎

---

[1] Charles C Snow, Laurence G Hrebiniak. Strategy, distinctive competence, and organizational performance [J]. Administrative Science Quarterly, 1980, 25 (2): 317-335.

組織計劃反應了目標和戰略實現的途徑，組織新的目標和戰略是根據環境的需要而選定的。因此，必須首先有目標、計劃或規劃，才知道需要什麼類型的組織結構、如何領導和用人、如何應用控制方法等。哈羅德·孔茨曾以圖 4-1 所示的方式表明計劃是管理的基礎，說明計劃職能同組織、用人、領導、控制等職能的關係，頗具參考價值。

5. 計劃是調節和穩定一個組織同其他社會組織之間緊密聯繫的工具

任何組織既是獨立的個體，又是社會的一個基本單元，同社會各方面存在著緊密的聯繫。組織同社會的聯繫是通過計劃來調節並相對穩定的，這樣就有利於本組織的業務活動和相關組織的活動都能順利進行，有助於社會大系統的穩定以及組織對社會做出應有的貢獻。

二、計劃的任務

計劃工作是為組織的宗旨服務的，因而其基本任務就是實現組織的宗旨。具體說來，計劃工作的主要任務是：

1. 確定目標

從某種意義上說，組織的目標是組織試圖達到和所期望的狀態。[1] 在實踐中，目標是組織在未來某一時間的業務活動應達到的預期成果，是制定計劃的依據，組織的一切活動都圍繞著目標來進行。確定目標成為計劃工作的第一任務。當今社會處於變革和發展狀態中，給各類組織帶來機會和風險。組織目標的確定，需要調查、研究組織的外部環境和內部條件，以便發揮其優勢，利用機會，克服劣勢，避開威脅。

2. 分配資源

必要的資源（包括人力、物力、財力和時間等）是實現組織目標的前提條件和保證。任何組織的活動都會受到資源條件的約束和限制。因此，合理地分配資源就成為計劃工作的又一重要任務。在確定組織目標時就應考慮目標和資源狀況之間的平衡，在目標既定之後，還需要按照目標的優先次序，合理地分配資源，做到計劃與資源之間的平衡，保證重點需要，使資源發揮出最大的效率。

3. 組織業務活動

在目標和計劃既定之後，還要落實計劃，組織計劃的實施。即按照既定目標和計劃，將組織內各單位、各類人員的業務活動以及對外的各項活動切實地組織起來。對計劃的執行情況，要通過建立信息反饋系統進行跟蹤控制，對出現的差異，要查明原因，採取必要的措施，保證目標和計劃的實現。如果組織的外部環境和內部條件變化太大、已定的目標和計劃已不適應，應對計劃和目標進行調整或修改。

4. 提高效益

計劃工作的出發點和歸宿點是組織宗旨的實現，而組織宗旨的實現程度是要通過效

---

[1] Amitai Etzioni. Modern organizations [M]. Englewood Cliffs：Prentice-Hall, 1964.

益的高低來衡量的。效益對營利性組織（如工商企業）而言，主要是指經濟效益，同時也兼顧社會效益和環境效益（如社會責任、生態環境的保護等）；對學校、醫院、軍隊、政府機關等非營利性組織而言，則側重於社會效益，反應組織完成特定社會分工職能的程度和工作質量。

三、計劃工作的內容

孔茨等西方管理學者把計劃工作的內容或種類分為：宗旨或使命、目標、戰略或策略、方針政策、規章、程序、規劃、預算等。

從計劃職能的實現過程來看，它們是一些相互關聯的多層次關係，如圖4-2所示。下面對這些內容作簡要說明。[1]

```
        宗旨
       或使命
        目標
      戰略或策略
      方針政策
      程序與規章
      規劃、計劃
   預算、數量化或金額化的規劃
```

圖4-2　計劃的層次

1. 宗旨或使命

任何組織都應有明確的宗旨和使命，它們是由社會分工確定的。宗旨就是從哲學層次上說明組織存在的原因。宗旨（Purpose）描述了組織的願景（Vision）、共享的價值觀（Shared Value）、信念（Belief）和存在的理由，它對組織有強有力的影響。

宗旨遠比財務回報更持久，其影響力更大，更具有鼓舞性和動員性。實踐反覆證明，凡是朝著實現其宗旨的方向前進的組織，通常都能夠在這一過程中創造出效果顯著的利潤。宗旨一般可以分為兩個組成部分：外部宗旨和內部宗旨。所謂的外部宗旨是指人們希望這個組織做什麼的問題；所謂的內部宗旨是指人們希望這個組織是什麼的問題。這兩個問題都是從哲學層次上說明組織長期健康成長的根本是什麼的問題，這是具有永久性意義的問題。

使命（Mission）是組織力圖實現的結果和經營範圍的正式說明，一般限定了組織的經營活動或可能強調的組織的價值、市場和顧客等，並確定理想的努力方向。[2] 許多管

---

[1] Harold Koontz. Essentials of management [M]. New York: Mc Graw-Hill Book Co, 1972: 156-157.
[2] David L Calfee. Get your mission statement working [J]. Management Review, 1993, 82 (1): 54-57.

理學家都把企業使命看成是實現企業戰略目標的一項首要任務，往往採用企業使命宣言（Mission Statement）來加以概括。

願景（Vision）從詞義上講，是指「人們所夢想的、超現實的未來影像」。按照柯林斯和波拉斯的解釋，願景的組成部分並不是一個宏偉而全面的用來應付未來世界變化的計劃，願景是一種能力，有了這種能力，人們便能夠從眼前看到機遇中的潛力或者看到這種機遇帶來的必然。在我們看來，願景是企業對未來的期待、展望、追求和夢想，它是企業未來前進的宏偉藍圖，是企業進行戰略規劃的思想基礎和指導綱領。

組織使命和願景之間是有區別的：組織使命是指這個組織的目的，而願景則描述了這個組織在實現自己的使命時喜歡怎麼做。願景是個人或群體所渴望的未來的「狀態」。組織使命包括組織廣泛的目標，很大程度上也包括了長期的願景。

2. 目標（Goal or Objectives）

目標是組織一切活動的出發點和歸宿點。組織應有自己的整體經營目標，組織內各部門和各成員也應有目標，由此構成組織的目標體系。經營目標是指組織通過實際的經營程序所要尋求的結果和說明組織實際上要做什麼。經營目標通常描述的是短期的具體、可衡量的結果。[1]

柯林斯和波拉斯強調了總體目標的重要作用。他們說：「一個清晰的總體目標就像是一座燈塔或一盞指路的北門星，它指引著組織中各個層次的人都朝著一個方向前進。總體目標使人們做出的決策具有相容性，從而增加了分散的各方所採取的行動趨於一致的可能性。」柯林斯和波拉斯強調，要使總體目標在一個組織中扎根，有三個必要的條件：①總體目標必須反應組織成員們內在的個人需求、個人價值觀和個人動機；②總體目標中必須有真實的個人承諾；③總體目標強調溝通與強化的作用。這裡所說的強化的方法就是界定和測度進程，制定相應的測度標準，以便衡量組織各項工作的進展情況。[2]

3. 戰略與策略（Strategy）

戰略和策略通常反應的是組織確定和調整目標以及決定組織的行為方式的活動。人們常把戰略看成是一個事關組織全局的方案、謀略或韜略，它意味著實現全局、長遠目標的重要保證和採取的手段。情景計劃法之父（The Father of Scenario Planning）、荷蘭皇家殼牌公司的皮埃爾·沃克（Wack, 1985）認為，戰略就是掌握所有可能的選擇，就可以找出未來的整體面貌。[3] 因此，戰略或策略是組織制定各類具體規劃、計劃的重要依據。用美國著名戰略管理學家伊戈爾·安索夫（Ansoff, 1979）的話來說，戰略即計劃，事實上就是絕妙好計。[4]

---

[1] Charles Perrow. The analysis of goals in complex organizations [J]. American Sociological Review, 1961, 26 (6): 854–866.

[2] James C Collins, Jerry I Porras. Built to last: successful habits of visionary companies [M]. New York: Harper Collins, 1994.

[3] Pierre Wack. Scenarios: uncharted waters ahead [M]. Harvard Business Review, 1985, 63 (9): 73–89.

[4] Igor Ansoff H. Strategic management [M]. New York: Halsted Press, 1979.

4. 政策（Policy）

政策是人們進行決策時思考和行動的指南，又為管理者執行決策提供了控制標準，有助於計劃目標的實現。政策具有多個層次，包括了組織的主要政策和各部門的次要政策。政策必須允許執行者在一定條件下有某些自行處理的權力，否則，政策就會變成規章。

5. 程序（Procedure）

程序與政策不同，它是行動的實際指導，是一種通用的、詳細指出必須如何處理未來行動的方法步驟，規定未來達到某一目標所需行動的先後次序。組織的每個部門都要制定工作程序，以便加強控制，對例行事務進行規範化處理。

6. 規章（Rules or Regulations）

規章是對組織成員行動的具體指導，是從若干可供選擇的行動中做出的優化選擇。它與程序不同，不規定行動的時間先後次序，只要求一個特定的和確定的行動發生或不發生。它也不同於政策，在應用時不能有自主選擇的餘地。在這一點上，規章和程序在本質上是相同的。

7. 規劃（Program）

規劃或計劃是目標、政策、程序、規章、任務分配、所採取步驟、所用資源以及其他要素的綜合體現。它可大可小，大到一項重要的設備投資規劃，小到班組長對其所管理工人制訂的一項鼓勵士氣的規劃。一項重要的規劃需要有許多支持性的規劃，並且這些規劃又是相互影響、互為補充的，形成規劃體系。

8. 預算（Budget）

預算是用數字和金額來表示所期望結果的陳述。可以說是一種「數字化」或「金額化」的計劃。由於它是以數字形式出現的，可以使計劃或規劃變得更加明確、清晰。對於任何組織而言，編製預算都是加強組織計劃工作的一項重要方法。

第二節　組織的目標與計劃

目標是任何組織在特定時期內一切工作或活動的出發點和歸宿點。計劃工作的第一任務是確定目標。組織的目標與計劃的關係是：目標是計劃的依據，計劃是目標的具體化。

一、目標與計劃

按照目標與計劃的層次來分，目標與計劃有三個層次：戰略目標與戰略規劃、戰術目標與戰術計劃、作業目標與作業計劃。

戰略目標（Strategic Goal）是對組織未來願景的廣義表述，是組織使命的具體化，

是組織在較長期時期追求的目標。戰略目標針對的是整個組織而非特定的事業部或部門。戰略目標通常稱為官方目標。一般來說，戰略目標追求將公司引向未來，使公司創收盈利，使公司具有在競爭中取勝的能力。戰略規劃（Strategic Plans）是制定組織的長期目標，它是一個正式的過程和儀式，它詳細地說明了組織旨在實現戰略目標的行動步驟。具體來說，戰略規劃是在有其他市場參與者參與因而影響局勢的情況下，為實現自己的雄心而制定的較長時期的行動計劃。因此，戰略規劃是闡明組織行動和實現目標所需要的現金、人員、空間及設備等資源分佈的藍圖。

戰術目標（Tactical Goal）是為了確保組織總目標的實現，組織內部主要事業部與部門必須取得的成果。戰術目標適用於組織中級管理層，它們說明主要的單位、部門必須做什麼，組織才能夠完成總目標。戰術計劃（Tactical Plans）是指為實現各個戰略目標必須實施的各類行動計劃，其目的在於幫助組織實施重大的戰略計劃，並完成組織的戰略。

作業目標（Operational Goal）是期望部門、工作小組和個人取得的成果。作業計劃（Operational Plans）闡明了實現作業目標的具體步驟，並支持戰術計劃的執行，一般是由組織基層制訂的。作業計劃是基層部門管理者經常使用的管理工具，其內容包括計劃的任務、要求、責任者、時間進度與預算費用的銜接等，所有的內容必須定量表述。

按照計劃內容的可重複性來分，可為單一用途計劃（Single-use Plan）和標準計劃（Standing Plan）兩種。所謂的單一用途計劃是指為了實現一系列今後不可能重複的目標的計劃；標準計劃是指用來指導組織內部可以反覆執行的任務的計劃。典型的單一用途計劃一般包括規劃（Program）和方案（Project），而標準計劃則包括組織的政策（Policy）、規則（Rule）和程序（Procedure）等。

按照計劃應對突發性事件的要求，組織可以制訂隨機計劃（Contingency Plan）。隨機計劃詳細說明了在緊急、組織遇到挫折和不期而遇的情況下組織應當做出的反應。一般來說，當組織在具有高度不確定的環境中運作，或者在遇到處理時間跨度很長的問題時，管理者往往需要制訂多份關於未來的情景計劃，以應對各種不可控制的因素，如經濟衰退、通貨膨脹、技術變革或安全事故等。

二、確定目標及其次序

管理人員在確定目標時必須考慮三個方面：目標的優先次序、目標的時間和目標的結構。

（一）目標的優先次序

目標的優先次序就是，在一定時間內組織的各個目標按主次輕重排列的順序。對於任何一個組織來說，在一個特定時間內總是可以排出目標次序，因此，目標的優先次序與時間直接相關。但是，某些目標的重要地位，也可能與時間無關。例如，組織的生存是實現其他所有必不可少的條件，因而無論何時它都是第一位的。

確定目標的優先次序是極為重要的，因為任何組織都必須以合理的方法來分配其資源。不管在什麼時候，管理人員都面臨著一些可供選擇的目標，要對它們進行排列又是比較複雜而困難的。首先，它們可能具有多種性質，如政治的或倫理道德的目標、經濟的目標、技術的目標、市場的目標、發展的目標、社會的目標等。要對不同性質的目標排出優先次序，就相當困難，因為它們相互之間不便於進行比較。其次，目標的數量往往很大，相互關聯性極強，一個目標往往同其他目標之間難以截然分開，如果只專注於一個目標，而不考慮其他有相互影響的目標，這個目標本身是難以實現的。再次，排列目標的優先次序與目標本身的清晰性直接有關。如果目標本身很具體、詳細、可以衡量，就便於目標之間進行比較，排序就容易些。相反，就非常困難。例如，組織的社會責任、精神文明建設這類目標，就較難確定其相對重要性。最後，排列目標的優先次序還必須考慮到目標的衡量標準與目標性質要求的一致性。例如廣告目標，如果預期的結果是引起顧客對一種產品的瞭解，排列目標時的衡量標準就應當是引起消費者注意的程度而不是銷售額。因此，確定目標優先次序常常是一項困難的決策工作。此外，不同類型的組織對確定目標及其優先次序的考慮是不相同的。企業性組織的管理人員特別關注經濟性質目標的排列，因為他們認為技術的目標和市場的目標最終通過經濟的目標來反應；非企業性組織的管理人員則注意排列那些為完成組織特定宗旨的各個相互依存的目標，例如，大學校長必須確定在教學、研究和服務這幾個目標中哪一個目標是相對重要的。

（二）目標的時間

目標的時間因素意味著實現目標的時間長短有不同。按照慣例，目標分為短期目標、中期目標和長期目標。短期目標是指時限為一年以下的目標；中期目標是指時限為一年至五年的目標；長期目標是指時限在五年以上的目標。一個組織制定的這些目標應該相互聯繫，一般說來，只有優先確定長期目標之後，才能確定中、短期目標，以利於組織的長期、持續、協調發展。

與短期目標、中期目標和長期目標相對應，計劃也分為短期計劃、中期計劃和長期計劃。短期計劃（Short-term Plans）是指時限為一年以下的計劃；中期計劃是指時限為一年至五年的計劃；長期計劃（Long-term Plans）是指時限在五年以上的計劃。

許多組織為不同的時期制定不同的計劃，這個做法就是考慮到目標的時間因素。一家工商企業的長期目標可以用預期的資本收益率來表示，而其中期目標和短期目標及其據此所制定的中期計劃和短期計劃則是實現長期目標的分階段目標和手段。因此，管理部門也就可能不僅從完成短期目標的角度，而且可以從完成長期目標的角度來瞭解每年活動的成果。

近年來，人們通過戰略規劃這一概念來說明這一過程，即它涉及：①決定一個組織的長期目標；②選擇實現這些目標的行動方針；③保持戰略規劃的持續性；④給每一種具體活動分配資源。與此相反，短期計劃一般是關心組織短期內的問題和目標，主要解

決日常業務工作中的問題。

(三) 目標的結構①

組織一般分為若干管理層次及若干管理部門，這就要求為每個層次、部門規定目標，每個層次、部門實現了自己的目標，組織的總體目標就能實現。因此，組織內各層次部門應根據組織總體目標制定自己的目標，形成組織的目標體系。如圖4-3所示。

圖4-3表明，組織總體目標是組織一切活動的立足點和出發點。它分解為各層次、部門的中間目標，中間目標又進一步分解為下屬單位、個人的具體目標。具體目標是為實現中間目標服務的，中間目標又是為實現總體目標服務的。在目標體系中，除了縱向聯繫外，在中間目標之間、具體目標之間，還形成橫向聯繫，使各個部門、環節的業務活動實現精密的銜接。

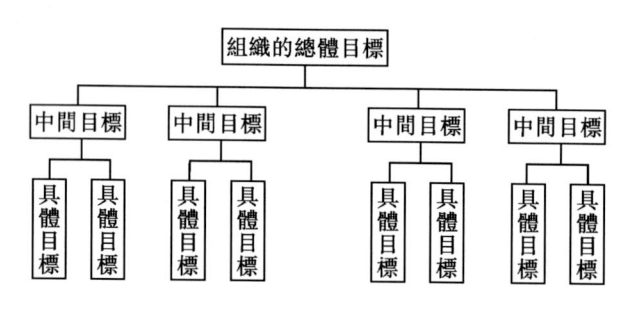

圖4-3 組織目標體系（目標結構）

組織目標體系有著重要的作用：

(1) 它能指明組織及其內部各層次、部門在一定時期內的工作方向和奮鬥目標，也為評價它們的業務活動成果提供一個標準。這樣，可以使各級領導人經常保持清醒的頭腦，減少工作上的盲目性，並把壓力變成動力，引導組織不斷前進。

(2) 通過總體目標、中間目標、具體目標的縱向銜接和平衡，就能以總體目標為中心，將組織內各層次、部門的業務活動形成一個有機整體，產生一種「向心力」，協調各項活動，提高組織的管理水準、工作效率和效益。

(3) 通過自上而下與自下而上地制定目標和組織目標的實施，就能將每個組織成員的具體工作同實現組織總體目標聯繫起來，激發他們的積極性和創造性，使組織的業務活動和各項工作具有堅實的群眾基礎。

然而，在決定組織目標結構和建立組織目標體系的過程中，還必須高度重視以下幾個問題。

首先，建立目標體系這一過程本身也是在各個部門之間分配任務的過程，這一過程中會引起潛在的矛盾和目標次優化問題，即實現一個部門的目標可能危及另一個部門目

---

① 對於目標的結構或組織的目標體系，國內有的教科書將其定義為目標的層次性。我們認為這幾種說法多差不多。

標的實現。解決這個問題的辦法就是仔細地平衡每個部門的目標，各層次、部門的目標必須相互聯繫和支持，不允許某個部門確定的目標損害其他部門和組織整體目標的實現。

其次，目標體系中各個部分目標的相互配合不僅要考慮空間上的配合，而且要考慮到在時間上的配合。因為通常某個目標的實現要依賴於另一個目標的先行實現。因而在建立目標體系時，要考慮實現目標的時間順序，並有相應的計劃作為支持。

第三，目標體系自始至終必須把最大限度地實現組織宗旨放在首位。如果目標體系是把平衡組織內外各個利益集團的利害關係放在首位，而不把實現組織宗旨放在首位，組織最終是不可能取得成功的。

三、組織目標的多元化

當今社會組織是生存於社會人文環境之中的，許多不同利益的集團對組織的活動都發生影響，但是它們的利益可能是相互矛盾的，可能對組織的目標提出不同的要求。例如影響企業的利益集團就包括股東（所有者）、職工（包括工會）、顧客、供應者、債權人和政府等，都關心組織的業務活動。企業在確定目標的過程中必須看到這些利益集團的相對重要性，對計劃和目標必須包括他們的利益並盡可能使其協調一致。對某一利益集團採取什麼樣的形式和給予多大程度的重視，是組織管理部門的為難之處，但是做出這種判斷和決策又恰恰是管理部門的責任。

目標多元化問題也同樣困擾著非營利性組織。例如，大學的宗旨是教書育人、創造知識。這兩者的結合是很緊密的，並沒有根本性的矛盾，創造知識也是為了更好地教書育人。但運用於實踐時，必須把這一宗旨展開為目標，進行更準確的陳述。目標可能是：吸引高質量的學生；提供高水準的藝術、技能和科學以及專業知識的訓練；授予學位給符合要求的人；吸引高質量的教師和研究人員；通過多種方式創造收益來支持學校的發展等。這樣，可以看出這些目標是多樣的，其性質也有所不同，它們有可能使管理者重視次要的目標而損害主要目標。

總之，社會組織的目標是多元化的，這些目標又成為組織的多樣化任務。管理者的最大難點在於如何協調、平衡和管理這些多元化的目標。營利性組織中，經濟目標往往是第一位的，而其他的目標如市場目標和技術目標等，從長遠來看，最終是要轉化為這一目標的。非營利性組織往往是以完成社會分工的特定職能作為目標的，這是這類組織存在的價值。不論何種組織，要取得成功，都必須始終把追求實現組織宗旨放在首位，講求實施，提高效率，注重成就感並承擔社會責任。[1]

---

[1] Tom J Peters, Robert H, Waterman Jr. In search of excellence: lessons from America's best run companies [M]. New York: Harper and Row, 1982.

四、衡量目標的標準

目標可以是定量的，也可以是定性的。因此，在說明目標時，使用的語言一定要能讓努力實現目標的人理解和接受。不易實現的目標如果被職工接受，它帶來的成果比易於實現的目標所帶來的成果還要大。

在實踐中，有效的管理要求所有致力於總目標實現的每個方面都確定目標。彼得·德魯克曾指出，次目標至少得由八個方面來確定，即：①市場情況；②創新；③生產率；④物質和財力；⑤利潤率；⑥管理人員的工作和責任；⑦工人的工作和態度；⑧公共責任。[1]德魯克的分類絲毫不表明這之間哪一個方面比較重要，只是簡單地指出了次目標所必須考慮的全部範圍，每個目標的先後次序將視企業在具體時期所面臨的情況而定。

中國國有企業一般是將其總體目標分解為以下內容：①貢獻目標，主要用品種、質量、產量、上繳利稅等指標表示；②市場目標，包括新市場的開發和向傳統市場的滲透等指標；③發展指標，表現為增加品種、產量和銷售額，提高質量、創優質產品，提高勞動生產、節能降耗，生產技術水準的提高和新技術的應用，職工素質的提高和管理水準的提高等多方面；④利益目標，包括利潤總額、利潤率和稅後利潤等指標。從目標的優先次序看，貢獻目標始終是中國國有企業的首要目標。

然而，正如彼得·德魯克所說：「真正的困難不是確定我們需要哪些目標，而是決定如何設立這些目標。」[2] 根據他的說法，唯一的方法是確定在每一個地方應衡量什麼，以及如何來衡量，實際上，在某些方面，目標是難以衡量的。例如，如何衡量職工個人的發展和企業的公共責任？如何衡量精神文明建設的成果？目標越抽象，就越難估量其成績，其動員性和鼓勵性就越難發揮出來。此外，如果用計量的方法來衡量抽象的目標，還可能引起為衡量而衡量的問題，即把注意力集中於衡量標準上，而忽視目標的實質和內容。

但是，有效的管理要求目標是可以衡量、檢驗的。檢驗或衡量目標的標準應是：

1. 目標是定量化的

它不僅適合於組織整體，也適合於組織內部各層次、部門以及工作崗位，同時它還具備可分割性這樣的優點。由於定量目標具有可比性，它往往成為檢查和評價目標實現程度的最重要的標準。

---

[1] Peter F Drucker. The practice of management [M]. New York: Harper Press, 1954.
[2] Peter F Drucker. The practice of management [M]. New York: Harper Press, 1954.

2. 目標可以是定性化的

實際上有許多目標是難定量的。如果試圖擴大數量應用的範圍那將是危險的，因為不精確的數量在許多方面可能把管理者引入歧途。一般而言，在管理結構中，目標的層次越高則越可能是定性的。定性目標在許多情況下是能夠檢驗的，儘管它不可能像定量目標那樣達到完全精確的程度。定性的目標只要是具體、詳細的，就可以衡量，例如詳細說明目標的特點、尋求的方向和達成目標的日期。

3. 目標應當涵蓋組織的關鍵成果領域

目標應當突出組織在一些重要想要取得的成果，也就是說目標集中在組織的關鍵成果領域（Key Result Area, KRA），所謂的關鍵成果領域是指對實現組織績效貢獻最大的那些領域。例如，有的企業的關鍵成果領域是：財務績效、顧客服務與滿意度、流程創新、組織學習與變革。

4. 目標具有挑戰性，但又切實可行

目標應當具有挑戰性，過高或過低的目標都會使目標效果降低。目標過高，會使員工望而卻步，導致士氣不振；目標過低，又達不到激勵的效果。實踐中往往採用挑戰性目標（Stretch Goal）使目標既具有挑戰性又切實可行，可以激勵員工達到更高的目標。制訂有效的彈性目標的關鍵是，保證目標的設定是在現有資源範圍內，不會超過各部門的時間資源、設備資源或經濟資源。

5. 目標的實現要與獎懲掛勾

獎懲措施可以賦予目標以意義與重要性，並幫助員工對實現目標做出承諾。這就使目標的最終影響取決於目標的實現情況，以決定對員工給予加薪、獎金、晉升等獎勵，還是給予懲罰。

6. 衡量的標準與目標性質的要求是一致的

衡量目標的標準一定要具備可檢驗性。以廣告目標為例，如果預期的結果是引起顧客對一種產品的瞭解，制定的目標就應當是引起消費者注意的程度，衡量的標準應當是廣告的收視率、收聽率、產品的知名度等。如果以產品的銷售額為衡量的標準，就與廣告目標性質的要求不一致。

企業組織的管理人員除了創新、職工培訓、社會責任等目標較難衡量外，一般能比較容易地衡量實現目標的進展情況。非企業組織的管理人員卻較難做到這一點。例如，大學校長知道入學和畢業的學生人數，卻難以準確衡量教學的質量如何。醫院的管理人員可以用圖表標明病人入住院的平均天數、出院人數的比率和住院一天的費用等，但對病人接受治療的效果如何，卻很難準確地衡量。

第三節　目標管理

目標管理是 20 世紀 50 年代以後西方企業較為普遍實行的一種現代化管理方法。中

國從 20 世紀 80 年代初引進，現已在許多企業及其他社會組織中應用，並取得了明顯的成效。目標管理是以「目標」作為組織管理一切活動的出發點、歸宿點和手段，貫穿於一切活動的始終。它要求在一切活動開始之前，首先確定目標，一切活動的進行要以目標為導向，一切活動的結果要以目標的完成程度來評價，充分發揮「目標」在組織激勵機制和約束機制形成中的積極作用。

最早提出目標管理概念的是彼得·德魯克。他在 1954 年所著《管理的實踐》一書中提出了一個具有劃時代意義的概念——目標管理（Management By Objectives，簡稱為 MBO），它是德魯克所提出的最重要、最有影響的概念，並已成為當代管理體系的重要組成部分。

經理人不能監控其他經理人，亨利·福特（Henry Ford）曾試圖這樣做，結果福特汽車公司瀕臨倒閉。經理人必須實施目標管理，這是德魯克給經理人的忠告。從根本上講，目標管理把經理人的工作由控制下屬變成與下屬一起設定客觀標準和目標，讓他們靠自己的積極性去完成。這些共同認可的衡量標準，促使被管理的經理人用目標和自我控制來管理，也就是說，要自我評估，而不是由外人來評估和控制。德魯克認為：「只有這樣的目標考核，才會激發起管理人員的積極性，不是因為有人叫他做某些事，或是說服他做某些事，而是因為他的任務目標需要做某些事（崗位職責）；他付諸行動，不是因為有人要他這樣做，而是因為他自己決定他必須這樣做——他像一個自由人那樣行事。」[1]我們發現，真正的目標管理應該是尋求企業目標與個人目標的結合點，而一旦找到了這樣一個目標，員工就要自我激勵和自我管理。由此可以說，真正的目標管理就是自我管理，在這種情況下，每一個知識工人都是「管理者」。

德魯克對目標管理這一概念做了精闢的解釋，即「所謂目標管理，就是管理目標，也是依據目標進行的管理」。[2] 德魯克認為，任何企業必須形成一個真正的整體。企業每個成員所做的貢獻各不相同，但是，他們都必須為著一個共同的目標做貢獻。他們的努力必須全都朝著同一方向，他們的貢獻都必須融成一體，產生出一種整體的業績——沒有隔閡，沒有衝突，沒有不必要的重複勞動。目標管理的精髓需要共同的責任感，要依靠團隊合作。

喬治·奧迪奧恩（Odiorne，1965）在 1965 年提出：目標管理是「這樣一個過程，通過這個過程，一個組織的上級管理人員和下級管理人員共同確定該組織的共同目標，根據對每一個人所預期的結果來規定他的主要責任範圍，以及利用這些指標來指導這個部門的活動和評價它的每一個成員組成的貢獻」。

這裡，奧迪奧恩豐富了德魯克的思想：①強調目標管理適用於一切組織，無論是企業組織還是非企業組織。因此，任何組織的運作要求各項工作都必須以整個組織的目標為導向；尤其是每個管理人員必須注重組織整體的成果，他個人的成果是由他對組織成

---

[1] Peter F Drucker. The practice of management [M]. New York: Harper Press, 1954.
[2] Peter F Drucker. The practice of management [M]. New York: Harper Press, 1954.

就所做出的貢獻來衡量的。經理人必須知道組織要求和期望於他的是些什麼貢獻。否則，經理人可能會搞錯方向，浪費精力。②強調目標管理是一個過程，是管理的出發點和最終點。這些目標應該始終以企業的總目標為依據。即使對裝配線上的工長，也應該要求他以公司的總目標和製造部門的目標為依據來制定自己的目標。公司可能非常之大，以致個別工長的生產工作同公司的總產出之間似乎有著天文數字般的距離。但工長還是應該把自己的注意力放在公司的總目標上，並用他的單位對整體做出的貢獻來表述本單位的成果。如果一位經理人及其單位不能對明顯影響企業的繁榮和存在的任何一個領域做出貢獻，那就應該把這一事實明確地指出來。這對於促使每一個職能部門和專業充分發揮技能，以及防止各不同職能部門和專業建立獨立王國並互相妒忌，都是必需的。這對於防止過分強調某一關鍵領域也是必需的。③主張下級和上級對下級的重要責任範圍以及什麼是可以接受的成績水準取得一致意見。上級必須知道對下級的期待是什麼；而下級必須知道自己對什麼結果負責。每一位經理人，上至大老闆，下至生產工長或主管辦事員，都必須明確其目標。否則，一定會產生混亂。這些目標必須規定該人所管理的單位應達到的成就，必須規定他和他的單位在幫助其他單位實現其目標時應做出什麼貢獻，還應規定他在實現自己的目標時能期望其他單位給予什麼利益。換言之，從一開始就應把重點放在團隊配合和團隊成果上。

目標管理的一個鮮明特點是運用了行為科學理論。首先，要使下屬在重要任務目標上與上司的認識一致；然後，為了實現這些目標，個體需要開發短期績效目標和行為方案，從而可以自我衡量績效。下屬可以和監督人員討論他們的自我評估結果，開發一套新的目標和方案。這種方式的重點在於共同的理解和取得績效，監督人員的角色從評判者變成了協助者，從而減少了角色衝突，結束了混沌的局面。其次，目標管理減少了角色的混淆，它使得目標設定實現更多參與和互動，增強了溝通，保證個體和組織目標的清晰和實現。①

德魯克認為，目標管理的最大好處在於它使管理人員能夠控制他們自己的成績。這種自我控制可成為更強烈的動力，推動他盡自己最大力量把工作做好。在目標管理體系中，每個人都可以通過比較實際結果和目標來評估自己的績效，以便做進一步改善。這就是自我控制的原則。績效還可以由上級和下屬定期共同評估，有利於採取必要的行動。上下級間的溝通因此會得到改善，雙方的困難和期待也會更清晰。目標管理可以培育團隊精神和改進團隊合作。奧迪奧恩主張實行「參與式管理」（Participative Management），經過上下結合的方式反覆協商、綜合平衡定下來的目標更具有動員性和激勵性，有利於目標的實現。②

許多管理學者也就目標管理發表了共同的看法。他們的觀點綜合起來，成為目標管

---

① Douglas M Mc Gregor. An uneasy look at performance appraisal [J]. Harvard Business Review, 1957, 35 (5)：89 -94.

② 王德中. 管理學原理 [M]. 成都：西南財經大學出版社, 1995.

理的指導方針。①

經過許多管理學者的努力和實踐，基本確定了目標管理計劃的六個步驟：

(1) 任務團隊參與。目標管理的第一步是，主要的任務團隊成員應確定所有的團隊和個人目標，並提出實現目標的行為方案。如果這一步省略了，或是目標不清晰，那麼目標管理的效果就會被極大地削弱。

(2) 上下級共同制定目標。一旦任務團隊所有的目標和責任都確定下來了，就要關注工作任務和個體所負的職責。任務團隊的成員與組織中的其他角色相比，具有更大的獨立性，因此他們的角色任務也都是很清晰的。

(3) 共同制定實現目標的行動計劃。和下屬共同開發完成目標的行動方案，不論是在小組會議中還是進行協商的時候。行動方案應該反應下屬而不是監督人員的個人風格。

(4) 制定成功的標準或是準繩。在這一點上，上下級共同制定目標達成的標準——不單單局限於簡單的可測數據或是質量數據。共同制定標準的另一個更重要的原因是確保上下級都能理解任務的含義和下屬的真正期望。

(5) 回顧和再循環。管理人員定期地審查團隊或個人的任務完成情況。這個檢查程序分三個步驟。首先，下屬開始回顧領先的過程，討論已經取得的成就和面臨的困境。然後，上級開始討論未來的行動計劃和目標。最後，在制定完行動方案之後，開展一個更普遍的討論，包括下屬的追求和其他因素。在這最後一個階段，常常會進行大量的培訓和諮詢。

(6) 保存記錄。在許多目標管理項目中，關於目標、標準、準繩、授權和期限的文件都要提交給第三方。雖然這些證據不是直接的，但是當第三方，比如更高的管理層或是人事部門定期檢查這些文件時，似乎作為一項組織發展措施的目標管理項目就會受到阻礙。經驗顯示，當這些文件正規化地流轉時，它們難以反應公開的、誠實的上下級或團隊之間的交流。它們常常並不是為了加深第三方的印象，而是為了與制度化的規則一致。

目標管理的主要作用具體可作如下概括：

1. 能提高計劃工作的質量

企業發展取決於目標是否明確。只有對目標做出精心選擇後，企業才能生存、發展和繁榮。一個發展中的企業要盡可能滿足不同方面的需求，這些需求與員工、管理層、股東、顧客相聯繫。目標管理使得組織的領導和計劃人員考慮如何為實現預期的目標而進行計劃，而不是僅僅為了安排工作或活動。由此出發，計劃應當表明制定目標的依據、各類目標之間的內在聯繫、保證目標實現的必要措施和達到預定成果的方法、組織

---

① Edward Carl Schleh. Management in results: the dynamics of profitable management [M]. New York: Mc Graw-Hill, 1961.

實現目標的人員以及需要的資源和協作等，這樣，計劃工作的質量可以得到極大地提高。為了獲得平衡的工作，各個階層和各個領域中所有經理人的目標還應該兼顧短期的考慮和長期的打算。而且，所有的目標應該既包括各項有形的目標，又包括經理人的組織和培訓、員工的成績和態度以及公共責任這些無形的目標。否則，就是短視和不切實際。

2. 能改善組織結構和授權

目標管理能清楚地說明組織的任務，盡可能地將組織的主要成果轉化為各級、各部門、各單位所應承擔的職責。實行目標管理將易於發現組織結構的缺陷，設法加以改進，同時可按期望的成果對下級授權。目標管理和自我控制要求自律。它迫使經理人對自己提出高要求。它絕不是放任自流，它很可能導致要求過高而不是要求過低。目標管理和自我控制假設人們是願意承擔責任的，願意做出貢獻的，願意有所成就的。這是一個大膽的假設。如果一個經理人從一開始就假設人們是軟弱的、不願承擔責任的、懶惰的，那他就會得到一些軟弱的、不願承擔責任的、懶惰的人。如果一個經理人假設人們是堅強的、願意承擔責任的、願意做出貢獻的，他可能會遇到一些令他失望的事情。但是，經理人的職責就在於從一開始就假設人們，特別是管理人員和專業人員是想有所成就的。

3. 能激勵職工去完成任務

實行目標管理，職工已不再是只進行工作、聽從指揮，而是具有確定目標的個體，他們已實際地參與（Employee Involvement）建立自己的目標，有機會把自己的意見反應到計劃中，因而工作有方向，成效有考核，優劣有比較，獎懲有依據。這就能激發起職工掌握自身命運（Autonomy）的自覺性，保證他們實現自己的目標。目標管理的最大優點也許是它使得一位經理人能控制自己的成就。自我控制意味著更強的激勵：一種要做得最好而不是敷衍了事的願望。它意味著更高的成就目標和更廣闊的眼界。目標管理的主要貢獻之一就是它使得我們能用自我控制的管理來代替由別人統治的管理。在目標管理中，人們可以按照自己的意願愉快地工作。他們自我約束，並注重自我發展。在目標管理之下，他們的潛力會得到更充分的發揮。

4. 使控制活動更有成效

目標管理規定出組織各級、各部門、各單位一切活動的標準，以此作為依據，有利於對活動成果進行跟蹤監督和衡量，修正和調整偏離計劃的行為，能保證目標的實現。由於行動者能夠控制自己的成績，這種自我控制就可以成為實現目標的更強烈的道理，使得控制的內容更加豐富，工作更有成效。一個經理人要取得成就，除了要堅持自己的目標以外，還必須瞭解一些其他情況。他必須能夠對照目標來衡量自己的成果。在企業的所有重要領域中，應該提出一些明確而共同的衡量標準。這些衡量標準不一定是定量的，也不一定要十分精確，但必須清楚、簡單合理。它們必須與業務有關並把人們的注意力和努力指引向正確的方向。它們必須是可靠的——至少其誤差界限是大家所公認並

為人所瞭解的。每一個經理人都應該能得到他衡量自己的成就所必需的信息，而且要及時得到，以便能做出必要的修正，獲得所需的成果。而且這種信息應該送交經理人本人而不是其上級。它應該是自我控制的工具，而不是由上級來控制的工具。

實踐表明，目標管理具有明顯的優越性，但是在執行階段對以下關鍵性因素必須給以充分的考慮：

（1）即將執行目標管理的人員首先要具備一定的條件並作好心理上的準備，加深對實行目標管理的認識。

（2）實行目標管理之後，組織內部的意見交往、部門間相互作用的強度以及上下級之間個人接觸的次數都將經常發生變化。這些變化要求管理人員完全理解目標管理，確保管理對執行和參加目標管理的阻力減少到最小程度。

（3）實施目標管理的最有效的方法是讓最高管理人員解釋、協調和指導這個工作。當他們積極參與這項工作時，目標管理的哲理思想和方法能更好地滲透和貫穿到組織的每一個部門和單位。

（4）組織最高管理層要親自參與目標管理規劃的制定，而不應由計劃或人事部門制訂。實踐表明，這樣效果更好。

目標管理在實踐中也可能出現一些問題和缺陷，需要在工作中注意加以克服。它們是：

（1）科學的目標難以確定，有些目標難於定量化，特別是有些目標同其他目標之間的聯繫較緊密時，確定目標及檢驗、評價標準往往較困難。

（2）由於採用目標管理的業務活動系統所制訂的目標常是短期的（一年或一年以下），因而人們常重視短期目標，而忽視長期目標，或短期目標與長期目標脫節，導致行為短期化。

（3）目標既定，不宜頻繁修改，但當主客觀情況變動較快時，其應變性和靈活性較差。

（4）人們可能只重視定量目標而不重視一些重要的定性目標，或可能濫用定量目標，在一些不宜用的領域採用定量目標。

（5）往往重視目標的制定，而放鬆對目標的組織執行和檢查考核，這樣會使目標管理過程不完善、不系統。

目標管理的應用範圍很廣，不僅適合工商企業組織，在學校、醫院、政府機構等非營利性機構中也可推廣。它在中國已經逐步形成了制度，並同其他管理方法和制度結合起來，創造出了不少經驗。這些經驗主要有：

（1）將組織的目標和組織的方針結合起來，發展成為「方針目標管理」。組織的方針是指導組織行為的總則，它是建立目標、選擇戰略和實施的基本框架。用方針來指導組織目標的制定以及戰略的選擇和實施，有助於目標的實現。

（2）將目標管理同組織的責任制、行政領導人的任期目標責任制結合起來。按目標

来管理，使組織有了明確的目標導向，有利於進一步強化責任制。

（3）將目標管理同計劃管理、質量管理、經濟核算等各項工作組合起來，使各項管理工作可以圍繞著目標來展開，有明確的方向和具體行動的指南，有利於促進計劃工作質量的提高，完善質量，保證體系，加強經濟核算。

（4）將目標管理與勞動人事管理結合起來，有利於加強勞動紀律，更好地體現責、權、利相結合和按勞分配的原則，使對職工的獎懲及工資獎金分配有了更為科學的標準。①

（5）不斷質疑目標。不斷對目標提出質疑，從根本上說是試圖把握不斷變化的社會需求。目標管理是一個有機的過程，它的運行原則是導向具體目標的自我控制。通過個人的發展最終求得組織的平衡發展。個人在組織上既要保留自己的尊嚴和自由，又要向組織履行職責。所有這些最終將有助於創造一個自由、人道的社會。

第四節　戰略規劃

一般說來，戰略是計劃的一種。它和普通計劃的不同之處是它比較注重企業內外的環境，特別是考慮企業的優勢和劣勢（Advantage and Disadvantage），從而去掌握面對的機會和應付可能出現的危機。如果管理得宜，企業可以善用其長而避其短。

一、戰略規劃的重要性

每一個企業都需要戰略規劃（Strategic Plans），因為戰略規劃提供了一個行動綱領，可以讓企業有依據地運行，不致迷失方向，浪費資源。任何戰略規劃都是和企業的外部環境、長遠發展方向和資源配置有關的。一個合宜的戰略可以使企業有效地利用其資源。

一般說來，有系統地使用戰略規劃的企業比沒有戰略規劃的企業有更好的表現，因為這些系統地使用戰略規劃的企業對外部環境都比較敏感，願意投入資源去瞭解外部環境的變化。所以它們更能掌握外部環境的要求（如顧客的需求、科技的進步、政府宏觀政策的調整等），並同企業內部的發展相配合，以致有卓越的表現。

需要指出的是，並非每一個有戰略規劃的企業都能有卓越的表現，問題往往出現在戰略管理的過程中。如使用錯誤的信息或使用的技術不當，引用錯誤的假設，對內外環境做出錯誤的評估等，都可能導致企業制定出的戰略規劃不適當。有時即使在戰略規劃的制定（Strategy Formulation）上考慮得比較充分，但在執行上出現了問題，也使戰略規劃的作用得不到很好的發揮。一般說來，戰略執行（Strategy Implementation）的問題主

---

① 王德中. 管理學原理 [

要包括組織設計不當和人為因素兩類。組織設計問題包括企業文化與企業戰略不適宜和組織結構設計不合理等；而人為因素則包括管理人員的管理技巧、因個人利益而出現的對組織戰略規劃的抗拒等。當然還有一個問題是企業對戰略規劃實施的耐力問題。因為戰略規劃的著眼點在於企業較長期的營運方向，所以戰略規劃實施往往需要一段時間，即從戰略規劃的制定到戰略規劃成果的實現可能需要數年或更長的時間。在這樣漫長的時間裡，很多好的戰略規劃可能會因人事的改變而發生改變，甚至取消。一些好的戰略規劃也會因管理人員的耐力而改變。

不適當的戰略規劃或不適當的執行可能令企業錯失良機，更可能導致嚴重虧損，甚至倒閉。

二、戰略規劃的焦點

1. 戰略規劃的範圍

戰略規劃的範圍規定了一個組織和環境之間的相互作用。基本上說，戰略規劃可由三個不同的層次去探討，這三個層次分別是企業性（Corporate Level）規劃、經營性（Business Level）規劃和職能性（Functional Level）規劃。

企業性戰略規劃是以整個企業為出發點，主要考慮企業的經營業務的種類和範圍、不同經營業務的比例及其對資源的需求、不同經營業務之間的互為補充的關係。

經營業務性戰略規劃又稱為商業戰略規劃，它是以單一經營業務的運作及其面對的競爭為主，基本上考慮經營業務的對象（包括地域在內）、對象的需要和經營業務的運作是否具備滿足這些需要的條件。

職能性戰略規劃則與企業如何運作有關。職能性戰略規劃是多方面的，如市場行銷戰略規劃、融資戰略規劃、人才資源戰略規劃等。這些職能性戰略規劃的主要功能是支持企業完成既定的企業性和經營業務性戰略規劃。

因此，在戰略規劃的制訂和執行中，應該先清楚區分有關規劃的層次，避免產生混淆。但這並不代表三個層次是各自為政的。相反，它們本身是彼此配合的。如人們在實踐中總結出資源應多分配給具有發展潛質的經營業務，而職能方面的發展必須為經營業務爭取競爭上的優勢等。

由於職能性戰略規劃涉及多個不同的學科（如市場學、理財學、人力資源的管理等），所以，在管理學上，戰略規劃的研究範圍多集中在企業性和經營業務性兩個層次上。

2. 增加價值

增值是戰略規劃的重點之一。一個成功的企業戰略規劃可以為企業帶來一定的增值。增值可以是短期利潤，也可以是長期利益。但無論是短期利潤還是長期利益，都可以增加投資者和經營管理者的信心，也可以增加企業的市場價值（股票市值）。增值可以是年度稅後利潤的增加、淨資產收益率的提高，也可以是市場佔有率的擴大和企業品

牌價值的增加。

3. 卓越能力和競爭優勢

戰略規劃應規定由組織的範圍及資源配置所導致的卓越能力和競爭優勢。顯然，戰略規劃並不是直接產生增值的工具，但戰略規劃則可以建立卓越能力和競爭優勢。卓越能力（Distinctive Competence）是一些競爭對手不能在短期內模仿（Mimic）的專長，如強大研究開發能力（Rand D），而這些獨有或卓越的能力符合市場需求，便可以為企業製造競爭優勢，如果維持這種競爭優勢的成本低於收入時，就可以使企業增值。

4. 配置資源

戰略規劃應包括組織設計的資源部署，即如何在組織的各個領域內分配其有限資源的問題。從某種意義上說，戰略規劃的過程就是配置組織資源的過程，這需要在戰略規劃中分清主次，以充分地利用組織有限的資源。

5. 協同增益

協同增益問題是戰略規劃需要重點解決的問題，這要求戰略規劃要考慮整體效用要大於各個單位部分之和的協同增益問題。應在規劃中考慮預期的協同增益作用、有關的範圍和資源配置的決策等的綜合作用。

因此，在戰略規劃的制訂過程中，卓越才能和競爭優勢、增值、配置資源和協同增益都是戰略規劃制訂者心中最重要的概念。

三、戰略規劃的制訂

戰略規劃的制訂過程主要包括檢視企業或經營業務的運作目的和環境的需要，然後提出可供選擇的戰略規劃方案並選擇一個合適的戰略規劃方案。毋庸置疑，工商企業戰略規劃的目的都是增加投資者或股東的財富，但組織也可同時增加各個與組織運作有關的群體（政府、顧客和職工）的利益。因此，瞭解組織的外部環境的需要尤為重要。如果組織的運作與環境需要脫節的話，其產品或服務的銷售量便會出現問題，那就談不上增值了。所以，環境的分析一直都是戰略規劃制訂的核心問題。

1. 組織的環境分析

組織的環境大體上可以分為外部環境（External Environment）和內部環境（Internal Environment）兩部分。外部環境主要研究企業或組織經營業務所處的宏觀環境（Macro-environments）和產業環境（Industry Environment）所帶來的影響；而內部環境則涉及組織內部組織和狀況。

（1）外部環境。

外部環境的分析可以讓組織瞭解其經營業務的外部環境的狀況和將來可能出現的變化情況，從而找出組織面臨的機會和威脅。宏觀環境的分析包括考慮社會、經濟、文化、政治、法律、技術、國際經濟和市場變化等因素的個別或共同性的影響。而產業環境分析則主要研究個別經營業務所處的產業結構對組織該經營業務的影響，如壟斷情

況、產品生命週期、市場供求情況、競爭對手的數量與實力、顧客消費習性、供應商的特性、新競爭對手出現的可能性、替代品出現的可能性等。

(2) 內部環境。

內部環境的分析主要探討組織內部運作的優勢和劣勢。優秀的組織運作有利於組織發展，如果這種運作符合組織外部環境的要求，則會使組織進一步取得競爭優勢，並使企業價值增加。但是，如果一個組織在運作上全無優點可言，則只能將業務和市場拱手讓於對手。因此，組織必須充分瞭解自己本身具有的長處或製造出一些合適的才能，才能夠掌握外部環境出現的機會或對抗外部環境的威脅。

2. 企業性戰略規劃

企業性戰略規劃考慮的範圍較經營業務性戰略規劃更廣，它包括組織經營業務組合、經營地域和組織的發展方向。經營業務組合常以產業或產品多元化（Product Diversification）去量度，由專一的經營業務（Single-line Business），即完全沒有多元化，到不同類型的多元化。地域上的考慮大致上可以分為本地性、地區性和全球性。而發展方向可以是擴展型、收縮型等。

專一的經營業務的專注發展的好處是在資源運用上比較集中，對產品發展和顧客服務方面都有好處。但是，越專注的經營業務，風險也越大。當這個行業進入經營業務調整的低潮期時，組織不一定能渡過需求萎縮的困境，順利生存下來。

多元化發展無疑可以在某種程度上分散風險，但跨越不同的行業或領域進行經營，可能會因經驗不足而冒更大的風險。

從靜態的角度來看，上述不同的戰略規劃都是每一個組織在某一個時期對其經營業務和資源運用做出的不同選擇。但從動態角度上看，可以比較一個組織在不同時期的不同選擇，如由專注發展某一經營業務向多元化業務發展，由本地發展向其他地區發展等。

3. 經營業務性戰略規劃

以經營業務性戰略規劃而言，可以選擇的戰略規劃可以有兩重不同的模式：波特競爭戰略規劃模式和通用經營戰略規劃模式。

(1) 波特競爭戰略規劃模式[1]。

哈佛大學教授波特所提出的競爭戰略模式主要考慮企業的競爭優勢和目標市場，它指出平常運用的經營競爭戰略規劃主要有三個不同的戰略著眼點：分別是成本領先（Cost leadership）、差異性（Differentiation）和集中性（Focus）。每一種戰略規劃都有其先決條件，並不是隨手拿來就行。

成本領先戰略規劃必須有一個高效率的生產或運作系統或架構作為後盾，才可以用低於競爭對手成本的產品在市場上進行競爭；差異性戰略規劃則有所不同，低成本的運

---

[1] Michael E Porter. Competitive advantage: creating and sustaining Superior performance [M]. New York: Free Press, 1985.

作只是次要的，規劃的首要目標是產品的獨特性。因此，有創意的設計和品質管理是不可或缺的，集中性戰略規劃是尋找一個較為狹窄的顧客類別，以滿足這一獨特類別為目標，所以，掌握顧客需求和有能力去滿足顧客需求是戰略規劃的必備條件。

現實生活中，這三種不同的戰略規劃都可以是成功的競爭戰略，但是，如果一個企業在競爭中沒有一定的戰略規劃，或在不同的戰略規劃之間遊離，其表現必然比適當地運用上述任何一個戰略規劃的企業遜色。這裡面的主要原因是沒有一貫戰略規劃的企業在經營上出現搖擺不定的情況，使企業不能有效地分配其有限的資源以及令職工和顧客皆無所適從。

（2）通用經營戰略規劃模式[1]

該模式則較多地考慮企業如何適應其所處的經營環境，包括經營對手的情況和顧客的需求。它提議的戰略共有四個：分別是開發型（Prospector）、防守型（Defender）、分析型（Analyzer）和被動型（Reactor）。

採用開發型戰略的企業的運作焦點是放在產品的研究與開發上，戰略規劃要不斷地推出新產品，以領導時代潮流作為競爭的手段。

防守型的企業會清楚界定其市場或顧客，規劃重點會通過商譽、高生產力和低生產成本（包括價格手段）來鞏固已占據的市場份額，阻止外來者加入競爭。

分析型的企業往往是開發型企業的追隨者，因為分析型企業雖然不會主動去開發新的產品，但它們卻會對新產品進行評估，在短時間內生產已確認的受市場歡迎的產品。

大體上，開發型、防守型和分析型企業對產品和市場都是極度敏感的，屬於一種先覺型戰略。而被動型企業則是另一個極端。

被動型的企業，顧名思義，若不是因為強大的競爭壓力已經影響到它們的生存，它們對產品和市場都不會做任何的探討。所以，被動型企業在一個保守的社會環境中較容易生存，但在一個轉變急促的社會環境中，它們很容易被淘汰。

四、戰略規劃的執行

戰略規劃的執行基本上是同組織及管理的理念直接相連的，當然也與企業的內部環境有很大的關係。一個組織及管理不善的企業，縱然有出色的戰略規劃，也是不容易實現的，企業難有所為。

管理人員的意識、領導的才幹、組織設計的組織結構、組織文化、職工的士氣、各項管理制度（特別是激勵制度）、組織的基礎工作等，都與戰略規劃的執行有重大的關聯關係。但是，在實踐中人們往往對這些內在因素產生輕視，甚至認為這些因素與戰略規劃的執行無關。不少企業常常把失敗的原因歸結為外部環境因素，如競爭的激烈、顧客需求的變化等，而不願檢查自己本身的問題，很少對自己進行反省，更不願追究自己

---

[1] Raymond E Miles, Charles C Snow. Organizational strategy: structure and process [M]. New York: Mc Graw-Hill, 1978.

忽略內在因素的領導責任。

因此，戰略規劃執行本身就是企業組織對內在因素不斷進行完善的過程。組織領導者應該不斷地檢查組織存在的問題，提高自己的管理意識和思維，改進領導的技巧和風格，對組織結構進行調整，塑造新型的組織文化和提高職工的士氣，完善各項管理制度和加強組織的管理基礎工作，才能使組織戰略規劃順利地實施下去。這方面的工作量可能遠遠大於戰略規劃制訂本身，這對組織來說，可以說是任重而到遠。

第五節　本章小結：追求高績效的計劃

組織設定目標和制訂計劃的目的，是為了幫助組織獲得卓越的績效。組織的總體績效水準取決於最終取得的成果，而成果是按照計劃目標的完成情況來確認的。在複雜的、可變性極大的、高度競爭性的商業環境下，傳統的由組織精選出來的專職參謀人員來制訂計劃的做法已經過時了，需要的是全體員工參與的戰略性思考和計劃的制定。這說明，追求高績效的計劃需要明確：

（1）計劃的過程是處於不斷變化之中的。傳統上，制定組織戰略與計劃都是高層管理者的事情，但現在必須考慮讓所有的員工參與到計劃工作中，才能夠激發員工們達到更高的績效水準，因為這可以使員工發自內心地認同組織的目標與計劃。這說明傳統的自上而下的計劃方法將被新的自下而上的方法所取代。

（2）計劃要以堅定的信念和願景為出發點。在複雜的、可變性極大的、高度競爭性的商業環境下，無論計劃的內容、過程和方法發生什麼變化，組織中最核心的宗旨、使命和願景顯得尤為重要。因為只有令人信服的宗旨、使命和願景才會使組織與員工不會失去方向感、忠誠度和信念。

（3）制定彈性目標，追求卓越。彈性目標是具有高度挑戰性的目標，它能夠激發起員工的鬥志和熱情，對組織的發展起到推波助瀾的作用。今天，一些企業往往利用彈性計劃迫使員工以新的方式進行思考，而新的思維方式可以帶來大膽的、創新性的突破與經營業績。

（4）建設鼓勵學習的組織文化。學習型的組織文化可以帶來思維方式的轉變，形成對現狀不斷質疑的價值觀，有利於計劃的內容、過程和方法的不斷完善。

（5）倡導由事件驅動的計劃方法。在變化的環境中，順應變化是計劃工作的核心問題。這並不意味著放棄長期戰略規劃，而是要通過事件驅動的計劃方法來實現長期計劃。[1] 基於事件驅動的計劃（Event-driven Planning）是一個持續的、序貫的過程，而不是一成不變的計劃文書。由事件驅動的計劃方法允許組織享有一定的靈活性，以便對市

---

[1] Gary Hamel. Inside the revolution: avoiding the guillotine [J]. Fortune, 2001: 139-147.

場和環境變化做出積極的反應，而不是拘泥原來的計劃。因此，基於事件驅動的計劃是進化的，計劃與環境是交互影響的、具有一定靈活性的、以追求高業績為目的的計劃。

（6）使用臨時計劃工作小組（Planning Task Force）。計劃工作小組是由管理者和員工組成的、負責戰略計劃制定的臨時小組。工作小組通常也包括外部的利益相關者，如顧客、供應商、銷售商、戰略夥伴、投資人和普通的社區成員。讓所有的外部的利益相關者參與組織目標與計劃的制定，有利於滿足所有利益群體的需要與利益。[1]

本章復習思考題

1. 試說明計劃的重要性。
2. 計劃的任務是什麼？
3. 如何確定目標及其次序？
4. 組織目標體系有什麼重要作用？
5. 如何理解目標管理的概念？
6. 目標管理有什麼作用？
7. 試說明戰略規劃的焦點。

---

[1] Jeffrey A Schmidt. Corporate excellence in the new millennium [J]. Journal of Business Strategy, 1999, 20 (6).

第五章　組織

　　把人們組織成卓有成效的工作群體一直是管理過程的核心。組織，是指那些具有明確的、有限的，並且是公開宣告了其目標的正式組織。組織職能的目的是通過任務結構和權力關係的設計來協調努力。這裡有兩個關鍵性的概念：結構和設計。

　　結構（Structure）是指組織中相對穩定的關係和方面。「構成」一詞常常被用作結構的同義語。這個詞是用來區分組織的結構（或構成）與組織過程的。一般而言，組織結構是指組織內關於規章、職務及權利關係的一套形式化系統（Formal System），它說明各項工作如何分配、誰向誰負責及內部協調機制（Jones，2004）。[①] 組織內部各個成員之間的關係，例如合作、競爭和衝突等，在一定程度上受到組織結構的影響。

　　設計（Design）是指管理人員要有意識地做出努力來事先確定員工的工作方式。要安排一個合適的組織結構，就必須重視組織設計（Organization Design）。「組織設計」是關於如何建立或改變一個組織結構，使之能更有效地實現組織的既定目標。「組織設計」的一個重要原則是內外兼顧，即管理人員需要考慮從外部環境及內部營運要求的壓力和要求中找尋一個平衡點，既能合理地滿足這些要求，也可以促進組織今後的發展。

第一節　組織的原則

　　有關組織的原則，實質上是古典管理學派對管理理論所做出的貢獻。古典組織理論試圖通過說明和確定某些組織原則來解決組織職能的複雜性，他們在這方面進行了大量的研究和實踐。

一、勞動專業化的原則（Work Specialization）

　　古典組織理論的組織設計中，最重要的原則大概就是勞動專業化的原則（Work Specialization），而這個原則是來自古典經濟學，直到今天，這個原則都影響到每一個人。由於分工促進了生產力的發展，生產力的發展促進了知識的分工，從而引起了處於不同工作領域的從事不同業務社會主體之間溝通的困難程度或者交易成本的增加。亞當·斯密（Adam Smith，1776）通過大量長期的觀察發現，勞動生產力的極大改善，以及勞動

[①] Gareth R Jones. Organizational theory：design，and change［M］. Englewood：Prentice Hall，2004.

技能、熟練程度和判斷力的提高,似乎都是勞動分工的結果。他發現這一勞動專業化分工原則在許多工廠都能成功得以運用,能大大地提高勞動生產率。

為什麼同樣數量的勞動者專業化分工之後能完成更多量的工作呢?他認為其原因主要是:第一,分工使每一個勞動者個人工作的熟練程度提高了;第二,分工可以節省轉換工種過程中損失的時間,即節省了通常由一種工作轉到他種工作所損失的時間;第三,分工促使大量機器得以發明,簡化和減少了勞動,從而節約了勞動力,使一個人能做許多人的工作。[1]

隨著生產的社會化發展,一個人所能勝任和獨立完成的工作是很狹小的。這就是為什麼古典組織理論把高度勞動專業化分工作為組織職能首要原則的原因之一。人們認為,勞動專業化分工所產生的總的效率是有利的。這個看法在今天看來仍然是有價值的。

細緻專業化分工的好處可以從經濟的角度來計算。當把工作分得更細小時,可獲得更多的產出;但必須投入更多的人力和資本來完成這些細小任務。在達到某一點時,專業化分工的開支(資本和勞力)開始超過專業化所提高的效率(產量),而每一個單位產出的成本也開始增加。

勞動專業化是降低人工成本、增加生產效率的源泉。一個組織目標的實現,是全體成員聯合投入產出的結果。總體目標由子目標組合而成,每一子目標必將劃分成若干工作步驟。個人由於能力與條件的限制,只可能完成某一部門的工作而不是全部工作。每一個人不斷重複地做同一項工作,熟練的程度會越來越強,並會想方設法改進操作程序,減少體力與腦力的支出。分工越細,用機器來替代人的體力與腦力勞動越成為可能。人類生產勞動效率的提高,就是在勞動分工的基礎上實現的。

勞動專業化能使持有不同勞動技能的人各盡所能,充分有效地發揮他們的技能。在任何一個組織中,完成各項任務需要各種不同的技巧與技能,有些任務需要高度熟練的技能,而另一些任務則可由未經訓練過的人去完成。如果所有的人都去從事生產過程的每一步驟的活動,他們就必須同時具備應付各種情況的技能,其結果是大多數的成員都只能處在低技能水準的狀態下工作,其中不乏具備高技能的成員卻在做簡單的工作,就意味著資源的浪費。所以,組織者的最基本任務是「量體裁衣」,勞動專業化使組織內的成員,根據各人的特長承擔合適的工作。

勞動專業化的合適程度的確定,現在變得更加困難了,因為這項工作越來越抽象和無法衡量。不過,專業化原則認為,必須對因實行專業化而帶來好處的可能性給予調查。專業化對經濟效益的影響參見圖5-1。

貫徹勞動專業化原則的最終結果,是能夠對每一項任務的深度和任務的廣度做出充分的說明。任務的深度反應任務的承擔者在計劃和控制所接受任務中享有的相對自主

---

[1] Adam Smith. An inquiry into the nature and causes of the wealth of nations [M]. New York: Modern Library, 1937.

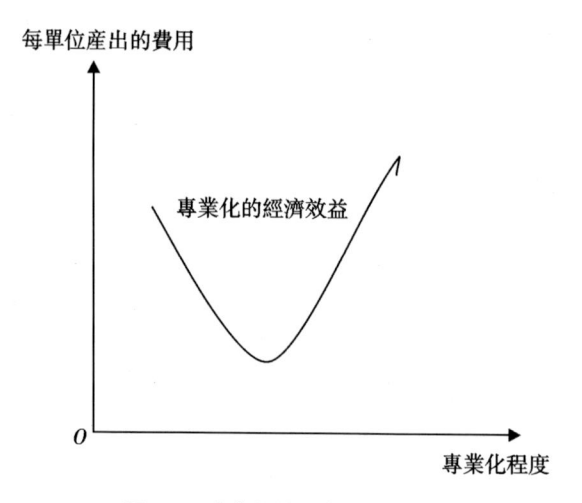

图 5-1　專業化對經濟效益的影響

權。一般說來，一個人在組織中的地位上升，他（她）的任務的深度會隨之增加。例如，總經理的任務深度就比車間的現場管理人員要深得多。在很多情況下，在同一級人員中，不同的人員任務的深度也可能不同。例如，維修工就比車工具有更深的工作深度。任務的廣度是指任務週期時間的長短，即在給定的時間內，任務重複的次數越頻繁，其廣度的限度就越小。因此，我們可以這樣說，在任何組織中，同級和不同級的工作中都可能會發現任務廣度的差別。

　　古典學派的學者對手工勞動專業化分工做出了突出的貢獻。但古典管理學派的學者計算專業化所得的利益時，沒有把行為學派的學者確認的某些費用因素包括進去。過分專業化的代價將是極度的單調、厭煩和疲勞，這些現象又進而導致工人曠工、轉廠和技能低劣。

　　現代管理思想認為，雖然組織工作的實質是要求勞動分工，但是，在計算專業化的最優程度時，除了考慮經濟成本和效益之外，同時也應該考慮心理上的成本和效益。

　　專業化能使掌握各種專門化知識和持有不同勞動技能的人各盡所能，充分有效地發揮他們的專業技能，並獲得比非專業人士高得多的報酬。在任何一個現代組織中，完成各項任務需要掌握各種專門化知識和技能的員工，有些任務需要高度熟練的技能和技巧，而較少的任務才需要由未經訓練過的非專業人士去完成。新經濟的來臨，使這種情況出現了加速發展的趨勢，使組織必須選擇和培訓具有專門知識和技能的員工，專業化使組織內的成員的職業化程度也相應地提高，使組織運作的標準化程度也大大地提高，組織必須根據每個員工的特長來安排員工的專業化工作。

　　專業化的合適程度的確定在新經濟條件下，變得更加困難。但有一點卻是在所有的組織中共同存在的：即專業化工作越來越抽象和無法衡量，人們所從事工作的任務廣度有明顯縮小的趨勢，而人們所從事的工作的任務的深度卻大大地加深。我們認為，必須對因經濟環境的變化對實行專業化所要求的每一項任務的深度和廣度進行重新說明，並

對新經濟條件下專業化的好處給予調查，以便我們能夠更好地適應經濟環境的變化。

二、部門化的原則（Departmentation）

組織中的活動應當經過專業化分工而組合到部門中。勞動分工創造了專業化人員及其活動，也對協調提出了要求。將同類專業化人員及其活動歸並到一個部門，在一個管理者指導下工作，就可以促進協調。所以在開始構造組織活動時，先得分析組織的主要活動。所謂的部門化的原則就是將組織中的工作活動按一定的邏輯安排，歸並為若干個管理單位或部門。組織內類似的活動應放在同一領導之下，以減少摩擦，提高效率。如果沒有部門劃分，由於直接管轄下屬的人數有限就會限制組織發展的規模。只有把組織的活動與成員分組為各個部門，才可能使組織擴展到無限的程度。劃分部可有一定的原則：一般相似的職能應組合在一起，有聯繫的相關職能可歸並於一處，合併不同的職能以利協作，有利害衝突的職能應分開，尊重傳統的習慣及工作守則，有利於提高工作效率。

同部門化的原則的有聯繫的管理問題與每項任務的專業化程度直接相關。即任務分組的方法將隨各種（專業化）任務數量的增多而增多。正如亞當·斯密所說，專業化的程度受市場大小的限制。

三、控制幅度的原則（Span of Control）

組織工作最直接的目的是讓人類有效地進行合作，在合作的過程中必然產生控制幅度與組織層次之間的矛盾。控制幅度，也稱為管理幅度或管理寬度，即一個管理者能有效地直接管理下屬的人數。組織層次就是縱向的組織環節，即一個組織內所設的行政指揮機構分幾個層面。也就是說，最高決策層下達一道命令傳遞到最基層，需要幾級傳送。因為一個管理人員有效地管理下屬的人數總是有限的，那就必然產生了組織層次。換句話說，組織層次的劃分是因為受到管理幅度的限制，所以管理幅度是一個十分重要的概念。

控制幅度原則與向部門主管匯報的下屬人數有關。我們認為，這個人數有兩個重要含義：首先，它對決定每個經理的職務的複雜程度有影響，在其他條件相等的情況下，管理五個人比管理十個人容易；其次，控制幅度決定組織的形式或結構（即管理層次），向部門主管匯報的人數越少（即管理幅度小），需要管理的人數就越多（即管理層次也就越多）。

古典管理學者、法國管理顧問格蘭丘納斯（Graicunas, 1937）提出，在建立一種適當的控制幅度時，要考慮一個重要因素是管理人員與下屬間可能發生的潛在的關係數。他認為上下級之間的關係有三類：①直接的單一關係；②直接的多數關係；③交叉的關係。例如，M 是管理者，A 和 B 是他的下屬。第一類直接單一關係是 M 與 A、M 與 B，指管理者與其下屬一對一的關係。第二類直接多數關係是 M 與 A 交談時 B 在場、M 與 B

交談時 A 在場，指管理者與下屬群體間的關係。第三類交叉關係是 A 與 B 和 B 與 A 的關係，指下屬人員間的相互關係。這樣就形成了六種相互作用的關係。格蘭丘納斯對控制幅度問題採用了演繹推理法。他指出，在向經理匯報的人數以數學級數增加時，管理者和下屬之間人與人之間潛在的相互影響的數量就以幾何級數增加。格蘭丘納斯的數學分析揭示了兩個道理：一是管理者和下屬的關係是一個複雜的社會過程。二是管理者每增加一個下屬，他和下屬之間潛在的相互影響的關係數量將以幾何級數增長。①

控制幅度與組織管理層次之間有密切的關係。當控制幅度越窄，管理的下屬越少，管理層次就越高。反之，控制幅度越寬，管理的下屬越多，管理層次越低。

四、統一指揮的原則（Unity of Command）

所謂統一指揮原則，古典學者們主張，每個下屬應當而且只能向一個上級主管直接負責。沒有人應該向兩個或者更多的上司匯報工作，否則，這樣的下屬人員就可能要面對來自多個主管的衝突要求或優先處理要求②。應當對組織的活動做出明確的規定，讓每位主管人員分管某一項工作。統一指揮的優點表現在：①形成政策與行動的一致性；②使缺乏信息和技能的下屬少犯錯誤，以減少損失；③充分綜合利用有特殊技能的專家；④有利於加強控制。

在組織設計上，古典管理學派的看法是，最基本的關係就是上級與下級之間的關係。我們可以用指揮系鏈（Chain of Command）的概念來理解古典管理學派對統一指揮的解釋。指揮系鏈是一條不間斷的權力線，它將組織中的所有員工連接起來，說明誰向誰發布命令，誰向誰匯報工作。指揮系鏈可以看成是一系列上級與下級之間的關係。從組織最上層的總經理開始往下直到非熟練的工人，管理的指揮系鏈像一座金字塔。

指揮系鏈是決定職權（Authority）、職責（Responsibility）和聯繫（Linkage）的正式渠道。由於這些現象的複雜性，人們認為任何人都不應該受到一個以上的上級的直接指揮，正如統一指揮原則所規定的那樣。統一指揮原則側重於下屬只執行來自上級的權力和命令，並只和這個上級聯繫。

古典組織理論提倡統一指揮原則的理由是，從兩個或兩個以上的上級處接受命令可能會造成混亂和挫折。

統一指揮原則與職權原則是直接相關的。職權原則規定，必須從上到下建立不間斷的指揮系鏈。同時，古典組織理論認為當情況需要的時候，有必要給予越過正式指揮系鏈的機會。考慮到這一點，法約爾建立了法約爾橋（Fayol's Bridge）。他提出，只要其他相應的上級事先同意了在哪些情況下可以交叉聯繫，應給予下級權力，讓他可以和指揮系鏈以外的同事直接聯繫。

指揮系鏈解釋了組織的正式權力結構，與此緊密聯繫的是職權、職責和授權（Dele-

---

① Henri Fayol. General and industrial management [M]. London: Pitman, 1949.
② Henri Fayol. General and industrial management [M]. London: Pitman, 1949.

gation）等概念。職權是管理者制定決策、發布命令、分配資源以取得組織所期望結果的正式合法的權利。職權有三個特點：①職權是授予組織的，而非授予個人的。管理者擁有職權是因為他們所處的職位，同樣職位的其他人也擁有同樣的職權；②職權是自上而下行使的，下屬所認可和服從職權是因為他們認定管理者具有發布命令的法定權利；③職權沿縱向層級結構自上而下流動的，上下級之間存在著授權關係。職責就是職務責任的簡稱，是員工完成分派的任務或工作的義務。管理者被授予的職權應當與他們肩負的責任是一致的，這就是責權對等。使職權與責任得以協調一致的機制就稱為責任制（Accountability），其含義是既享有職權又承擔責任，應當向指揮系鏈上位於他們之上的那些人匯報工作，並說明任務完成結果的合理性。[1] 要使組織正常運轉，每個人都必須知道自己肩負的責任，並接受完成任務的職責與職權。授權是上級管理者把職權與責任授予下級的行為與過程。

　　古典組織理論在審查組織設計中的重點之一是直線職權（Line Authority）與參謀職權（Staff Authority）的區分。直線職權是因為等級原則，一個上級對下級行使直接的管理監督，這是一種直接的直線或階梯中的職權關係，對完成企業目標負有直接責任；統一指揮原則十分清楚地規定了組織中參謀人員的適當作用；參謀職權是因為直線管理者沒有足夠的時間、技能或辦法使工作得到有效完成，特意配置參謀職能來支持、協助工作，其處於顧問的位置。單純的參謀人員主要進行調查和研究，對應該匯報工作的直線經理提出建議，但無權過問某一直線領導的管理人員的下屬的工作。把一個下屬置於參謀人員和直線領導管理人員的雙重權力之下會破壞控制幅度的原則，削弱指揮系鏈。

　　正是這種直線職權指導關係貫穿著組織的最高層到最底層，從而形成所謂的指揮系鏈，在指揮系鏈中每個鏈環處，擁有直線指導的管理者，均有權指導下屬人員的工作並做出某些決策。而指揮系鏈中的每個管理者，也都要聽從其上級主管的指揮。應用「直線」（Line）這個詞來區別直線管理者（Line Employees）與職能管理人員（Functional Employees），以此來強調對組織目標的實現具有直接貢獻的管理者。當組織規模擴大並變得複雜後，就需要配備參謀職能部門，以此來輔助直線職能。參謀職能的出現標誌著勞動分工引起的專業化方面的進步。使用參謀有許多重要好處，在各種組織的經營中，各個領域都需要高明專家的建議以避免做出失誤的估計，特別是經營較為複雜的時候，管理者面對經濟、技術、政治、法律和社會等領域的專門知識，參謀的建議至關重要。因為參謀的最大優點是當他們的上級忙於經營管理事務而沒有時間去考慮問題、收集資料、進行分析時，這些參謀有時間去做。

---

[1] Michael G. What is bureaucratic accountability and how can we measure it? [J]. Administration and Society, 1990, 22 (3): 275-302.

第二節　組織結構

　　組織過程導致了組織結構的建立。組織結構（Organization Structure）詳細地說明了任務如何分組、資源如何配置以及部門之間如何協調等問題。組織結構可以定義為：①分配給個人和部門的一組正式任務；②正式的報告關係與發布命令關係，包括指揮系鏈的上下級、決策責任、等級層次的數目以及管理幅度；③進行制度設計，以確保不同部門員工之間的有效協調。①

　　正式的任務分組和正式的報告關係提供了組織實施科層控制的基本框架。這種科層結構表現在組織圖（Organization Chart）之中，提供了組織結構的視覺表現。組織結構的設計，其權力、權威與控制系統是最重要的環節。組織正是通過科層權力層級而得到治理。在組織結構中，相應的決策權力被分配給不同科層權力層級的職位以及與這些職位相聯繫的個人，並且建立起了正式的權威配置制度。通過科層權力層級的建立，就有了溝通與報告的制度和渠道，組織的活動才得以展開。可以這樣說，組織的科層權力層級是一幅圖景，它描繪了組織治理並展示了誰在控制和決定組織的活動。大多數的研究表明，大型組織與小型組織的科層權力層級結構有以下幾方面不同，包括形式化（Formalization）、專業化（Formalization）、標準化（Standardization）、權力層級（Hierarchy of Authority）、集權化（Centralization）、複雜性（Complexity）、職業化（Professionalization）和人員比率（Personnel Ratio）等方面。②

　　一般來說，任務分組的依據可分為兩大類：①產出；②內部操作。根據計劃職能提出的概念，這兩類依據也可稱為目標或結果、方法或活動。

一、以產出為基礎的組織結構

　　普遍使用的以產出為中心的三種基礎是產品、顧客和地理位置。

　　(一) 產品型部門化（Product Departmentalization）

　　產品型部門化是把生產一種產品或產品系列的所有必需的活動組織在一起。在多品種大規模的企業中，按產品系列對企業活動進行分組日益普遍，把那些戰略上一致、競爭對象相同、市場重點類似的同類業務或產品大類歸在同一個部門，稱為產品部門化。產品部門化組織結構見圖5-2。

---

① John Child. Organization: a guide to problems and practice [M]. London: Harper & Row, 1984.
② Richard L Daft. Organization theory and design [M]. Cincinnati: Southwestern College Publishing Company, 2006.

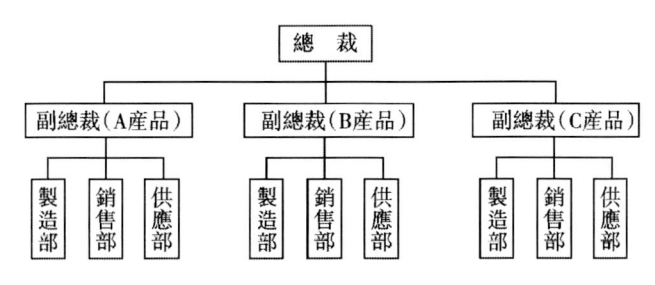

```
                          總　裁
          ┌─────────────────┼─────────────────┐
     副總裁(A產品)      副總裁(B產品)      副總裁(C產品)
     ┌────┼────┐       ┌────┼────┐       ┌────┼────┐
    製   銷   供       製   銷   供       製   銷   供
    造   售   應       造   售   應       造   售   應
    部   部   部       部   部   部       部   部   部
```

圖 5-2　產品部門化組織結構

　　產品部門化的優點是有利於專用設備使用，最大限度地發揮個人技能和專門知識，有關產品的某些活動易於結合和協調，從而提高決策速度和有效性。對於產品部門的經理來說，能切實地承擔利潤的責任。而對於總經理來說，能更清楚地評價每一系列產品對總利潤所做的貢獻。可是產品部門化也存在固有的缺陷，各產品部門分別須配備各類職能專家，管理成本上升；每一產品經理都處在相對獨立的地位，需要具備綜合經營的能力，然而他們關心的是本部門的產品，所以，總部必須掌握足夠多的決策權和控制權，才能使整個企業不分化。

　　(二) 顧客型部門化 (Customer Departmentalization)

　　顧客型部門化是按其服務的顧客為基礎來組織各類活動的。顧客部門化，是每個部門所服務的顧客都有一類共同的問題和要求，需要對應的專家，才能予以更好地解決。以用戶為對象，根據用戶的利益來進行活動分類，設立相應的部門。例如，銀行為向用戶提供優質服務，分別設立商業信貸部、農業信貸部和普通消費者信貸部等；證券公司根據所服務的顧客資金的多少分別設立大戶室、中戶室和散戶廳等；在教育系統也根據不同年齡、不同學歷程度，提供了各種規格的學校，附設不同程度的課程以便為不同類型的學生服務。

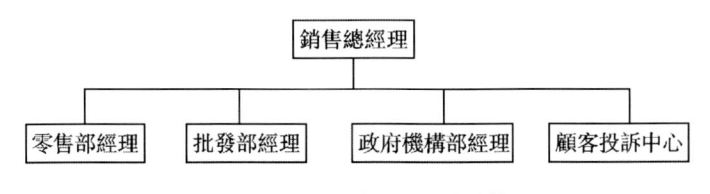

```
                    銷售總經理
        ┌──────────┬──────────┬──────────┐
    零售部經理  批發部經理  政府機構部經理  顧客投訴中心
```

圖 5-3　顧客型部門化組織結構

　　顧客型部門化是按不同「顧客」分類，進行多種特殊的服務，它的優點是：有助於集中用戶的需要，使提供服務方對用戶更為瞭解，有利於發揮在特定用戶領域內的專家們的專長。此類方法主要缺點是，因為用戶不同，需要內行的專家與管理者，這類人員由於顧客類型與需求量的發展不平衡，得不到充分地使用；有時對顧客明確分類有難度，對不同顧客的需求矛盾協調有困難。顧客型部門化組織結構如圖 5-3 所示。

　　(三) 地理位置部門化 (Geographic Departmentalization)

　　地理位置部門化是按其所在地點來組織活動。它在許多具有分散市場的組織中是很

流行的。按地理區域成立專門的部門，即地區部門化。原則上把一個規定區域或地區內所有的活動組合在一起，委任一名經理管理，這是許多全國性或國際性的大公司，如多國公司等常採用的組織形式。地區部門化組織結構如圖 5-4 所示。

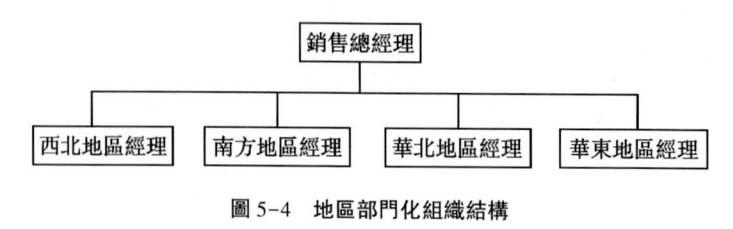

```
                    銷售總經理
        ┌──────────┬──────────┬──────────┐
    西北地區經理  南方地區經理  華北地區經理  華東地區經理
```

圖 5-4　地區部門化組織結構

　　按地區劃分部門的優越性是利用當地的勞動力和推銷人員，熟悉當地市場和各類政策，反應迅速靈敏，有利於提高經濟效率，便於區域性協調，特別適宜培養綜合性經營管理人才，而且他們的成績便於評估。最大缺點是管理成本高，為高層經營管理增加難度，需要較多的具有全面管理能力的人才。

二、以內部操作為基礎的組織結構

（一）職能型部門化

　　職能型部門化（Functional Departmentalization）是按職能對生產經營活動進行分組，是一種最普通的劃分部門的方法，即概括企業活動的類型，將相同的或類似的活動歸並在一起作為一個職能部門，如企業中的生產、銷售、財務、採購、運輸等活動。這是組織活動中最廣泛採用的基本方法，幾乎所有企業組織中都存在這種形式。

　　按職能劃分部門符合專業化分工的原則，有效利用人力，簡化了訓練，易於監管指導，專家集中在同一部門，內部活動容易協調。但職能部門化也帶來不利因素，各部門忠於某一職能，實施本位主義，只考慮局部，不考慮全局；很難分清責任、績效屬於哪一部門。職能型部門化組織結構如圖 5-5 所示。

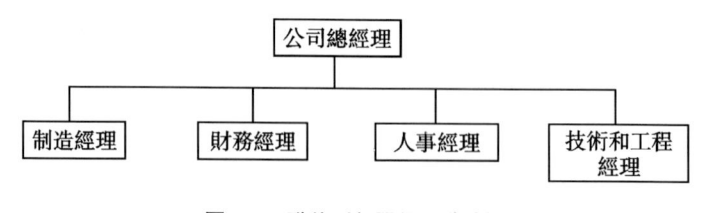

```
                    公司總經理
        ┌──────────┬──────────┬──────────┐
    製造經理    財務經理    人事經理    技術和工程
                                          經理
```

圖 5-5　職能型部門化組織結構

（二）過程型部門化

　　過程型部門化（Process Departmentalization）是按照組織活動的特定階段，按生產活動的不同工藝過程或設備來劃分部門。例如，金屬製造業，以生產過程同類活動歸並為基礎，設立冶煉部門、衝壓部門、軋制部門、焊接部門、電鍍部門，最後到檢驗、包裝和發運部門。過程型部門化組織結構如圖 5-6 所示。

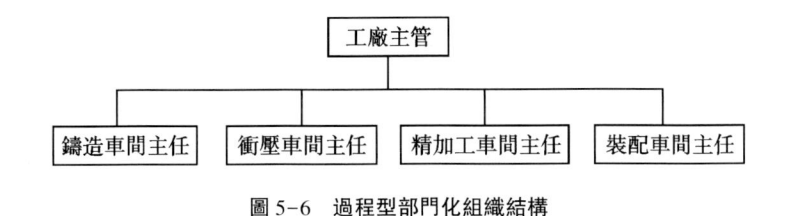

```
            ┌──────────┐
            │ 工廠主管  │
            └────┬─────┘
    ┌───────┬────┴────┬────────┐
┌───┴───┐┌──┴────┐┌───┴────┐┌──┴─────┐
│鑄造車間││衝壓車間││精加工車間││裝配車間│
│主任   ││主任    ││主任     ││主任    │
└───────┘└───────┘└────────┘└────────┘
```

圖 5-6　過程型部門化組織結構

過程型部門化的優點是充分利用專業技術與技能，簡化培訓，發揮經濟優勢。其缺點是部門之間協作困難，不利於管理人員綜合能力的培養。

第三節　新型的組織結構形式

良好的企業組織結構形式（Structure Forms）是提高經營活動的效率、培育競爭優勢的保證。企業通過一系列相應的制度安排，實現資金、技術、產品和知識在企業內和企業間的有目的流動。企業組織形式包括企業內組織形式和企業間組織形式兩個方面。在不斷變動的經濟、技術與文化環境中，企業只有通過對其內、外組織形式進行持續的適應性調整與前瞻性創新，才能保證其經濟活動相對有效率。

一、事業部制結構

「事業部制結構」（Division Structure）這個術語是作為一般概念來使用的，有時也稱為產品部制結構或戰略經營單位（Business Unit）。通過這種結構可以針對單個產品、服務、產品組合、主要工程或項目、地理分佈、商務或利潤中心來組織事業部。事業部制結構的顯著特點是基於組織產出的組合。

事業部制和職能式結構有許多的不同之處：職能式結構可以重新設計成分立的產品部，每個部門又包括研發、生產、財務和市場等部門。各個產品部內跨職能的協調增強了，事業部制結構鼓勵靈活性和變革，因為每個單元變得更小，能夠適應環境的需要。此外，事業部制實行決策分權，因為權力在較低的層級聚合。與之相反，在一個涉及各個部門的問題得到解決之前，職能式結構總是將決策壓向高層。事業部制結構如圖 5-7 所示。

事業部制結構適合表 5-1 所描述的環境狀況和背景。[1] 這種結構模式在獲得跨部門協調方面效果極佳。當環境不確定，技術又是非常規技術，需要部門間相互依存，目標是外部有效性和適應性時，事業部制結構是適合的。

---

[1] Robert B Duncan. What is the right organization structure? Decision tree analysis provides the answer [J]. Organization Dynamics, 1979, 7 (3): 59-79.

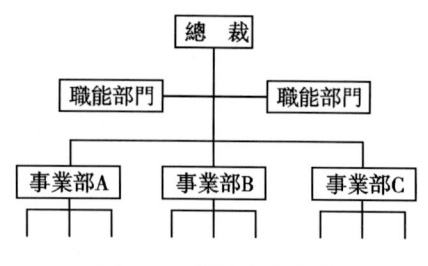

```
            總裁
        ┌────┴────┐
     職能部門   職能部門
    ┌─────┬─────┐
  事業部A 事業部B 事業部C
```

圖 5-7　事業部組織結構

表 5-1　　　　　　　　　　事業部制組織特徵概括

關聯背景	結構：事業部制 環境：中性到高度的不確定性，變化性 技術：非例行，部門間的相互依存度較高 戰略、目標：外部效益、適應性、顧客滿意度
內部系統	經營目標：強調產品線 計劃和預算：基於成本和收益的利潤中心 正式權力：產品經理
優勢	1. 適應不穩定環境下的高度變化 2. 由於清晰的產品責任和聯繫環節從而實現顧客滿意 3. 跨職能的高度協調 4. 使各分部適應不同的產品、地區和顧客 5. 在產品較多的大公司中效果最好 6. 決策分權
劣勢	1. 失去了職能部門內部的規模經濟 2. 導致產品線之間缺乏協調 3. 缺乏深度競爭和技術專門化 4. 產品線之間的整合與標準化變得困難

　　事業部制也常常與較大規模的、組織複雜的大型跨國公司相聯繫，這種大型公司，都劃分為一些較小的、自主經營的組織，以便於實現更佳的控制與協調。在這些大公司內部，這種單元有時稱為分部（Division）、事業部（Group），或戰略經營單位（Business Unit）。

　　事業部制結構的優勢表現在它能適應不穩定環境中的高速變化，並具有高度的產品前瞻性。因為每種產品是一個獨立的分部，顧客能夠與確切的分部聯繫並獲得滿意，部門間協調非常好。每種產品均能滿足不同的消費者或地區的需求。事業部制結構在下述組織中特別有效：該組織經營多種產品或服務，並擁有眾多的人力資源以提供給各獨立的職能單位。事業部可以縮小規模，以便快速實現自我調整，對市場的變化做出迅捷的反應。

　　應用事業部制的一個不足之處是組織失去了規模經濟。10 名工程師可能被分派到 5 個事業部；而在職能式結構中，50 名研究工程師可以共享同一設施。

　　許多大型跨國公司都擁有大量的事業部，但事業部制在橫向協調方面也確實有許多問題，甚至事業部之間也存在著競爭關係。軟件事業部生產的程序可能和商業計算機事

業部出售的計算機是不相容的。當一個事業部的代表意識不到另一個事業部的進步時，顧客將失去。需要採取任務組或別的聯繫策略來實現跨事業部的協調。缺乏技術專門化也是事業部制結構的一個問題，職員應按照產品而非職能專業來分派。比如，研發人員傾向於進行應用研究，使該產品線獲益而非從事基礎研究使整個組織獲益。

二、混合結構

混合式組織結構（Hybrid Structure）的特徵可以這樣來表述：當一家公司成長為大公司，擁有多個產品或市場時，通常將會組織成為若干種自主經營的單位。對每種產品和市場都很重要的職能被分權成為自我經營的單位。然而，有些職能也被集權，集中控制在總部。總部的職能是相對穩定的，需要規模經濟、深度以及專門化。通過整合職能式和區域式結構的特徵，公司可以兼具兩者優點，避免兩者的一些缺陷。[1]

不少的大型公司是由職能式結構重新設計成為混合式結構的，其目的是為了使公司對市場變化迅速做出反應。許多公司將擁有多種職能部門的兩個事業部（產品事業部和區域式事業部）合併，形成一種新型的混合式結構。合併結果是每個產品副總裁既管理該產品的行銷又管理該產品的銷售，這樣協調起來容易多了。每個產品副總裁都對應的有由他負責的計劃部門、供應部門和生產部門。另一些作為職能部門進行集中以獲得規模經濟的部門有：人力資源部、技術部、財務服務部、資源部和戰略部。這些部門均向整個組織提供服務。大型公司具有規模大、環境中度變化、各部門間相互依存，以及適應環境目標的特徵。混合式組織結構如圖 5-8 所示。

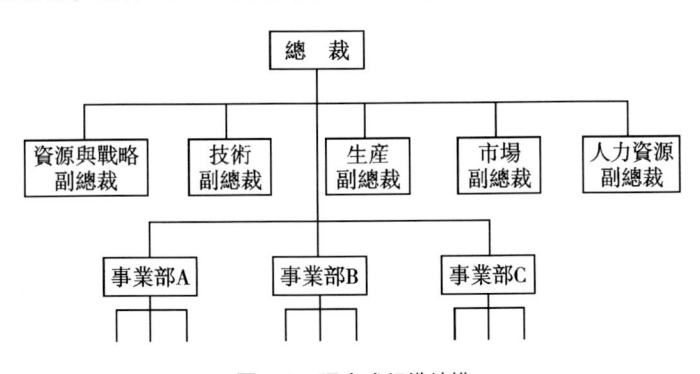

圖 5-8　混合式組織結構

混合式結構一般應用於與事業部制結構相同的環境背景下。混合式結構趨向於在不確定的環境中應用，因為產品事業部是為了創新和外部有效性而設立的。技術可能是例行或非例行的，產品群內存在跨部門的相互依存，公司規模巨大，能提供足夠的資源以滿足產品部門重複的資源需求。公司的目標是顧客滿意和創新，以及高效率。

---

[1] William C Goggin. How the multidimensional structure works at Dow Corning? [J]. Harvard Business Review, 1976, 55 (1): 54-65.

混合式組織結構的一個主要優勢，在於這種結構使組織在追求產品事業部的適應性和有效性的同時，提升了職能部門內部的效率。因此，組織可以兩全其美。這類結構也實現了產品事業部和組織目標的一致性。產品的組合實現了事業部內部的有效協調，而集中的職能部門實現了跨事業部的協調。

混合式結構的一個顯著劣勢是管理費用可能過大。有些公司增加人員以監督下面的決策。一些公司職能部門重複地進行產品事業部應承擔的活動。如果失去控制，管理費用將不斷增加，總部人員不斷膨脹。隨之，決策變得越來越集中，產品事業部失去了對市場變化迅速做出反應的能力。

與混合式結構相關的另一個缺點是公司和事業部人員之間的衝突。一般來說，總部的職能部門對事業部的活動沒有職權。事業部經理可能會抱怨總部的干預。總部的管理者可能會抱怨事業部自行其是的要求。總部的經理們通常不能理解各個事業部全力以赴滿足不同的市場這個的獨特要求。

混合式結構通常比職能式或單純的事業部制結構更受歡迎，這種結構克服了後兩者的一些劣勢，利用了它們的一些優勢。[1] 混合式組織的特徵見表 5-2 所示。

表 5-2　　　　　　　　　　混合式組織特徵概括

關聯背景	結構：混合式 環境：中度到高度的不確定性、變化的客戶要求 規模：大 技術：例行或非例行，職能間一定的依存 戰略、目標：外部有效性、適應性、顧客滿意度
內部系統	經營目標：強調產品線和某些職能 計劃和預算：基於事業部的利潤中心，基於核心職能的成功 正式權力：產品經理，取決於職能經理的協作的責任
優勢	1. 使組織在事業部內獲得適應性和協調性，在核心職能部門內實現效率 2. 公司和事業部目標更好的一致性效果 3. 獲得產品線內和產品線之間的協調
劣勢	1. 存在過多管理費用的可能性 2. 導致事業部和公司部門間的衝突

三、矩陣式結構

組織結構中一種注重多元效果的方法是運用矩陣式結構（Matrix Structure）。比如，當環境一方面要求專業技術知識，另一方面又要求每個產品線都能夠快速做出變化時，就可以應用矩陣式結構。當其他的組織結構形式均不能很好地整合橫向的聯繫機制時，矩陣式結構常常是解決問題的答案。矩陣式組織結構如圖 5-9 所示。

---

[1] Richard L, Daft. Organization theory and design [M]. Cincinnati: Southwestern College Publishing Company, 2006.

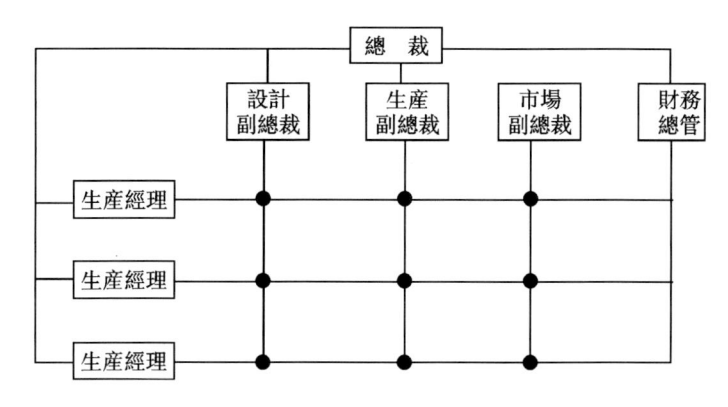

圖 5-9　矩陣式組織結構

矩陣是一種實現橫向聯繫的有效模式。矩陣式結構的獨特之處在於事業部制結構和職能式結構（橫向和縱向）的同時實現。與混合式結構將組織分成獨立的部分不同，矩陣式結構的產品經理和職能經理在組織中擁有同樣的職權，雇員負責向兩者報告。矩陣式結構和運用專職整合員（Integrator）或產品經理很相似，區別在於在矩陣式結構中產品經理（橫向）被賦予和職能經理（縱向）相同的正式的權力。

雖然二元層級制度看起來好像是一種非正常的組織設計手段，但矩陣式結構的運用是需要條件的：

條件之一是產品線之間存在共享稀缺資源的壓力。該組織通常是中等規模，擁有中等數量的產品線。在不同產品共同靈活地使用人員和設備方面，組織有很大壓力。比如，組織並不足夠大，不能為每條產品線安排專職的工程師，於是工程師以兼任的形式被指派為產品或項目服務。

條件之二是環境對兩種或更多的重要產品存在要求。例如對技術質量（職能式結構）和產品快速更新（事業部結構）的要求。這種雙重壓力意味著在組織的職能和產品之間需要一種權力的平衡。為了保持這種平衡就需要一種雙重職權的結構。

條件之三是組織的環境條件是複雜和不確定的。頻繁的外部變化和部門之間的高度依存性，要求無論在縱向還是在橫向方面都要有大量的協調與信息處理。

在上述三種條件下，橫向和縱向的職權將得到相同的承認。於是便產生了一種雙重職權結構，而兩者之間的權力是平衡的。

當組織具有很高的環境不確定性，而目標反應了雙重要求時，比如同時具有產品和職能目標時，矩陣式結構是最佳選擇。二元職能結構便於溝通與協調以適應快速變化的外界，並能平衡產品經理和職能經理之間的關係。有些非例行的技術需要職能內部與相互之間的依存，此時矩陣式結構也很適合。矩陣作為一種有機的組織結構，便於職能部門之間的討論和應付一些意外的問題。在中等規模和若干幾種產品的組織中，矩陣式結構效果顯著。當只有單一產品線時不需要矩陣結構，而在產品過多的情況下，兩個方面的協作會變得困難。

矩陣式結構在20世紀60年代用於組織中。儘管橫向的聯繫越來越通行，但關於其特殊優勢的經驗性證據依然相對缺乏。表5-3概括了矩陣式結構的優勢與劣勢，以我們所瞭解的一些運用這種結構的組織為基礎。①

內部系統反應了二元組織結構的特徵。雙重主管下的員工（Tow-boss Employees）認識並接受二元的子目標，這既是職能方面又是產品方面的要求。應該設計二元的計劃和預算系統，一個用於職能層級關係，另一個用於產品線（Product Line）層級關係。職能和產品首腦平等共享權力。

矩陣式結構的優勢在於它能使組織滿足環境的雙重要求。資源（人力、設備）可以在不同產品之間靈活分配，組織能夠適應不斷變化的外界要求。② 這種結構也給員工提供了機會來獲得職能和一般管理兩個方面的技能，這取決於他們的興趣。

矩陣式結構的一個劣勢在於一些員工要接受雙重職權領導，這令人感到困惑。雙重職權領導需要出色的人際交往和解決衝突的技能，這可能需要經過人際關係的專門訓練。矩陣式結構也迫使管理者花費大量時間來舉行各種協調會議。③ 如果管理者不能適應矩陣式結構所要求的信息與權力的共享，這種結構系統將變得無效。在進行決策時，管理者必須相互協調合作，而不是依靠縱向的權力來進行。

這種結構曾經被諸如IBM、Ford汽車等大型公司成功運用過，這些公司對矩陣式結構進行微調以適應他們獨特的目標和文化。在一個複雜多變的環境中，要求組織具有靈活性、適應性，此時的矩陣式結構是非常有效的。④ 然而，矩陣式結構並不能解決組織結構的所有問題。因為權力結構的一方常常占據支配地位。認識到這種趨勢，將衍生出矩陣式結構的兩種演化形式——職能式矩陣和項目式矩陣。在職能式矩陣中，職能主管擁有主要權力，項目或產品經理僅僅協調生產活動。與之相反，在項目矩陣結構中，項目或產品經理負有主要責任，職能經理僅僅為項目安排技術人員，並在需要時提供專業技術諮詢。矩陣式組織特徵見表5-3。

表5-3　　　　　　　　　　　　矩陣式組織特徵概括

關聯背景	結構：矩陣式 環境：高度不確定性 技術：非例行，較高的相互依存 規模：中等，少量產品線 戰略、目標：雙重核心——產品創新和技術專門化

---

① Robert C Ford, Alan Randoiph W. Cross-functional structures: a review and integration of matrix organizations and project management [J]. Journal of Management, 1992, 18 (6): 267-294.

② Lawton R Burns. Matrix management in hospital: testing theories of matrix structure and development [J]. Administrative Science Quarterly, 1989, 34 (3): 349-368.

③ Christopher A Bartlett, Sumantra Ghoshal. Matrix management: not a structure, a frame of mind [J]. Harvard Business Review, 1990, 68 (7): 138-145.

④ Robert C Ford, Alan Randoiph W. Cross-functional Structures: a review and integration of matrix organizations and project management [J]. Journal of Management, 1992, 18 (6): 267-294.

表5-3(續)

內部系統	運作目標：同等地強調產品和職能 計劃和預算：雙重系統——職能和產品線 正式權力：職能與產品首腦的聯合
優勢	1. 獲得適應環境雙重要求所必需的協作性 2. 產品間實現人力資源的彈性共享 3. 適應於在不確定環境中進行複雜的決策和經常性的變革 4. 為職能和生產技能改進提供了機會 5. 在擁有多重產品的中等組織中效果最佳
劣勢	1. 導致員工捲入雙重職權之中，降低人員的積極性並使之迷惑 2. 意味著員工需要良好的人際關係技能和全面的培訓 3. 耗費時間，包括常規的會議和衝突的解決 4. 除非員工理解這種模式，並採用一種大學式的而非縱向式的關係 5. 來自於環境的雙重壓力以維持權力平衡

四、網絡組織

隨著生產力的發展和社會分工的日益細化，溝通與協作對於企業成功所起的作用日益顯著。在知識經濟時代背景下，傳統的企業內部與企業間的組織模式已經不能適應知識經濟時代的要求。20世紀90年代，一個重要的趨勢是：一些公司決定只限於從事自身擅長的活動，而將剩餘部分交由外部專業機構或專家來處理，這種做法稱為「資源外取」（Outsourcing）。這些網絡化組織（Network Organization），有時也稱為集成式公司，特別是在一些快速發展的行業中，如服裝業或電子行業中，甚為興盛。但即使在諸如鋼鐵、化工這類行業中，一些公司也在向這種類型的結構轉變。[1]

網絡型組織結構以自由市場模式組合替代傳統的縱向層級組織。公司自身保留關鍵活動，對其他職能，如銷售、會計、製造進行資源外取，以將公司或個人分立開，由一個小的總部來協調或代理。在多數情況下，這些分立的組織通過電子手段與總部保持聯繫。[2] 其特點是將企業組織內的各項工作（包括生產、銷售、財務、會計）通過承包合同的方式交給不同的企業去完成，而公司總部（Head Quarters）只保留為數有限的員工。公司總部的主要工作是制定戰略計劃、政策以及協調公司與承包企業的關係。這種組織結構形式的優點是能減輕行政成本，應變能力極強；缺點是公司總部對各承包企業的控制有限。網絡型組織結構如圖5-10所示。

網絡型組織的意義主要體現在：

第一，通過減少管理層級，使得信息在企業高層管理人員和普通員工之間更加快捷地流動。網絡型組織結構精練，幾乎沒有上層行政首腦，因為工作活動被承包了，協調

---

[1] Charles C Snow, Raymond E Miles, Henry J Coleman. Managing 21st century network organizations [J]. Organizational Dynamics, 1992, 20 (4): 5–19.

[2] Raymond E Miles, Charles C Snow. Fit failure and the hall of fame: how companies succeed or fail [J]. California Management Review, 1984, 26 (3): 10–28.

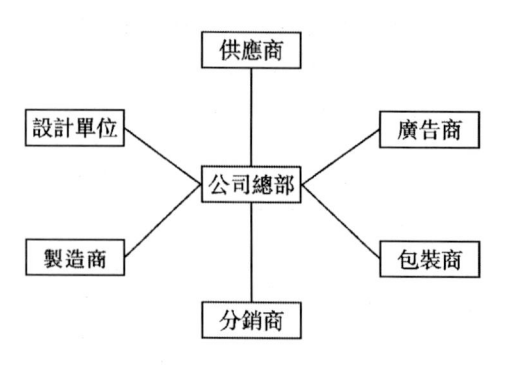

図 5-10　網路型組織結構

是電子化的。

　　第二，網絡的各部分可以根據需求變動增加或撤除。自由市場方面意味著系統在需要時進行對內和對外的分包，就像建設模塊一樣，網絡的各部分可以根據需求變動增加或撤除[①]。打破企業間的界限，並不意味著專業分工的消失，而是使得信息和知識在水準方向上更快地傳播。這樣做的結果，是使企業成為一個扁平的、由多個組織界限不明顯的員工組成的網狀聯合體，因此信息流動更快，部門間摩擦更少。

　　第三，可以幫助企業家迅速將產品投放入市場，而不用投入大量的啟動成本。在一些不景氣的成熟行業，網絡結構可以驅動公司發展，因為這可以使公司無須巨額投資而開發新產品。網絡模式的一個顯著的優勢是其靈活迅速的反應，組織可以安排和再安排組織的資源以滿足變化的需求，為顧客提供最佳服務的能力。公司的管理資源和技術精華可以集中到為公司帶來競爭優勢的關鍵活動上來，其他職能則可以實施資源外取[②]。

　　第四增強企業組織的適應性。在知識經濟的市場環境下，生產已經不是企業面臨的主要問題，如何對快速變化的市場需求做出及時的反應並讓顧客充分滿意才是企業興衰成敗的關鍵。與此相適應，企業的組織結構也應該由以生產為中心轉變為以顧客為中心。在企業內部構建網絡型組織，有助於企業及時準確地識別顧客的需求，圍繞特定顧客或顧客群配置資源，組建由設計、生產、行銷、財務、服務等多方面專業人員組成的團隊，為顧客提供全方位、定制化的服務，讓顧客完全滿意。

　　從廣義的角度講，網絡型組織還可以包括組織外部的垂直網絡（Vertical Network）、市場間網絡（Market Network）和機會網絡（Opportunity Network）。垂直網絡是在特定行業中由位於價值鏈不同環節的企業共同組成的企業間網絡型組織，原材料供應商、零部件供應商、生產商、經銷商等上下游企業之間不僅進行產品和資金的交換，還進行技

---

　　① 關於資源外取的相關名詞為數不少，如「外部合約（Contracting Out）」「專用化（Privatizing）」「外部依賴管理（Management by Going Outside）」「服務供應（Support Service）」等；中文則有「外包」（中國香港、臺灣等地的一般說法）、「外包服務」及「資源外取」等名詞，雖然用語有所不同，但其主要內涵則是一致的。

　　② Raymond E Miles, Charles C Snow. The new network firm: a spherical structure built on a human investment philosophy [J]. Organizational Dynamics, 1995, 23 (4): 5-18.

術、信息等其他要素的交換和轉移。聯繫垂直網絡中各個企業的紐帶是實現最終顧客價值這一共同使命，因為只有最終讓顧客滿意，位於價值鏈中各個環節的企業所創造的價值才能最終實現。垂直型網絡的組織職能往往是由價值鏈中創造核心增加價值的企業來履行的，網絡內企業通過緊密合作達到及時供應和敏捷製造，大大提高了效率，降低了成本；市場間網絡是指不同行業的企業組成網絡，這些企業之間有著業務往來，在一定程度上相互依存；機會網絡是圍繞顧客組織的企業群，這個群體的核心是一個專門從事市場信息搜集、整理與分類的企業，它在廣大消費者和生產企業之間架設了一座溝通的橋樑，使得消費者能夠有更大的選擇餘地，生產者能夠面對更為廣泛的消費者，有利於兩個群體之間交易的充分展開。機會網絡在規範產品標準、網絡安全和交易方式方面起到了關鍵作用。

五、簇群組織

簇群組織（Cluster Organization）的特點是將公司的員工組合成一個個 20~50 人的簇群（Cluster），每個簇群包括不同專業的人才，他們緊密結合，通過團隊（Teamwork）全力負責一個業務計劃或主理一種產品的生產經營。

簇群組織的基本單位是自我管理型團隊（Self-management Teams，簡稱 SMT），這是一種新型的橫向型組織的基本單位。嚴格地說，這種自我管理型團隊是 20 世紀 70 年代一些半獨立的工作團隊方式的發展產物。西蒙斯（Simmons，1989）在 1989 年提出了「自我管理型團隊」的觀點[1]。按照西蒙斯的觀點，建立自我管理型團隊或 SMT 的計劃並非簡單地考察工廠，舉行會議討論 SMT 是否能夠作一些改良，而是需要考慮的是顧客的需求和當前組織系統如何運行的問題。只有這樣，才能產生真正的轉變，使 SMT 成為滿足顧客需求的獨立和負責的工作小組。這是一種強調組織文化方面的改革所要求的對管理哲學和組織戰略進行深刻反思的一場革命。例如，許多公司都使用跨職能團隊以獲得跨部門的協作，用任務組來完成臨時項目。還有的公司使用「解決問題團隊」，這種團隊由自願臨時參加的員工組成，他們開會探討一些有關改善質量、效率和工作環境的方式。簇群組織結構如圖 5-11 所示。

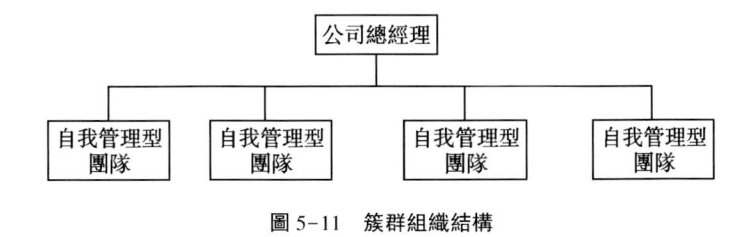

圖 5-11　簇群組織結構

自我管理型團隊，也稱自我指導團隊（Self-directed Work Teams），其員工擁有不同

---

[1]　Simmons J. Starting self-management teams [J]. Journal for Quality and Participation，1989 (12)：26-31.

的專業技能，輪換工作，生產整個產品或提供整個服務，接管管理的任務，比如工作和假期安排、訂購原材料、雇傭新成員等。到目前為止，數以百計的美國和加拿大公司都曾經設立過自我管理型團隊[1]。這些公司包括美國電話電報公司（AT & T）、施樂公司（Xerox）、通用食品公司（General Mills）、聯邦速遞公司（Federal Express）、萊德系統公司（Ryder Systems）以及摩托羅拉公司（Motorola）。

簇群組織中的自我管理型團隊的設計包含永久性團隊，即「規範性簇」（Prescribed Clusters），一般具有以下四個要素：

（1）自我管理型團隊被授權可以獲得完成整個任務所需的資源，比如原材料、信息、設備、機器以及供應品。

（2）自我管理型團隊包括各種技能的員工，如工程、生產、財務和行銷。團隊消除了部門之間、職能之間、科目之間、專業之間的障礙。團隊成員經過交叉培訓可以完成別人的工作，這種綜合技能足以完成重要的組織任務。

（3）企業組織廢除了中層管理人員，採用集體領導、集體負責制。每個員工需要同時承擔多項任務；自我管理型團隊內集思廣益，溝通和決策素質得以提高。

（4）自我管理型團隊被賦予決策權，這意味著團隊成員可以自主進行計劃、解決問題、決定優先次序、支配資金、監督結果、協調與其他部門或團隊的有關活動。團隊必須擁有自主權以處理一些完成任務所必需的活動[2]。

然而，這種組織結構形式對員工的要求很高，員工之間的搭配與領導素質至關重要。

本章復習思考題

1. 什麼是組織？什麼是組織職能？
2. 組織的原則有哪些？
3. 什麼是組織結構？
4. 常見的組織結構形式有哪些？各有什麼特點？適用條件是什麼？
5. 事業部結構形式有什麼特點？適用於什麼情況？
6. 矩陣式結構形式有什麼特點？適用於什麼情況？

---

[1] Charles C Mains, David E Keating, Anne Donnellon. Preparing for an organizational change to employees self-managed teams: the managerial transition [J]. Organizational Dynamics, 1990, 19 (3): 15-26.

[2] Thomas Owens. Self-managed work teams [J]. Small Business Report, 1991, (2): 53-65.

第六章　激勵

　　激勵（Motivation）是管理學的核心內容，也是管理者在實踐中經常面臨的現實問題。激勵理論是行為科學中用於處理需求、動機、目標和行為四者之間關係的核心理論。激勵理論主要分為需求理論和認知過程理論兩大類。本章力圖從理論研究與實踐操作兩個方面來探討激勵問題。

第一節　激勵理論概述

一、激勵的性質

　　激勵這個動詞來源於拉丁語「Movere」，原意是「去行動」（To Move），是指引起動作的思維，凡是與「移動」「採取行動」「促動」相關的思維和情感都可以叫 Movere。

　　在科學研究中，激勵是心理學的一個術語，指心理上的驅動力，含有激發動機、鼓勵行為、形成動力的意思，即通過某種內部和外部刺激，促使人奮發向上，努力去實現目標。激勵可以有多重意思：①「激勵」是驅策力、慾望、需求、希望及類似力量的總稱；②把「激勵」仍然視為古拉丁語「Movere」，即「促動」原意。引申為激發、引導和維繫人的行為的思維；[1]　③「激勵」是一個人欲求滿足特定需求的一種反應；[2] ④「激勵」是維繫或改變行為方向、性質與強度的一種力量；⑤「激勵」是關係著行為的始動、持續、引導、終止，在組織中表現出主觀的反應；⑥「激勵」是指設法引起他人行動，以達成特定目的的過程。

　　由上述定義可知，激勵（Motivation）是以外在的刺激，激發他人的工作意願和行動，而朝向期望目標的一種手段。「激勵」是一種力量，可以激起、引導、維持或終止一個人的行為。一切內心要爭取的條件包括希望（Wiser）、慾望（Desires）、動力等，構成對人的激勵是人類活動的一種內心狀態（Berelson & Steiner, 1964）。[3] 更具體一點，「激勵」常被人們稱為仲介變量（Intervening Variable），仲介變量是內部和心理的過程，

---

[1] Richard M Steers, Lyman W Porter. Motivation and work behavior [M]. New York: McGraw-Hill, 1991.
[2] Gary Dessler. Human resource management [M]. Englewood: Prentice-Hall International Inc, 2002.
[3] Bernard R Berelson, Gary A Steiner. Human behavior: an inventory of scientific findings [M]. New York: Harcourt, Brace and World, 1964.

它們並非通過直接觀察得到，它們反過來卻引起行為（Kerlinger, 1973）。[1]

管理學家從不同的角度研究激勵這個概念，概括地講，激勵就是激發人的動機，誘發人的行為。激勵是一種力量，激勵是一個過程。激勵給人以行動的動力，使人的行為指向特定的目標。在管理過程中，對人的行為的激勵，就是通過對心理因素的研究採取各種手段，製造各種誘因，誘發人們貢獻出他們的時間、精力和智力。激勵就是與保持和改變人的行為的方向、質量和強度有關的一種力量，激勵的目標是使組織中的成員充分發揮出他們潛在的能力，從這個角度來說，激勵是一種力量，是一種使人們充分發揮其潛能的力量。激勵的目的在於激發人的正確行為動機，調動人的積極性和創造性，以充分發揮人的智力效應，最好成績。

人們只能通過觀察人的行為來推斷一個人被激勵的程度。激勵是決定行為如何開始、如何被注入能量、如何得以維持、如何被導向確定的目標等行為發生的整個過程的重要因素。激勵與以下幾個內容有關：第一，人類行為的動力是什麼；第二，人的行為如何被導向特定的目標；第三，怎樣維持人的行為。因此，激勵是對人的一種刺激，使人有一股內在的動力，朝著所期望的目標前進的心理活動和行為過程。激勵是「需求—慾望—滿足」的連鎖過程。

二、激勵與行為

心理學家認為，一切行為都是受到激勵而產生的。一切人類行為都有其一定的目的和目標，這種有目的的行為總離不開滿足需求的慾望。

行為科學認為，人的動機來自需要，由需求確定人們的行為目標，激勵則作用於人的內心活動，激發、驅動和強化人的行為。心理學揭示的規律、動機慾望支配著人們的行為，而動機又來源於人的需求。需求是人的一種主觀體驗，是對客觀要求的必然反應。人在社會生活實踐中形成的對某種目標的渴求和慾望，構成了人的需求的內容並成為人行為活動的積極性源泉。人的行為受需求的支配和驅使，需求一旦被意識到，它就以行為動機的形式表現出來。驅使人的行為朝一定的方向努力，以達到自身的滿足。需求越強烈，由它引起的行為也就越有力、越迅速。

人的行為是有意志、有目的的行為，有目的的行為總離不開滿足需求的慾望，得不到滿足的需求是產生激勵的起點。從感覺需求出發，造成人的心理上的不平衡，導致不安和緊張的情緒產生，同時也使慾望動機產生，有了動機，人就要選擇和尋找目標，激起實現目標的行動。它導致個人從事滿足需求的某種行動（尋求某種辦法），從而緩和激奮的心理。這種活動都是有某種目的的，當需求得到滿足，達到目標，行為結束。需求滿足了，激勵過程也就完成了。心理緊張消除後，人們又會產生新的需求，形成新的慾望，引起新的行為。這樣周而復始，循環往復。激勵就是利用人的需求、慾望和行為

---

[1] Fred N Kerlinger. Foundations of behavioral research [M]. New York: Holt, Rinehart and Winston, 1973. 40.

之間的關係，激發人的慾望，滿足人的需求，挖掘人的內在潛力，促使人的行為向組織目標努力。

道格拉斯‧麥克雷戈強調瞭解激勵與行為之間關係的重要性。他在1957年提出了對人的本性的認識，有兩種截然不同的觀點：一種是消極的「X理論」，另一種是積極的「Y理論」。關於這一理論，任何一位管理者都應當熟知並可嫻熟運用。

他認為，自泰羅以來的古典管理理論，對人性的看法做了錯誤的假設，麥克雷戈稱它為「X理論」。「X理論」闡述了獨裁式的管理風格，而「Y理論」則闡述了民主式的管理風格。根據人類行為假設，不論人們是否承認都存在著某些管理風格。獨裁式的和監督式的管理風格反應了「X理論」的思想，而參與式、社團式的管理風格則體現了「Y理論」的思想。

麥克雷戈根據「Y理論」，提出了激勵人的行為的具體措施：①分權與授權（Decentralization and Delegation of Authority）；②擴大工作範圍（Job Enlargement）；③採取參與制（Participative Management）；④提倡自我評價（Self Evaluation）。

通常對麥克雷戈的「X理論」和「Y理論」的差異性分析，表現出了對激勵問題的傳統看法和行為科學看法，其差異在於每個管理人員對其下屬需求的不同看法上。麥克雷戈的激勵理論，從馬斯洛需求層次論的框架基礎上進行分析：「X理論」對人性的假設是從較低層次的需求出發支配著人的行為；「Y理論」對人性的假設則是從較高層次的需求出發支配著人的行為。麥克雷戈把人的特性說成是先天賦予的、具有唯心色彩的，因而造成了他認識論上的片面性。

三、個人需求與激勵

未滿足的需求是激勵過程的起點。這些需求可以分成不同的類型。運用激勵的主要觀點有早期管理理論、人際關係理論、人力資源理論和當代管理理論。[①]

早期管理學者強調，金錢刺激是激勵個人的主要手段，他們均受到18世紀、19世紀古典經濟學家的影響。這些經濟學家強調人對合理經濟目標的追求，並認為經濟行為的特點是合理的經濟核算。

人際關係理論認為，作為對員工工作行為的激勵因素，非經濟因素（如情感、歸屬和受人尊重）似乎比金錢更重要，這些管理學家強調「社會人」的概念。

人力資源理論認為，人是複雜的動物，有多種需求，可以從許多方面對人進行激勵，這些管理學家強調「全面人」（Whole Person）的概念。

當代管理理論都強調需求及其重要性的問題。許多心理學家認為，金錢顯然是重要的激勵因素，但人們希望滿足的不止於單純的經濟需求。人們還有社會、心理、歸屬等多方面的需求。對人進行激勵，既要考慮激勵的內容，又要考慮激勵過程中員工的心理

---

① Richard M Steer, Gregory A Bigley, Lyman W Porter. Motivation and work behavior [M]. New York: Mc Graw-Hill, 2002.

活動。事實上，作為心理學家的西格蒙德・弗洛伊德（Sigmund Freud）第一個認識到，人的許多行為可能是不合理的，但這種行為可能受到一個為人們所不知的需求的影響。

心理學家將激勵分為內在激勵（Intrinsic Motivation）與外在激勵（Extrinsic Motivation）兩種形式，它們對滿足員工的個人需求有不同的作用。內在激勵是指人在完成某種特定行為的過程中所獲得的滿足感，如工作本身帶給人的激勵、工作本身的趣味（責任感、成就感等），比如參與決策，接受挑戰性工作，感興趣的工作或任務，獲得上級、同事的認可、學習和進步的機會、多元化的活動以及就業保障；外在激勵是指由他人（通常是管理者）給予的激勵，是工作以外的獎賞，包括增加報酬、提升職務、改善人際關係等。外在激勵來自於外部，是取悅他人的結果。雖然有些人不喜歡自己的工作，但可以受到高工資的激勵。儘管心理學家通常會鼓吹內在激勵要優於外在激勵，但多數企業認為上述兩種激勵方式是相輔相成的，二者並不矛盾。

儘管大多數心理學家認為，人是由滿足許多需求的慾望所激勵的。而對什麼是這些需求及其相互重要性的問題，人們則眾說紛紜。然而大多數人持多元觀點，強調人們有很多不同類型的需求，而這些需求的滿足是行為的主要決定因素。

馬斯洛提出的需求層次理論就是一種需求的多元觀點，已經得到理論界和實際工作者的廣泛承認。

雖然馬斯洛的需求層次理論未能對人的激勵問題或激勵人的手段提出一套完整的理論體系，但這個需求層次確實為管理人員理解組織中的激勵問題提供了一個基礎。

四、需求的不滿足

得不到滿足的需求是瞭解激勵問題的出發點。任何個人在力求滿足個人需求時，很多時候得不到成功。為了增加管理人員對激勵問題的理解，有必要研究當需求得不到滿足時會發生什麼情況。

得不到滿足的需求會使個人內心產生激奮情緒。這種得不到滿足的需求就能推動個人去積極行動，而這種行動會削弱激奮心理。當個人沒能滿足需求（即沒能削弱激奮心理）時，導致挫折產生。有些人的反應是積極的進取態度，有些人的反應是消極的防範態度。對挫折的各種反應是因人而異的。

當有些人力圖滿足需求而受到挫折時，他能夠正確地對待挫折，他的反應是積極適應當前環境的進取態度，重新調整自己的需求目標，採取積極進取的態度（Constructive Behavior）來適應環境。

但有些人力圖滿足需求而受到挫折時，不能夠正確地面對挫折，他的反應是採取一種或多種防範的態度或者行為（Defensive Behavior），而不是採取積極的態度來適應當前的環境。這種防範的態度或者行為可能會對組織造成危害，我們在進行員工激勵時，必須認識到員工這種防範的態度或者行為對組織的危害，應高度重視，調整激勵計劃和激勵目標，盡量避免員工滿足需求時受到挫折。當然，要教育員工找準自己的需求目標，

盡可能減少員工的挫折,並鼓勵員工採取積極進取態度的來適應環境。

第二節　需求理論

需求理論(Needs Theory)屬於內容型激勵理論(Content Theories),強調被激勵對象的需求。人有各種各樣的需求,比如食物、成就、金錢等。這些需求會轉化為內在動力,激發人的某些特定行為,以滿足這些需求。研究各種需求理論的目的是為了理解和分析用以激勵員工工作的各種需求。簡單地說,需求理論著重瞭解人們的各種需求,為瞭解答「什麼促使員工努力工作」這一問題,管理者可以根據對員工需求的瞭解程度,設計組織自己的激勵系統以滿足這些需求。主要的需求理論有馬斯洛的需求層次理論(Maslow's Hierarchy of Needs Theory)、赫茲伯格的雙因素理論(Herzberg's Two Factors Theory)、麥克萊蘭的獲取需求理論(Mc Clelland's Acquired Needs Theory)和奧爾德弗的「生存、關係和成長理論」(Alderfer's ERG Theory)。

一、馬斯洛的需求層次理論(Maslow's Hierarchy of Needs Theory)

每個企業的工人都是在滿足自己的生活的基本要求後才會去為單位、企業創造價值,使企業逐漸發展。而作為企業領導人,首先就應該滿足員工的基本生活需求。馬斯洛在20世紀40年代提出了人類形形色色的需求,按它們發生的前後次序分為五個層次,分別為生理需求、安全需求、社會需求、尊重需求和自我實現的需求,按其重要性逐級遞升,形成一個從低級需求向高級需求發展的階梯。

亞伯拉罕·馬斯洛在1954年提出了人類需求層次理論。馬斯洛認為,一個聰明的管理者應該瞭解每一位下屬的需求層次,以個人需求為基礎進行激勵,從而達到更高的勞動生產率水準。[1]

馬斯洛的需求層次與人類生活的循環相似,他論述了一個呈上升趨勢的需求層次,如果使人們受到激勵,就需要理解它。他將人的需求分為以下五個層次。

最基本的層次是生理的需求(Physiological Needs)。人類為維持自身的生命,延續種族而產生的最原始、最基本的需求,如空氣、水、食物、衣著、住所、睡眠和性欲的滿足。這是人類自然屬性的表現,具有最強大的推動力。馬斯洛認為:「毫無疑問,人只有依靠麵包才能生存。但是,如果人有了麵包,肚子經常填得飽飽的,那麼,他的慾望將發生什麼變化呢?」也就是說,只有在這些需求得到滿足,達到足以維持生命所必要的程度之後,其他需求才能激勵人們。

第二層是安全的需求(Safety Needs)。馬斯洛認為:「生理的需求已經相當好地得到

---

[1]　Abraham H Maslow. Motivation and personality [M]. New York: Harper and Row, 1954.

滿足，就會出現一系列新的需求，我們可以概略地稱之為安全的需求。一個人，如果長期處於這種狀況中，就可以稱之為一個只是為了安全而生存的人了。」安全的需求是為保障人身安全不受損傷，為擺脫疾病和失業的危險，為減少經濟的損失和意外事故的發生而產生的需求，如職業的保障、社會保險、財產安全等。

第三層是社交的需求（Social Needs），也稱為歸屬的需求（Belongingness Needs）。人生活在社會群居的環境中，需要與同事、同伴保持良好的關係，希望得到友誼、忠誠和愛情。人需要相互關心，接受他人與被他人所接受，希望被團體接納，有一定的歸屬感。

第四層是受人尊重的需求（Esteem Needs）。馬斯洛認為，人的歸屬需求一旦得到滿足，他就會產生自我尊重和被他人尊重的需求。內部的尊重因素包括自尊、自信和成就感；外部的尊重因素包括地位、權力、名譽、被社會的認可等。

第五層是自我實現的需求（Self-actualization Needs）。這是馬斯洛需求層次的最高需求，它是一種心願，是個人的成長與發展、發揮自身的潛能、實現理想與抱負的需求。這是一種追求，是個人能力得到極大發揮的內在的驅動力量。馬斯洛認為，「自我實現的需求」是一個個人實現自我潛力的需求。「音樂家必須創造音樂，藝術家必須作畫，詩人必須寫詩，如果他想使自己最終安定下來的話。是什麼人，就必須做什麼事」。[1]

馬斯洛認為，人的需求構成了一個從低級向高級發展的階梯，當一切需求都未得到滿足，那麼最低需求更為突出。當一種需求得到滿足之後，更高層次的需求就會佔據主要地位，成了人的行為的激勵因素。不同的人在同一時間內的需求是不同的，同一個人在不同的時間內需求也是不同的，因此要施以不同的激勵因素。人的自我實現的需求是無止境的，因此它是人的行為的最強大、最持久的激勵因素。

從激勵的角度來看，任何人對各個需求層次都無法得到完全的滿足，需求的滿足是相對的，只要得到部分的滿足，個體就會轉向追求其他方面的需求。因此，如果要激勵某一個人，就必須瞭解此人目前所處的需求層次，然後基本滿足這一層次或在此層次之上的需求即可。

而管理者則可以採用下面的「激勵」要素，來滿足員工的不同需求：

第一級：生存需求，如提高工資和獎金、改善工作條件、定期醫療檢查、娛樂等。

第二級：安全需求，如享有優先股權、保險、職業穩定、口頭承諾、書面承諾以及晉升。

第三級：歸屬需求，如被邀請到特殊場合，有機會加入特殊任務小組，有機會成為委員會成員或俱樂部組織成員，實行工作輪換。

第四級：自尊需求，如享有獎勵、表揚，被授予稱號，在公開場合露面，為管理委員會服務。

---

[1] Abraham H Maslow. A theory of human motivation [J]. Psychological Review, 1943, 50 (7): 370-396.

第五級：自我實現的需求，如帶薪休假、領導項目任務小組、享有受教育的機會、承擔領導職責、承擔指導任務。

瞭解員工不同層次的需求所要講的是一位管理者從事管理的開始，良好的開端往往能收到意想不到的效果，管理的方式能決定企業的生與死。

馬斯洛的理論是建立在兩個原則的基礎上的，它們是：

第一個原則是不滿足原則（Deficit Principle），不滿足原則指出人不會為已經滿足的需求而工作。即只有未得到滿足的需求才能形成激勵；已被滿足的需求，不再具有激勵行為的作用。在一般情況下，只有低層次的需求得到滿足，高層次的需求才有足夠的活力去驅動行為。

第二個原則是漸進原則（Progression Principle），漸進原則指出人的五種需求是以臺階的方式來排列的，他必須滿足低層的需求，這樣才能形成工作的動機。人的需求隨經濟條件的變化而改變，多數人的需求網絡是複雜的，在任何時刻都有許多需求因素，影響著每個人的行為。但滿足高層次需求比滿足低層次需求的途徑更多。在馬斯洛看來，當人們追求自我實現的需求時，就不再把重點放在生理需求和安全需求等低層次需求上了，而是要為個人抱負、個人價值的實現去尋求挑戰，人們從自然的欣喜昇華到「更高的層次」，這就是馬斯洛所說的「高峰體驗」（Peak Experience）。[1]

馬斯洛將五種需求劃分為兩個等級，將生理需求和安全需求稱為低級的需求，將社會需求、尊重需求和自我實現的需求稱為高級的需求。高級需求是從內部使人得到滿足，低級需求則主要是從外部使人得到滿足。社會實際表明，在物質豐富的條件下，人們的低級需求基本能得到滿足，尤其在發達的社會裡，大多數的人都懷有馬斯洛需求層次模式中所列的全部需求。

馬斯洛理論的意義在於可以使管理者認識到下屬的工作動機。一般而言，不能滿足的需求會對下屬的工作態度和表現產生負面的影響。但假如能提供適當的機會讓下屬從工作中滿足他們的需求，便能激勵他們努力工作。馬斯洛的需求層次理論在中國工商企業中的應用見表6-1。

表 6-1　　　　馬斯洛的需求層次理論在中國工商企業中的應用

需求層次	應用
自我實現的需求	①富有挑戰性的工作 ②工作中的自主權 ③決策權
受人尊敬的需求	①職稱、頭銜 ②寬敞的辦公室 ③當眾受到稱讚

---

[1] Abraham H Maslow. Toward a theory of being [M]. New York: Harper and Row, 1968.

表6-1(續)

需求層次	應用
社交的需求	①上級對下級的關懷 ②友善的同事 ③聯誼小組與活動
安全的需求	①工作與就業保障 ②基本養老保險與輔助養老保險 ③醫療保險
生理的需求	①足夠的薪酬 ②適度的工作時間與舒適的工作環境 ③低息提供住房貸款

二、赫茨伯格的雙因素理論（Herzberg's Two Factors Theory）

美國心理學家、美國猶他大學教授弗雷德里克·赫茨伯格（Herzberg, 1959）於1959年提出激勵——保健理論。赫茨伯格以及他的同事詢問了美國匹茲堡地區203名工程人員和會計師有關他們工作方面的問題，以及使他們高興或不高興的事情。根據這項對滿足需求的研究以及就這些需求滿足的激勵效果的調查報告，首先提出了這種激勵學說。[1] 這種理論常被人稱為雙因素理論（Two Factors Theory）。赫茨伯格的觀點是：個人與工作的關係是最基本的出發點，因為個人對工作的態度將決定著正在執行的任務的成功與失敗。

調查的結果表明，使職工感到滿意的都是屬於工作本身或工作內容方面的；使職工感到不滿的都是屬於工作環境或工作關係方面的。他稱前者為激勵因素（Motivation Factor），稱後者為保健因素（Hygiene Factor）。人們對工作感到滿意和對工作感到不滿意的內容是完全不相同的因素，從而使赫茨伯格對傳統的觀點是：滿意的對立面是不滿意做出的修正。赫茨伯格認為，兩類明顯不同的因素是兩個完全不同的連續統一體。滿意的對立面是沒有滿意，而不是不滿意；不滿意的對立面是沒有不滿意，而不是滿意。他又認為，凡是能夠防止員工不滿意的因素是「保健因素」，只有那些能給員工帶來滿意的因素才是「激勵因素」。換句話說，「保健因素」只是必要條件而非充分條件。

保健因素的滿足對職工產生的效果類似於衛生保健對身體健康所起的作用。保健從人的環境中消除有害於健康的事物，不能直接提高健康水準，但有預防疾病的效果；它不是治療性的，而是預防性的。有些工作條件不具備時，會引起雇員的不滿意。然而，具備這些條件，並不能使雇員受到巨大的激勵。赫茨伯格稱這些因素為保健因素，因為這些因素可以使滿足保持在合理的水準上。赫茨伯格在對1,844個案例的調查分析中發現，員工感到不滿意的因素都屬於工作環境和工作關係方面的外部因素，保健因素包括公司政策、管理措施、監督、人際關係、物質工作條件、工資、福利、地位、安全保

---

[1] Fredrick Herzberg. Work and the nature of man [M]. New York: World Press, 1966.

障、個人生活等。當這些因素惡化到人們認為可以接受的水準以下時,就會產生對工作的不滿意。但是,當人們認為這些因素很好時,它只是消除了不滿意,並不會使人們產生積極的態度,這就形成了某種既不滿意又不是不滿意的中性狀態。赫茨伯格強調:「如果這些因素低於員工認為可以接受的程度,他們對工作將感到不滿。」[1]因為僅有「保健因素」不足以提高「激勵因素」。

那些能使積極態度、滿意度和激勵作用產生的因素就叫作激勵因素。有些工作環境可以對員工形成很大程度的激勵,使員工對工作具有滿足感。然而,如果不具備這些工作環境,也不會造成很大的不滿足。赫茨伯格認為有六個這樣的激勵或滿意因素。他從1,753個案例的調查分析中發現,使員工感到滿意的因素都屬於工作本身和工作內容方面的內在因素,如成就感、賞識、得到社會的承認、負有較大責任的、具有挑戰性的工作、個人的成長與發展等。如果這些因素具備了,就能對人們產生更大的激勵。

從這個意義出發,赫茨伯格認為傳統的激勵假設,如工資刺激、人際關係的改善、提供良好的工作條件等,都不會產生更大的激勵;它們能消除不滿意,防止問題產生,但這些傳統的激勵因素即使達到最佳程度,也不會產生積極的激勵作用。按照赫茨伯格的意見,管理者應該認識到保健因素是必需的,不過它一旦被不滿意中和以後,就不能產生更積極的效果。只有激勵因素才能使人們有更好的工作成績。赫茨伯格強調,真正意義上的激勵因素來自成就感、個人的成長與發展、職業滿意感和賞識。它的目標在於通過工作本身而非通過獎賞或壓力達到激勵的目標。

總之,缺乏保健因素會使人產生很大的不滿足感;但有了它們也不會對人產生巨大的激勵。當具備激勵因素時,他們能產生巨大的激勵作用和滿足感,但在缺乏時,也不會使人產生多大的不滿足感。

我們也許意識到,激勵因素是以工作為中心的,即激勵因素與工作本身、個人的工作成就、工作責任感、通過工作獲得的晉升機會和認可度等都有直接關係;保健因素則是工作本身以外的,並且更多地與工作的外部環境有關聯。所謂的工作本身也就是指工作的特性。

按照弗雷德里克·赫茨伯格的觀點,因為現實生活中導致人們對工作滿意的因素和對工作不滿意的因素是完全有區別的,所以在管理過程中必須明白,消除人們工作中不滿意的因素——保健因素,只能造就和平的環境,而不能激勵員工的積極性。只有創造機會為員工提供激勵因素——與工作相關聯的內在因素,如成就、認可、責任、進步、成長等才會提升員工對工作的滿意度。

赫茨伯格還自創了一個新的流行語——工作內容豐富化(Job Enrichment)。赫茨伯格相信,只要工商企業能夠做到自己解放自己,解放員工,擺脫數字束縛,它們就可能成為一股向上的巨大力量,在員工個人作用得到創造性擴展的同時,組織自身也得到

---

[1] Frederick Herzberg, Bernard Mausner, Barbara Snyderman. The motivation to work [M]. New York: Wiley, 1959.

發展。

赫茲伯格的理論對企業關於獎勵和報酬的一攬子計劃產生了相當大的影響。雙因素理論促使企業管理人員注意工作內容方面因素的重要性，特別是它們同工作內容豐富化和工作滿足的關係，因此是有積極意義的。

三、麥克萊蘭的獲取需求理論（Mc Clelland's Acquired Needs Theory）

美國哈佛大學的戴維·麥克萊蘭（David C Mc Clelland）是研究動機的權威心理學家。他從20世紀40年代開始對人的需求和動機進行研究，並得出了一系列重要的研究結論。

麥克萊蘭和他的同事們的獲取需求理論主要關注3種需求：成就需求、權力需求、人際關係需求。他認為個體在工作情境中有3種重要的動機或需求：成就需求（Need for achievement），即爭取成功、希望做得最好的需求。權力需求（Need for Power），即影響或控制他人且不受他人控制的需求。人際關係的需求（Need for Affiliation），即建立友好親密的人際關係的需求。麥克萊蘭和他的同事們認為，人們在工作情境中有這3種基本的動機和激勵需求。麥克萊蘭的理論指出，人的需求是從學習和經驗中得來的，不同的需求會影響到人怎樣面對他們的工作，也會影響到他們對職業的選擇。①

1. 對成就感（Mchievement）的需求

追求成就感的人會要求自己不斷改進工作表現，希望能夠精通一些複雜的技能和可以解決複雜的問題；具有高度成就需求的人有強烈的成功願望，比如尋求挑戰性的工作，尋求適當難度的目標，敢於承擔責任；具有強烈成就需求的人渴望將事情做得更為完美，提高工作效率，獲得更大的成功，他們追求的是在爭取成功的過程中克服困難、解決難題、努力奮鬥的樂趣以及成功之後的個人成就感，他們並不看重成功所帶來的物質獎勵；他們喜歡設立具有適度挑戰性的目標，不喜歡憑運氣獲得的成功，不喜歡接受那些在他們看來特別容易或特別困難的工作任務。這類人有種內在的驅動力量，渴望自己將從事的工作做得更完美、更有成效。他希望能在可以發揮其獨立工作能力的環境中完成任務，並且使工作績效能及時、明確地得到反饋，以此來顯示自己是否有成就。

2. 對人際關係（Affiliation）的需求

追求人際關係的人喜歡與人溝通，並希望與別人建立友善的關係，至少是為他人著想，這種交往會給他帶來愉快；有歸屬需求的人具有建立友好、親密的人際關係的願望，希望從被人接納中得到快樂，並盡量避免因被某團體拒絕而帶來痛苦。這類人的特徵是尋求維持融洽的社會關係，希望交結知心朋友，在社團活動中得到樂趣，並樂於幫助和安慰危難中的夥伴。麥克萊蘭認為，有強烈歸屬需求的人一般都是「人際關係調節者」（Integrator），他們的工作職責就是協調一個組織內幾個部門的工作。人際關係調節

---

① David C McClelland. The achieving society [M]. Princeton: Van Nostrand, 1961.

者包括品牌管理員和項目管理者，他們必須掌握高超的人際交往技巧，通常能夠與他人建立和諧、融洽的工作關係。①

3. 對權力（Power）的需求

追求權力的人渴望能夠影響別人、控制別人的行為，喜歡支配、影響他人，喜歡對別人「發號施令」，注重爭取地位和擴大影響力，也希望受到別人的贊許。他們喜歡具有競爭性和能體現較高地位的場合或情境，他們也會追求出色的成績，但他們這樣做並不像高成就需求的人那樣是為了個人的成就感，而是為了獲得地位和權力或與自己已具有的權力和地位相稱。對權力懷有高度需求的人，最基本特徵是竭力向往影響和操縱、控制他人，而且自己具有強烈的不願受他人控制的慾望。這類人一般總尋求領導職位，要求行使並保持權力去影響他人。

在麥克萊蘭和其他人的研究報告中，企業家指開創並培養一個企業或其他企業的人，顯現出有很高的成就需求和相當高的對權力需求的動力，但人際關係的需求則十分低。管理人員，一般表現出有高度的成就需求和權力需求，而人際關係的需求低。但如此高或低，其程度都沒有企業家那樣顯著。

四、奧爾德弗的「生存、關係和成長理論」（Aldefer's ERG Theory）

耶魯大學的克萊頓·奧爾德弗（Alderfer, 1969）重組了馬斯洛的需求層次，使之和實證研究更加一致。經他修改的需求層次被稱為 ERG 理論（ERG Theory）。

奧爾德弗認為有 3 種核心需求，包括生存（Existence）、相互關係（Relatedness）和成長（Growth），所以將其稱為 ERG 理論。第一種生存需求涉及滿足我們基本的物質生存需求，包括馬斯洛稱為生理需求和安全需求的這兩項。第二種需求是相互關係，即維持重要的人際關係的需求。要滿足社會和地位的需求就要和其他人交往，這類需求和馬斯洛的社會需求和尊重需求中的外在部分相對應。最後，奧爾德弗提出了成長需求——個人發展的內部需求。包括馬斯洛的尊重需求的內在部分和自我實現需求的一些特徵。②

除了以 3 種需求代替 5 種需求以外，奧爾德弗的 ERG 理論和馬斯洛的理論還有什麼不同？與需求層次理論不同，ERG 理論還證實了：①多種需求可以同時存在；②如果高層次需求不能得到滿足，那麼滿足低層次需求的願望會更強烈。

馬斯洛的需求層次是一個嚴格的階梯式序列；ERG 理論卻不認為必須在低層次需求獲得滿足後才能進入高層次的需求。例如，甚至在生存和相互關係需求沒有得到滿足的情況下，一個人也可以以成長而工作，或者三種需求同時起作用。

ERG 理論還包括挫折——倒退維度（Frustration-regression Dimension）。馬斯洛認為，一個人會滯留在某一特定的需求層次直到這一需求得到滿足。ERG 理論卻認為，當

---

① David C Mc Clelland. The two faces of power [J]. Journal of International Affairs, 1970, 24（1）: 30-41.

② Clayton P Aldefer. An empirical test of a new theory of human needs [J]. Organizational Behavior and Human Performance, 1969, 16（2）: 142-175.

一個人的較高層次的需求不能得到滿足時，較低層次的需求強度會增加。例如，無法滿足社會交往的需求可能會帶來對更多的工資或更好的工作條件的需求，所以受挫可以導致人倒退到較低層次的需求。奧爾德弗（Alderfer, 1969）指出：「人們也可能同時由一個以上層次的需要激勵著，並且如果生活環境發生了變化，也可能轉向較低層次的需要。」

總之，ERG 理論像馬斯洛的理論一樣，認為較低層次需求的滿足會帶來滿足較高層次需求的願望；但是同時也認為多種需求作為激勵因素可以同時存在，奧爾德弗把馬斯洛的需求層次減少到 3 層，並提出需求沿層次結構昇華的過程是複雜的，表現了一種挫折——倒退原則（Frustration-regression Principle），即滿足較高層次需求的努力受挫會導致倒退到較低層次的需求。因此，ERG 理論比馬斯洛的需求層次理論更加靈活，它認為個體因為滿足自我需求方面的能力有差異而可能沿著需求層次結構上升或下降。

五、需求理論小結

需求激勵理論雖然廣為人知，但遺憾的是經不起嚴密的推敲。不過它們也不是沒有任何可取之處。除了上述討論的四種主要的需求理論外，經常討論的還有亨利·墨理的「顯著需求理論」（Murray's Manifest Needs Theory）等。[1] 但總體來說，各種需求理論都得不到有力的研究結果的支持。例如人有多少種不同的需求，不同的學者就有不同的看法。

但一般來說，需求可以分為低層次（Lower-order Needs）和高層次（Higher-order Needs）兩種。赫茨伯格的雙因素理論同馬斯洛的需求層次論有相似之處。他提出的保健因素相當於馬斯洛提出的生理需求、安全需求、感情需求等較低級的需求；激勵因素則相當於受人尊敬的需求、自我實現的需求等較高級的需求。當然，他們的具體分析和解釋是不同的。這兩種理論都沒有把「個人需求的滿足」同「組織目標的達到」這兩點聯繫起來。

在觀察了各種需求理論之後，我們可能會問，金錢在激勵中扮演什麼角色？它們對管理人員有什麼重大意義？金錢是管理人員能夠採用的主要激勵手段嗎？當我們討論激勵時，金錢作為一種激勵因子是永遠不能忽視的。

第三節　認知過程理論

認知過程理論（Cognitive Process Theory）著重分析人們怎樣面對各種滿足需求的機會以及他們對各種機會的認知過程。因此，可以說認知過程理論是為瞭解答「為什麼員

---

[1] Henry A Murray. Explorations in personality: a clinical and experimental study of fifty men of college age [M]. New York: Oxford University Press, 1938.

工會努力工作」和「怎樣可以使員工努力工作」這兩個問題。

一、亞當斯的公平理論（Adams' Equity Theory）

根據美國行為科學家約翰・史坦斯・亞當斯（Adams，1965）的公平理論，人總愛比較，並且期望得到公平的待遇。假如比較的結果是不公平的對待，這種不公平的感覺便會成為一種動力，使人改變自己的思想或行為，目的是使比較結果變得較為公平（Justice）。[①]

公平理論指出，人不會單單將自己的成果或報酬與別人的做出比較，而是會同時比較雙方得到的報酬與付出的貢獻的比例，即員工把自己的投入和產出與其他人的投入產出進行比較。也就是說，當一個人做出了成績並取得了報酬以後，他不僅關心自己所得報酬的絕對量，而且關心自己所得報酬的相對量。因此，他要進行種種比較來確定自己所獲報酬是否合理，比較的結果將直接影響今後工作的積極性。人們首先思考自己從工作中得到的（產出）以及投入到工作中的（投入），然後把自己的投入、產出比和其他相關人員的投入、產出比相比較。如果我們的比率與相比較的其他人的比率相等，那就是公平狀態。這時，人們認為他們所處的環境是公平的（公平極為重要）。當人們感到比率不相等時，人們就會進入緊張狀態。亞當斯認為，這種消極的緊張狀態能提供一種動機使人們採取行動以糾正這種不公平。

報酬包括了晉升機會、假期、各種津貼。貢獻則包括了時間、精力、經驗及能力等，但這些因素的重要性在於其工作表現，因此，工作表現便成為比較的貢獻因素。

公平比較（Equity Comparison）的對象——員工選擇的參照物使公平理論更加複雜。證據表明，所選擇的參照物是對象，是與自己工作類別和職位相當的人，這是公平理論中的一個重要變量。員工可以選擇4種參照物：

（1）自我—內部：第一類是員工自己在同一組織內不同職位的經驗，例如比較今年與去年的加薪幅度；

（2）自我—外部：第二類比較對象是自己若不在同一個組織中工作可得到的收益，又稱為市場價值（Market Price），即員工在當前組織以外的職位或情境中的經驗；

（3）別人—內部：第三類比較對象是自己的同事，即員工所在組織中的其他人或群體；

（4）別人—外部：第四類比較對象是不在同一個組織中工作的朋友、親人等，即員工所在組織之外的其他人或群體。

公平比較會得出如下的結果：

第一種是雙方報酬與貢獻的比例相當，感到得到公平的待遇；

第二種是自己的報酬與貢獻的比例比別人高，這是一種不公平的待遇，但自己樂於

[①] John Stancy Adams. Toward an understanding of inequity [J]. Journal of Abnormal and Social Psychology, 1963, 67 (5): 422-436.

接受；

　　第三種是自己的報酬與貢獻的比例比別人低，感到極度不公平。

　　當感到不公平的時候，會造成不安或不滿的感覺，因此會想辦法使不公平待遇變得較為公平。最經常使用的方法是改變比較對象，由於不同的比較對象會造成不同的比較結果，常言道，「比上不足，比下有餘」。

　　從歷史上看，公平理論著眼於分配公平（Distributive Justice），即個人之間可見的報酬的數量和分配的公平，這實質上是著眼於分配結果的公平。但是公平也應考慮程序公平（Procedural Justice）——用來確定報酬分配的程序的公平，這實質上是著眼於機會與過程的公平。有證據表明，分配公平比程序公平對員工的滿意度有更大的影響，相反，程序公平更容易影響員工的組織承諾、對上司的信任和流動意圖。

　　所以管理者需要考慮分配的決策過程應公開化，應遵循一致和無偏見的程序，採取類似的措施增加程序公平感，通過增加程序公平感，使員工對工資、晉升和其他個人產出不滿意時，也能以積極的態度看待上司和組織。這要求管理人員做到：

　　（1）管理人員應該理解下屬對報酬做出公平比較是人的天性，管理人員要瞭解下屬對各種報酬的主觀感覺。公平理論對我們有著重要的啟示是，讓我們認識到影響激勵效果的不僅有報酬的絕對值，還有報酬的相對值。

　　（2）為了使員工對報酬的分配有客觀的感覺，管理人員可以讓下屬知道分配的標準。公平理論告訴我們，激勵時應力求公平，使等式在客觀上成立，儘管有主觀判斷的誤差，也不致造成嚴重的不公平感。

　　（3）要達到理想的激勵作用，更應在工作前便讓下屬知道這個標準。

　　（4）管理人員應瞭解下屬可能因為感到不公平而產生的負面反應，這時應與下屬多溝通，使他們在心理上消除不公平的感覺。在激勵過程中，應注意對被激勵者公平心理的引導，使下屬樹立正確的公平觀：①要使下屬認識到絕對的公平是不存在的；②使下屬不要盲目攀比；③使下屬不要糾纏在按酬付勞方面，而應關注收益中的內在報酬（Intrinsic Rewards）。所謂的內在報酬是指員工從自身得到的報酬，包括參與決策、更多的責任、個人成長的機會、更大的工作自由和權限等。

二、弗魯姆的期望理論（Vroom's Expectancy Theory）

　　維克多·弗魯姆（Vroom, 1964）的期望理論（Expectancy Theory）旨在預測員工花在工作上的努力或通過解答「為什麼不同的員工花在工作上的努力有所不同」這一問題，使管理人員可以懂得怎樣激勵下屬。

　　期望理論是以個人的努力（Effort）、績效（Performance）以及與績效相關的預期回報（Outcome）之間的關係為基礎的，即一種行為傾向的強度取決於個體對於這種行為可能帶來的結果的期望強度以及這種結果對行為者的吸引力。具體而言，員工努力工作有三項因素：

（1）員工對付出努力後可以達到理想工作表現的預期（Expectancy）。由於工作表現不單受員工付出努力所影響，還同時受到員工的能力和上司提供的支持所影響，所以努力和工作表現沒有必然的聯繫。只有當員工認為努力會帶來良好的績效評價時，他才會受到激勵，進而付出更大的努力。

（2）員工對於達到理想工作表現後可得到各種報酬的預期（Instrumentality）。除了工作表現外，報酬的分配還會受到很多因素的影響，例如，組織資源是否足夠和上司是否公正等因素，所以工作表現和報酬的分配沒有必然的聯繫；又如，得到上司的贊賞或晉升等，假如上司在工作前沒有訂立明確的分配獎賞的規則，下屬便會對報酬的分配有不同的預期。只有當員工認為良好的績效評價會帶來組織獎勵，如加薪或晉升時，他才會受到激勵，進而付出更大的努力。

（3）影響員工花在工作上的努力因素是他們對各種獎賞的價值觀（Values）。價值觀代表了各種獎賞對員工的重要程度，有些人會很看重晉升的機會，有些人會很看重金錢的回報。只有當員工認為組織獎勵和回報會滿足他的個人目標時，他才會受到激勵，進而付出更大的努力。

期望理論預測員工所付出的努力是由這三項因素共同決定的，而且三種因素缺一不可。例如，當員工預期無論他怎樣努力也不可能帶來良好的理想的工作表現時，他想得更多的是如何放棄這份工作，而不是怎樣努力工作；當員工認為良好的工作表現與報酬沒有關係的時候，他們也不會積極爭取良好的工作表現；最後，假如員工不重視各種回報，他便會缺乏動力去努力工作。[1]

期望理論有助於解釋為什麼許多工人在工作中沒有受到激勵而只求得過且過，這個理論提出的三項關係是使員工的激勵水準達到最大化的必須回答的問題。

管理人員要小心處理這三項因素，便可以有效提高下屬工作的動力，積極爭取良好的工作表現：

（1）在提高員工對達到良好的工作表現的預期方面，上司可以在聘請員工時選擇有能力完成工作的人；

（2）在員工工作前，向員工提供適當的訓練；

（3）在員工工作時，向他們提供足夠的支持；

（4）在提高員工對得到適當的回報的預期方面，上司應盡量做到以工作表現來分配各種報酬，並向員工清楚解釋各種回報的原則和方法，在分配報酬時應公正不阿；

（5）上司應盡量瞭解各員工不同的需求，盡量向各員工提供他們認為重要的回報。

總之，期望理論的關鍵是瞭解個人目標以及努力與績效、績效與獎勵、獎勵與個人目標滿足之間的關係。

---

[1] Victor H Vroom. Work and motivation [M]. New York: John Wiley, 1964.

三、洛克的目標訂立理論（Locke's Goal-setting Theory）

美國馬里蘭大學教授、動機因素心理學家愛德溫‧洛克（Locke, 1968）認為，人的行為是有目的的，因為每一個人都在花費很大的心血以達到各種目標。目的可以理解為目標，目標有兩大特徵：一是目標難度，二是目標承諾（就是自己下決心的程度）。按照洛克的觀點，目標難度和目標承諾共同決定成績水準。洛克提出，指向一個目標的工作意向是工作激勵的主要源泉。假如適當地訂立目標及妥善地管理工作進展，工作目標能夠有效地激勵員工提高工作的效率。也就是說，目標告訴員工需要做什麼以及需要付出多大努力。[1] 事實有力地支持了目標的價值。更重要的是我們可以這樣說：明確的目標能提高績效；一旦我們接受了困難的目標，會比容易的目標獲得更高的績效；有反饋的目標比無反饋的目標會帶來更高的績效。

工作目標對提高工作效率有著積極的意義，主要表現在：

（1）訂立較難完成的工作目標可使職工更加努力工作，當他們意識到要完成困難的目標，便會盡力地工作。具體的、困難的目標比籠統的目標「盡最大努力」效果更好。目標的具體性本身就是一種內部激勵因素。我們可以說，在其他條件相同時，有具體目標的車工比沒有目標或只有籠統目標「盡最大努力去做」的車工做得更好。

（2）訂立目標能使職工清楚上司對他們的要求，把他們的精神及時間花在正確的方向上。如果能力和目標的可接受性這樣的因素保持不變，我們可以說，目標越困難，績效水準越高。但是，合乎邏輯的假設是目標越容易則越可能被接受。不過一旦員工接受了一項艱鉅的任務，他就會投入更多的努力，直到目標實現、目標降低或放棄目標。

（3）目標使人更仔細地選擇完成工作的方法，在工作之前做出詳盡的計劃。

（4）工作表現比在沒有工作目標計劃下進行得更好。當人們獲得了在追求目標的過程中的反饋時，人們會做得更好，因為反饋能幫助他們認清已做的和要做的之間的差距，也就是說，反饋引導行為。但並不是所有的反饋都同樣有效。自我反饋（此時員工能控制自己的進度）是比外部反饋更強有力的激勵因素。

在某些情況下，參與式的目標設置能帶來更高的績效；在其他情況下，上司指定目標時績效更高。參與的一個主要優勢在於提高了目標本身作為工作努力方向的可接受性。正如我們提到的，目標越困難阻力越大，如果人們參與目標訂立，即使是一個困難的目標相對來說也更容易被員工接受。原因在於，人們對於自己親自參與做出的選擇投入程度更大。因此，儘管在可接受性一定的情況下，參與式的目標並不比指定的目標有優勢，但參與確實可以使困難的目標更容易被接受，並提高採取行動的可能性。目標訂立理論體系見圖 6-1 所示。

---

[1] Edwin A Locke. Toward a theory of task motivation and incentives [M]. Organizational Behavior and Human Performance, 1968, 3 (5): 157-189.

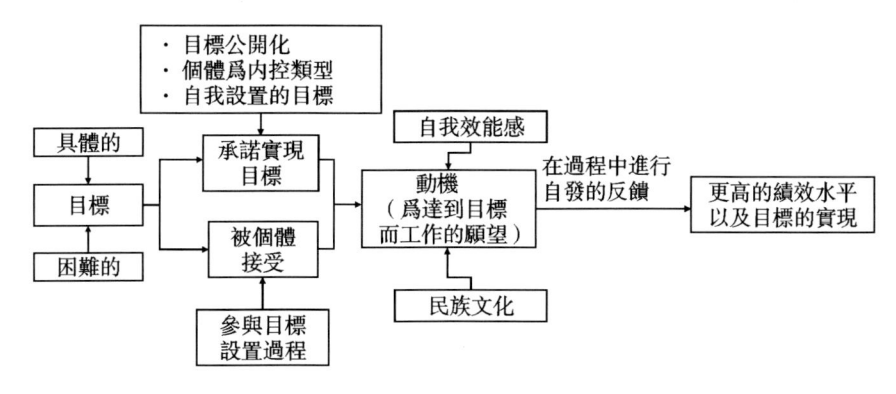

圖 6-1　目標訂立理論

在實際經濟生活中，我們必須對訂立目標的條件有一個清楚的認識。這需要考慮以下幾個方面：

（1）目標的困難程度必須適中；
（2）工作目標必須明確，最好能清楚地量度目標是否能實現；
（3）在工作進行過程中，應該給職工提供反饋意見；
（4）員工必須投入工作目標中，努力向著目標進發。

我們的最後結論是有一定難度的具體目標和工作意圖結合起來才是有效的激勵力量。在適當的情況下，目標可以帶來更高的績效。但是，沒有證據證實這種目標和工作滿意度的提高有關。

四、認知過程理論小結

認知過程理論認為當組織把外部報酬作為對良好績效的獎勵時，來自個人從事自己喜歡做的工作的內部獎勵就會減少。換言之，如果我們給予一個從事自己感興趣工作的人外部獎勵，會導致他對任務本身的興趣降低。

為什麼會出現這樣的結果？最常見的解釋是這個人失去了對他自己行為的控制能力，所以以前的內部激勵就消失了。更進一步，外部獎勵的取消會使一個人對他從事某項工作的因果關係的看法發生變化，即從外部解釋轉變為內部解釋。

如果認知過程理論是有效的，應該對管理實踐有重大意義。多年來，在薪資專家中流行著這樣的話：如果工資或其他外部報酬要成為有效的激勵因素，它們必須根據個人的績效而隨機應變。但是，認知過程理論專家會說，這只能降低一個人對從事這項工作所產生的內部滿意度。事實上，如果認知過程理論是正確的，其意義在於為了避免內部動機降低，應該使個人的工資不隨績效的變化而變化。

我們認為，外部獎勵和內部獎勵的相互依賴關係確實是一種客觀事實。但從整體來看，該理論對員工激勵的影響可能遠沒有我們以前所認為的那樣大。

從某種意義上說，影響工作滿足感的因素可以歸為四類：①對工作及工作有關的報

償的價值判斷及偏好；②獲得各種工作及有關報償的機會；③與他人比較之下，個人工作情境的優勢和劣勢；④個人的價值偏好、人格特質和文化因素。

第四節　激勵計劃的設計

　　管理學家和實際工作者們提出了許多可以激勵工人而能夠收到更大成效的管理計劃。在這些計劃中，包含最多的內容一般包括：豐富工作內容、金錢獎勵、行為修正、職工參與管理、授權等。

一、工作內容豐富化

　　激勵的研究和分析十分強調使工作具有挑戰性和富有意義的重要性，這既適用於管理人員的工作，也適用於非管理人員的工作。工作內容豐富化（Job Enrichment）和赫茨伯格的激勵理論有密切關係，在這理論中，諸如挑戰性、成就、贊賞和責任等都被認為是真正的激勵因素。

　　工作內容豐富化也叫充實工作內容，是指在工作內容和責任層次上的基本改變，並且使得員工對計劃、組織、控制及個體評價承擔更多的責任。充實工作內容主要是讓員工更加完整、更加有責任心地去進行工作，使員工得到工作本身的激勵和成就感。

　　工作內容豐富化應該和職務內容的擴大相區別。職務內容的擴大或工作擴大化（Job Enlargement）是企圖用職務工作內容有更多變化的辦法，來消除因重複操作帶來的單調乏味感。它意味著職務工作範圍的擴大，只是增加了一些與此類似的工作，而並沒有增加責任。工作擴大化擴大了工作的範圍，工作內容豐富化則增加了工作的深度（Job depth），也就是讓員工對自己的工作有較大的自主權，同時肩負起某些通常由其監督者來做的任務——規劃、執行及評估其工作，從而在工作中建立一種更高的挑戰性和成就感。

　　一項工作可以通過多樣化來使它豐富起來。但也可以用下面的辦法使工作豐富起來：①在決定某些事情如工作方法、工作順序和工作速度，或接受還是拒收材料等方面，可給工人更多的自由；②鼓勵下屬人員參與管理和鼓勵工人之間相互交往；③加強工人對他們個人任務的責任感；④採取步驟以確保讓職工能夠看到他們的任務以及對企業的產成品和福利方面的貢獻；⑤最好在基層管理人員得到這種反饋之前，把職工的工作完成情況反饋給他們；⑥在分析和變動工作環境的物質方面，如辦公室或廠房的質量、溫度、照明和清潔衛生等，要讓職工參加。

　　有些方法可以用來使工作內容豐富化且卓有成效，並能起更高水準的激勵作用：

　　第一，我們必須更好地瞭解，人們需要什麼。正如某些激勵研究者所指出的那樣，要求因人而異和因情況而異。研究表明，技術水準要求低的工人更需要這樣一些因素，

如工作安全、工資報酬、利益、限制較少的廠規，以及更富有同情心和能體諒人的基層領導等。隨著人們在企業中逐級晉升時，我們發現，其他一些激勵因素變得日益重要了。但是高層次的專業人員和管理人員並不是工作豐富化的研究對象。

第二，如果提高生產率是工作豐富化的主要目標，則這種計劃必須說明職工將會因此而有什麼好處，人們對工作的興趣將會有很大的提高。

第三，人們願意參與管理，歡迎上級多與他們溝通、商量。並給予機會提出建議，他們希望和別人一樣被平等對待。

第四，人們希望能感覺到他們的管理人員是真正關心他們的，職工們想要知道他們正在做什麼以及為什麼要做。他們喜歡能得到關於他們工作成績的反饋，獲得對他們工作的正確評價和贊賞。[1]

二、金錢獎勵

要使工薪（Wages）成為一種有效的激勵因素，在各種職位上的人們，即使級別相當，但給予他們的薪水和獎金也必須能反應出他們個人的工作業績（Work Efficiency），也許我們不得不實行可比工資和薪金的辦法。但一個管理良好的公司絕不要求對相同的業務在獎金方面加以限制。實際上很明顯，除非管理人員的獎金主要是根據個人業績來發給，否則企業儘管支付了獎金，對他們也不會有很大的激勵。要保證金錢是作為對完成任務的報酬，而且是作為由於完成任務而使人們滿意的一種手段，所以要盡可能根據業績進行報償。

金錢獎勵只有當預期得到的報酬與目前個人收入相比差距較大時，才能起到激勵作用。問題是很多企業增加了工資和薪水，甚至支付了獎金，但沒有達到足以激勵這些接受者的程度。金錢獎勵能使人免於產生不滿和另外去找工作，但除非它足夠有作用，否則，金錢便不會成為一種強有力的激勵因素。

經濟學家和絕大多數管理人員傾向於把金錢獎勵放在高於其他激勵因素的位置上。然而，行為科學家傾向於把金錢獎勵放在次要地位。也許這兩種看法都不是正確的。但如果要使金錢獎勵能夠成為一種激勵因素，管理人員必須記住下面幾件事。

第一，金錢獎勵對那些掙錢養一個家庭的人來說要比那些已經功成名就的、在金錢方面的需求已不再迫切的人重要得多。金錢是人們獲得最低生活標準的主要手段，它的最低標準隨著人們日益富裕而有提高的趨勢。例如，一個人過去曾滿足於一所房子和一輛廉價汽車，可能現在卻要有一所又大又舒適的房子和一輛豪華的轎車才能使他同樣滿意。即使在這些方面也還不能一概而論。對於某些人來說，金錢卻是極其重要的，而對另外一些人來說可能就不那麼看重。

第二，在大多數工商業和其他企事業中，金錢實際上是用來作為保持一個組織機構配

---

[1] Stephen P Robbins. Organizational behavior: concepts, controversies and applications [M]. Englewood: Prentice-Hall International Inc, 2005.

備足夠人員的手段，而並不作為主要的激勵因素，這可能是十分正確的，各種企業在他們的行業和他們的地區範圍內使工資和獎金具有競爭性，以便吸引和留住他們的職工。

第三，金錢獎勵是一種激勵因素，但為了確保在一個公司裡各類管理人員薪金相對平均，效果往往有所減弱。換句話說，我們常常十分注意確保人們在相應的級別上可以得到相同的或大體相同的報酬。這是可以理解的，因為人們通常參照同他們地位相當的人的收入來評價他們的報酬。

三、行為修正

伯爾赫斯·弗雷德里克·斯金納（Skinner，1969）的強化理論（Reinforcement Theory）強調環境對人的行為的影響作用。人們可以用這種正強化或負強化的辦法來影響行為的後果，從而修正其行為，因此，強化理論也叫作行為修正理論（Behavior Modification）。[1]

強化理論家把行為看成是由環境引起的，他們認為你不必關心內部認知活動，控制行為的因素是外部強化物，在行為結果產生之後如果能馬上跟隨一個反應，則會提高行為被重複的可能性。

斯金納認為，人或動物為了達到某種目的，會採取一定的行為作用於環境，當這種行為的後果對自身有利時，這種行為就會在以後重複出現；對自身不利時，這種行為就減弱或消失。人們可以用這種正強化或負強化的辦法來影響行為的後果，從而修正其行為，這就是結果律（Law of Effect）。所謂強化（Reinforcement），從其最基本的形式來講，指的是對一種行為的肯定或否定的後果（報酬或懲罰），它至少在一定程度上會決定這種行為在今後是否會重複發生。根據強化的性質和目的，可把強化分為正強化和負強化。在管理上，正強化就是獎勵那些組織上需要的行為，從而加強這種行為；負強化就是懲罰那些與組織不相容的行為，從而削弱這種行為。正強化的方法包括獎金、對成績的認可、表揚或改善工作條件和人際關係、安排擔任挑戰性的工作、給予學習和成長的機會等。負強化的方法包括批評、處分、降級等，有時不給予獎勵或少給獎勵也是一種負強化。

強化過程就是運用強化物來控制行為的過程。瞭解強化過程有助於管理人員深刻認識人們是怎樣學習的。強化無疑對行為有重大影響，但極少有學者認為它是一種唯一的影響因素。

強化理論不是一種激勵理論，但它確實對控制行為的因素提供了有力的分析工具，正因如此，人們一般把它當作一種激勵理論來討論。我們認為，強化理論是一種行為修正、控制行為的分析工具，而不是一種激勵理論。

---

[1] Burrhus Frederic Skinner. Contingencies of reinforcement: a theoretical analysis [M]. New York: Appleton-Century-Crofts, 1969.

四、職工參與管理

作為激勵理論和研究的結果而受到強有力支持的一種方法,就是職工參與管理(Participative Management)。這一方法日益得到人們的認可並被運用,毫無疑問,很少有人參與商討和自己有關的行為(參與行動)而不受激勵的。也不會有人懷疑:在一個工作中心裡的大多數人既知道問題之所在,又知道如何解決問題。因此,讓職工恰當地參與管理,既能激勵職工,又有利於企業獲得成功。

使職工參與管理也是一種手段,它能滿足歸屬的需求和受人贊賞的需求。尤其是,它給人以一種成就感。但是鼓勵職工參與管理不意味著管理人員削弱他們的職能。通常,最好的下屬人員不會以任何方式干預上級,並且幾乎沒有下屬人員會對空洞無味的上級產生尊敬。

五、授權

通過授權(Empowerment)滿足員工高層次的需求,這是當代激勵計劃設計的一個重要方面。美國學者托馬斯和範爾索絲(Thomas & Velthouse, 1990)從心理學角度理解授權的含義,他們認為,作為內在任務激勵,授權通過四種認知來體現,以反應個人工作角色的導向,四種認知是由意圖(Meaning)、影響(Impact)、競爭力(Competence)、選擇(Choice)等四個維度構成的。[1] 授權就是「和一線員工共享有關組織績效的信息,共享有關基於組織績效的報酬信息,共享能促使他們理解組織績效並為之奉獻的知識,提供給他們能影響組織方向和績效的決策權」。[2] 授權就是權力共享,從組織的最高層開始實施權力下授。把權力或職權授予組織內部的下屬,領導與下屬分享權力,以便使下屬實現既定目標。員工享有的權力越大,越有利於提高他們的工作水準,因為員工一旦擁有了更多的權力,就能夠更好地提高自己的工作效率,自主選擇最適宜的工作方式,並充分發揮自己的創造力。[3] 事實上,組織中的許多人假如十分努力上進,授權就恰好給予了他們施展才華、釋放動力的機會。研究表明,大多數人都具有檢驗自我效力(Self-efficacy)的需要,即人們需要知道自己有能力做出成果,從而產生成就感。[4]

授權意味著要給予員工更隨意完成工作所需要的四個要素:信息、知識、權力與獎

---

[1] Kenneth W Thomas, Betty A Velthouse. Cognitive elements of empowerment: an interpretive model of intrinsic task motivation [J]. Academy of Management Review, 1990, 15 (4): 666-681.

[2] David E Bowen, Edward E Lawler. The empowerment of service workers: what, why, how, and when [J]. Sloan Management Review, 1992, 33 (3): 31-39.

[3] Jay A Conger, Rabindra N Kanungo. The empowerment process: integrating theory and practice [J]. Academy of Management Review, 1988, 13 (3): 471-482.

[4] Jay A Conger, Rabindra N Kanungo. The empowerment process: integrating theory and practice [J]. Academy of Management Review, 1988, 13 (3): 471-482.

勵。① ①授權可以使員工瞭解組織績效方面的信息；②授權可以使員工具有實現組織目標的知識與技能；③授權可以讓員工擁有制定決策的權力；④授權有利於員工根據組織獎勵計劃決定自己的績效水準。

我們認為，授權的本質就是上級對下級的決策權力的下放過程，也是職責的再分配過程；授權的發生要確保授權者與被授權者之間信息和知識共享的暢通，確保職權的對等，確保受權者得到必要的技術培訓；授權也是一種文化；授權是動態變化的。

六、賦予工作的意義

讓工作更有意義，或賦予工作的意義，這是滿足員工較高層次需求的一個重要方面，也是幫助員工獲得內在獎勵的一種途徑。當員工知道自己的工作對國家、民族、人民和社會公益事業具有重要意義時，往往會受到巨大的激勵。聰明的管理者都知道，要造就全身心投入的、受到高度激勵的員工，並使員工激發出較高的績效水準，重要的不是激勵措施與外在獎勵（如工資待遇），而是如何營造一種環境，使員工感覺自己的工作具有意義。今天，人們已經越來越意識到，管理的環境或管理者的行為造成了員工績效水準的差異，決定了員工在工作場所是否獲得好的成就。

當代管理者的行為重點不是如何控制他人，而是如何營造一種環境，以方便每個人學習、貢獻自己的力量並以不斷成長的方式做好工作場所中的每一項工作，使員工感受到工作對自己、組織和社會的意義。

本章復習思考題

1. 什麼是激勵？激勵的意義何在？
2. 簡述「X理論」和「Y理論」的基本觀點。
3. 簡述赫茲伯格的雙因素理論的主要內容。
4. 簡述亞當斯的公平理論的主要內容。
5. 比較成就需要理論與需要層次理論的異同。
6. 簡述弗魯姆的期望理論的主要內容。
7. 簡述洛克的目標訂立理論的主要內容。
8. 制訂有效的激勵管理計劃的原則有哪些？

---

① David E Bowen, Edward E Lawler. The empowerment of service workers: what, why, how, and when [J]. Sloan Management Review, 1992, 33 (3): 31-39.

第七章　領導

　　一個組織要生存和發展下去，就需要有效的領導。一個領導者是否有成效，取決於他的領導活動所取得的結果，集體活動的結果是體現領導者成就的標誌。一個有效的領導人能夠影響其下屬，使他們在現有的技能、才智和技術的水準下做出最高水準的成效。人們發現，任何一個幾乎全力以赴地工作的人們所組成的群體，都有某個善於領導藝術的人作為群體的首領。

　　對領導別人這個問題的興趣貫穿於人類集體和組織的整個歷史。但是，到了行為科學學派時才有了行為科學學家科學系統地分析了組織中的領導問題。他們發現，領導是一個複雜的過程，和許多理論和模式有聯繫。現有許多理論和模式是相互矛盾或重疊。

第一節　領導職能概述

一、領導的概念

　　在管理學中恐怕沒有幾個術語像領導的定義這樣不統一，一位管理學家說，有多少個管理學家，就有多少個領導的定義。

　　在中國，「領導」一詞有悠久的歷史。據段玉裁《說文解字註》的詮釋：「領猶治也。領，理也。皆引伸之義，謂得其首領也。」「導者引也。」[①] 由此可見，「領導」二字含有治理引導之義。在西方，據《牛津英語字典》所註：「領導者（leader）一詞最早是在1300年出現；而領導（Leadership）一詞直到1834年方才產生，其意義系指領導者的領導能力（Ability to Lead）。」《韋氏大辭典》則將領導解釋為獲得他人信仰、尊敬、忠誠及合作的行為（Neilson, Knott & Carhart, 1959）。

　　在管理學的文獻中，有多種領導的定義。人們對領導的看法眾說紛紜，見仁見智。美國紐約州立大學教授加里·尤克（Yukl, 1989）總結到：「領導是學者和普通人都感興趣的話題。領導這個詞讓人聯想到有權力、有力量的人。他們或者戰功赫赫、或者在閃亮的摩天大樓的頂層操縱著帝國或者影響國家的發展過程。相當一部分歷史文獻記載的是軍事、政治、宗教和社會領袖的事跡；許多傳說、神話的精髓就是勇敢、機智的領導者的開拓精神。領導具有如此廣泛深遠的迷人魅力，也許因為它既是一個神祕的過

[①] 許慎撰，段玉裁. 說文解字註

程，同時與我們每個人的生活息息相關。」①

從領導的定義中可以發現第二次世界大戰後行為科學理論的貢獻。加里‧尤克（Yukl, 2001）在《組織中的領導》一書中把領導定義為「個人的特徵」「個人的行為」「對別人產生影響」「相互影響模式」「不同角度的關係」「一項管理階層的工作」「別人對合法影響的看法」等。雖然各個定義有所不同，但有一個共同特徵，即「領導是一個影響別人的過程，領導就是影響人們自願合作以達成群體目標」。② 加里‧尤克的說法包括了各權威學者都同意的一個方面，即領導是某種施加合法影響的過程。許多學者還一致同意，在關於領導的定義中也包括「相互」的含義。

我們發現，不同管理學者對領導的定義可以歸納為：①領導就是影響力的發揮；②領導是一種倡導行為；③領導能促進合作；④領導是一種信賴的權威；⑤領導是協助實現目標的行動；⑥領導是實現組織目標的過程。

我們使用的是領導的廣義定義，它包含了目前有關這一主題的所有觀點。我們把領導定義為領導是一個個人向其他人施加影響的過程，以實現組織預定宗旨和目標的一種管理活動或行為。或者說領導（指揮）對群體的行為起著引導和指導的作用。

我們這裡強調的是兩點：一是施加影響。這種影響的來源可能是正式的，如來源於組織中的管理職位。由於管理職位總與一定的正式權威有關，人們可能會認為領導角色僅僅來自於組織所賦予的職位。但是，並非所有的領導者都是管理者，也不是所有的管理者都是領導者。僅僅由於組織提供給管理者某些正式權力並不能保證他們實施有效的領導。人們發現那些非正式任命的領導，即影響力是來自於組織的正式結構之外的領導，他們的影響力與正式影響力同等重要，甚至更為重要。換句話說，一個群體的領導者可以通過正式任命的方式出現，也可以從群體中自發產生出來。二是強調領導是一個過程。一個群體的領導和決策是個極為複雜的問題。正是由於這一複雜的過程，因而不能指望人們利用簡單而有效的模型進行思考。在關於領導的過程中，還有其他兩個重要因素。首先，領導的權力常常是由群體的全部或一部分成員自願地授予領導者的。其次，領導包括激勵群體成員努力達到群體目標。

無論是在理論研究還是實踐方面，「領導」與「管理」因而常被混為一談，甚至被誤認為管理即領導，領導即管理。霍伊和米斯克爾（Hoy & Miskel, 2004）認為，領導是一個難懂而又吸引人的主題，而管理也是一個普遍應用的名詞，但其內涵意義，卻往往隨應用場合而異。③ 哈佛大學教授約翰‧科特（Kotter, 1990）認為，管理包括：①規劃與預算（Planning and Budgeting）；②組織與安置（Organizing and Staffing）；③控制與解決問題（Controlling and Problem Solving）。領導包括：①確立方向（Establishing Direc-

---

① Gary A Yukl. Leadership in organizations [M]. Englewood: Prentice Hall, 1989.
② Gary A Yukl. Leadership in organizations [M]. Englewood: Prentice Hall, 2001.
③ Wayne K Hoy, Cecil G Miskel. Educational administration: theory, research and practice [M]. New York: Mc Graw-Hill College, 2004.

tion），這包含發展為實現目標的遠見與策略；②促使人員合作（Aligning People），這包含溝通努力的方向與確保成員合作；③激勵與鼓舞（Motivating and Inspiring），這常需要訴諸非常基本的人性需求、價值意義與感情。[1] 科特（Kotter，1997）強調，領導補充了管理，但不能代替管理，領導和管理具有不同的分工。[2] 領導必須保證做正確的事，這是屬於科學決策的研究範疇；而管理必須保證把領導確定的事情做成功，這是屬於行為科學理論的研究範疇。在實踐中，更需要解決的問題是如何用正確的方法去做正確的事情。如何正確地做事，這是行為科學、管理科學等學科需要共同努力的事。

哈羅德‧孔茨指出：「領導的作用就是誘導或勸說所有的下屬或隨從人員以最大的努力，自覺地為實現組織的目標做出貢獻。」[3] 因此，具有領導能力的人至少具有四個主要的才能，即：①有效地並以負責的態度運用權力的能力；②能夠瞭解人們在不同時間和不同情況下有不同的激勵因素的能力；③鼓勵人們的能力；④以某種方式來形成一種有利的氣氛，以此激勵人們。

二、領導者的職責

職責是領導的根本屬性，是指領導職位所確定的責任，即職責。領導者要正確履行職責，否則就是失職，因此，領導的職責比職權的意義更為重要。

我們認為，領導者的職責可以分為廣義的職責和狹義的職責。領導者在進行管理活動時，其職責應體現管理的某些職能。狹義的領導職責包括：科學決策；合理用人；統籌協調；統一指揮。

狹義的領導職責包括：

第一，科學決策。這是領導的首要職責。決策就是為達到某個目標，在若干備選方案中選擇一個合理的方案的過程。塞爾茲尼克（Selznick，1957）指出，領導與關鍵的決策相關。[4] 各級領導者，無論層次高低，都有責任對面臨的許多問題做出決策，只是因所在層次不同，其決策的內容和重要程度不一樣。

第二，合理用人。選賢任能，唯才是舉，這是領導的又一基本職責。人是生產力的基本要素，人才是事業成功的關鍵。為了實現目標，成就事業，各級領導者有責任去吸引人才、發現人才、團結人才和使用人才。老子《道德經》曰：知人者智，自知者明；勝人者有力，自勝者強。[5] 成功的領導者都是能清醒地認識自己定位的人，都是把握方向的人，而不是在所有方面都是最強的人。從歷史的角度看，漢高祖劉邦雖然不識字，但卻是領導他人的高手。據《史記‧高祖本紀》記載，劉邦在楚漢之爭中勝利後，曾在

---

[1] John P Kotter. Find force for change: how leadership differs from management [M]. New York: Free Press, 1990.
[2] John P Kotter. Matsushita Leadership: lessons from the 20th century's most remarkable entrepreneur [M]. New York: Free Press, 1997.
[3] Harold Koontz, Cyril O'Donnell. Essentials of management [M]. New York: Mc Graw-Hill Book Co, 1972.
[4] Philip Selznick. Leadership in administration [M]. New York: Harper and Row, 1957.
[5] 任繼愈. 老子今譯

洛陽南宮舉行了一個高層峰會。期間，劉邦問部下：我得天下與項羽失天下的原因是什麼？部下們眾說紛紜。在聽了眾多解釋後，劉邦很不贊同，他自己發表了那則極具震撼性的演講：「運籌帷幄之中，決勝千里之外，我不如張良；鎮定國家，穩定後方，充實軍餉，我不如蕭何；統帥軍馬，衝鋒陷陣，戰必勝，攻必取，我不如韓信。此三人可謂當今豪杰，但我能悉心委用，所以得天下。而項羽只有一個範增，尚不得重用，這就是他滅亡的緣故。」① 由此，我們可以把這稱之為「劉邦定律」，即：知人善任。

第三，統籌協調。統籌協調是指協調組織內部和外部各單位、部門的工作或活動，使之建立良好的協作關係，以有效地實現組織的宗旨和目標。各級領導者有責任防止因組織內部分工過細帶來的不協調和扯皮現象，加強協調工作，建立良好的協作關係。

第四，統一指揮。統一指揮是指一個下屬只應接受一個領導人的命令，避免因多頭指揮而產生低效率。各級領導者有責任對本單位的工作實行統一指揮。領導者可越級檢查下屬的工作，但不可越級指揮；其下屬可越級向他反應情況，但不可越級請示工作。

廣義的領導職責有不同角度的解釋，可以分為：心理學角度的解釋；社會學角度的解釋；相互影響角度的解釋。

第五，心理學角度的解釋。心理學觀點認為，領導者的主要職責在於建立有效的激勵制度。領導者必須能夠激勵下屬為本組織的目標做出積極的貢獻，同時又能滿足各種各樣的個人需求。領導的要素之一是對人要有基本的理解。在所有實際工作中，懂得激勵理論、各種激勵因素和激勵制度的性質，這是一件事，針對不同的人和情境運用這類知識的能力，卻是另一件事。一名領導者如果懂得激勵理論的現狀和理解激勵的要素，那麼，他也能更多地理解人的需求的性質和強度，也就更能界定和設計滿足這類需求的方法並加以管理，以便達到預期的反應結果。在這方面，馬斯洛的需求層次理論可以為領導者建立最有效的激勵模型。

應當注意，心理學觀點所強調的主旨，包含領導要協助下屬滿足他們的多種需求。如果做不到這一點，可以視其為能力低下的領導。

第六，社會學角度的解釋。社會學的觀點把領導職責看作是一種提供便利的活動。例如，領導者可以確立目標，並協調下屬們在組織中的衝突，並通過這些活動來施加影響。英特爾公司（Intel）總裁安迪·格羅夫（Andy Grove）可謂是數字化時代領導力的典範。格羅夫說，領導者必須比以往更迅速地行動。「來自員工、股東和董事們的壓力迫使他們比 5~10 年前更快採取行動，因為信息傳輸的速度快多了」。英國芯片設計商 ARM Holdings 公司人力資源總監比爾·帕森斯（Bill Parsons）表示，為員工建立方向感的領導才能成功。

領導的要素之一同領導者的作風和領導者所營造的組織氣氛有關。我們認為，管理人員的首要任務是設計一個良好的工作環境，這個觀點是正確的。

---

① 司馬遷. 史記·高祖本紀

目標的確立可以為下屬提供必要的方向；目標也將影響下屬之間相互作用的格局。但認為領導者總是可以確定目標和解決矛盾則是錯誤的。領導者將促進下屬的活動的設想是正確的。

第七，相互影響角度的解釋。領導者施加影響和做出決定的權力是組織賦予的。可是，為了有效地完成領導者的職責，影回應該被看成是相互作用的。為了要施加影響，領導者本人也要在某種程度上受到下屬的影響。當然，領導者應當對下屬的感受比較敏感，並願意接受下屬的建議。

從這個意義上講，我們可以把領導定義為領導者與其追隨者之間相互影響的過程，同時其他一些學者提出，群體中領導的存在至少要滿足以下三個條件：①領導人必須證明（自己）已經取得了一些成績；②領導人的行為及產生的影響之間的關係必須是顯而易見的；③領導人採取的行動，應該引起組織成員行為的真正改變並確保其成果。[1]

從某種意義上說，領導是影響人們為實現群體的目標而努力的過程，在這一過程中，領導者也要在某種程度上受到下屬的影響。實踐證明，試圖通過強制或使人懼怕來施加影響的領導者最終總是要遇到問題。

我們認為，關於領導的這種彼此均享的觀點含有一個重要的啟示：影響可分割與共享，而且雙方都能得益。

第二節　領導者的權力

權力是領導的基本標誌，權力是某些人對其他人產生預期效果的能力。[2]

從某種意義上說，權力是一種稀缺資源，擁有權力就意味著可以對一定的人力、物力、財力等的支配和控制，因此，權力也就成為很多人競相追逐的對象。權力是實現領導的手段。

領導者為了能履行其職責（Responsibility），必須在一定的職責範圍內具有相應的權力。「權不欲見，素無為也」[3]，講的就是這個道理。職權（Authority）是管理職位固有的發布命令和希望命令得到執行的一種權力。個人對職位權力的擁有可以來自上級部門的正式的合法授予，職權是把組織緊密結合起來的粘合劑（Bond）。一般來說，職權應當授權給下屬管理人員。要授予下屬管理人員一定的權力，並規定他們在限定範圍內行使這種權力。每一個管理職位都具有某種特殊的、內在的權力，任職者得到這個「職

---

[1] Andrew J Grimes. Authority power influence and social control: a theoretical synthesis [J]. Academy of Management Review, 1978, 3 (4): 724-737.

[2] 這一定義來源於丹尼斯·朗（Dennis H Wrong），可以看出這一定義是在伯蘭特·羅素（Bertrand Russell）給出的定義的基礎上的修改。參見丹尼斯·朗. 權力論

[3] 韓非. 韓非子

位」就擁有這個職位上的合法權力，這是組織安排的權力。因此，職權與一定的職位相關，而與擔任該職位的個人特徵或特性無關，也就是說，職權與任職者無直接關係。

現代組織理論認為，組織是龐大而複雜的人造系統，系統中包含著成百上千的成員。這些系統有著正式的層級制。在層級制中總有任務較之其他更為重要，而不管這個任務由誰來執行。另外，總有一些職位擁有較多的資源，或者對組織有著更重要的作用。於是，組織中重要的權力過程反應著更深層次上的組織關係，無論是縱向關係還是橫向關係。組織中的權力通常屬於職位，而不從屬於個人。因此，組織的權力是結構性特徵的結果。①

職位權力應與職責對等。授權的時候，應該授予相對稱的職責，即一個人得到某種「權力」，他也就承擔了相應的「責任」，這種與在職者的職務活動相聯繫的責任，被稱為職責，也就是為完成一個確定的任務所必須履行的義務。授權不授責就會製造濫用職位權力的機會，會造成不良後果。

有的時候，權力不一定與一個人在組織中所處的地位完全相關。一個人不一定是管理者，也可以擁有權力。一個人如何獲得權力？按照小約翰·弗蘭奇和伯蘭特·雷文（French & Raven, 1959）的觀點，把權力分為職位權力和個人權力兩大類。共有五種來源或基礎，即合法權力、強制權力、獎賞權力、專家權力和參照權力。

一、職位權力（Position Power）

職位權力就是職權。但人們常把它與權力混淆。職位權力是一種基於掌握職權的人在組織中所居職位的合法權力，職權是與職務相伴隨的；權力則是指一個人影響決策的能力。職位權力是權力的一部分，它只授予在職者。事實上，職位權力被正式、合法地授予後，便往往會在其周圍衍生出一些隱性的權力，而且這種權力會對戰略與策略的執行產生很大的影響。法國資產階級啟蒙思想家、法學家孟德斯鳩（Charles de Montesquieu）有一句名言，即「一切有權力的人都容易濫用權力，這是萬古不移的一條經驗。有權力的人們使用權力一直到遇有界限的地方才休止。」② 因此，必須對之予以識別並進行有效約束。

1. 合法權（Legitimate Power）

合法權也稱為法定權。所謂法定權，是指代表一定階級意志的法律所賦予某個人或團體對特定資源的支配權。例如《中華人民共和國憲法》第二條規定，「中華人民共和國的一切權力屬於人民」「人民行使管理國家權力的機關是全國人民代表大會和地方各級人民代表大會」。同樣，在中國《中華人民共和國公司法》中也規定，企業中權力的來源是股東，由於投資企業具有財產權，企業中的最高權力由股東代表大會來行使，在

---

① Ran Lachman. Power from what? A reexamination of its relationships with structural conditions [J]. Administrative Science Quarterly, 1989, 34 (2): 231-251.

② Charles de Montesquieu. The spirit of the laws [M]. London: Cambridge University Press, 1990.

企業內部，股東代表大會通過委託-代理關係把依法擁有的企業自主經營的權力委託給董事會，再由董事會委託給企業的經營管理班子等。

在實際經濟生活中，合法權由上司在組織機構中的地位決定。例如，公司經理比副經理有更多的權力。合法權力是組織章程或規則所授予的，代表一個人在正式層級中占據某一職位所相應得到的一種權力。合法權之所以能行之有效，是因為其背後有法律體系的支持，在國家層面上有《中華人民共和國憲法》，在企業層面上有《中華人民共和國公司法》等，這些權力最初是體現在最具代表性的一小部分核心群體之上，這也就是集權。對於高層管理者來說，集權是最有效率、最具保障性的顯性權力。由於組織目標的一致性必然要求組織行動的統一性，所以，組織實行一定程度的集權是必要的。而最高管理者要調動下屬的積極性，授權和分權是極其重要的管理手段，著名的管理學家法約爾早就提出集權和分權是管理的重要原則之一。

合法的權力遠比強制和獎賞權力廣泛，它包含著組織成員對某一職位權力的接受，如某國的總統、學校的校長、公司的老總發表講話時，某國的公民、學校的師生、公司的員工都會認真地聽，遵照講話的精神執行。

2. 獎賞權（Reward Power）

獎賞權是強制權的相對物。下屬認識到服從上司的意願會帶來積極的獎勵。這些獎勵可以是金錢（提高報酬）或非金錢獎勵（工作做得好而受表揚）。獎賞權力的反面是強制權力。一個能給他人施以他們認為有價值的獎賞的人，就對這些人擁有一種權力。獎賞的內容可以是其他人看重的任何東西。從組織的角度看，如金錢、職務的晉升，良好的工作評價，有趣的任務，滿意的工作環境等。

3. 強制權（Coercive Power）

強制權是建立在懼怕之上的權力。下屬認識到不服從上司的意願會導致懲罰（比如分配不稱心的工作、申訴）。強制權是建立在人們認識的基礎上的，即違背上司的行動、態度或指示的結果是懲罰。強制的權力，它依賴於懼怕的力量，由一些手段的使用或威脅來支撐。例如，由於不服從上司的意願受到上司的批評；肉體上的制裁，使其遭受痛苦；通過某些限制使人感到失意，或以生理上或安全上的基本需求的壓力來進行強制等。作為管理者，也有強制的權力，如安排給下屬做一項他不喜歡的工作，甚至令員工停職、降級直至解雇。

強制與獎賞實際上是一對相輔相成的權力，他們的共同點都是建立在下屬的意識基礎上的。如果上司能使下屬喪失對下屬認為是某一有益的東西，或者強加給下屬一種不想要的東西，上司就會對下屬擁有強制的權力。同樣，如果上司能給予下屬一種有益的東西，或者移走他所不想要的東西，那上司就擁有獎賞的權力。

二、個人權力（Personal Power）

個人權力可以同職位有關，也可能與職位無關。

1. 專家權（Expert Power）

具有這種權力的人是具有某些專門知識、特殊技能或知識的人。具有一種或更多種這樣的能力就會贏得同事和下屬的尊重和服從。專家權力，它來自專長、特殊技能或知識的一種影響力。隨著科學技術知識的突飛猛進，專家的權力在組織中越來越顯示出重要的作用。一個員工如果掌握了他所工作的小組操作的至關重要的某種信息知識，而這些知識又不被其他人同程度的掌握，那麼這個員工的專家權力就得到了顯示。因為這個員工可以用他的專長來獲得僅依靠其職位的權力所不能達到的目的。在這種情況下，組織的領導只有雇用有這方面知識的新人，以便使該員工的權力得到抑制。只要有人能替代該員工的技能時，該員工的專家權力也就消失了。

2. 參照權（Referent Power）

這種權力是建立在一位下屬對一位領導的認可上的。領導或許由於具有一種或更多的個人好品質而受到敬佩；或許是由於領導過去的成就得到下屬的認可和敬佩。正是出於這種敬佩，下屬能夠接受其影響。參照權力，這種權力的基礎是對一個人所擁有的獨特智謀或個人特質（個人所擁有的好品質、獨特的智謀或個人特質就是參照物）的一種確認。參照物產生於對他人的傾慕和希望自己等同於這人的心理，也可以將所確認的人稱作領袖魅力。如果傾慕某人，到了自己的言行都要模仿這個人的地步，那麼這個人對你擁有感召力。

三、權力取得的方法

研究權力與政治活動（Political Tactics for Using Power）的理論認為，權力來源於組織的結構。費弗等人認為，傳統的組織結構把相當多的權力分配給了高層的管理職位。高層管理者的權力來源（Power Source）主要有四個方面：正式的職位、資源、對決策前提和信息的控制與居於網絡的中心①；沿著層級制的權力分配受到組織設計因素的影響，高層領導幾乎總是要比中層領導擁有更大的權力，但分配給每一個既定職位或組織中某一群體的權力卻更多是基於組織結構設計體系本身。因此，中層管理者的權力來源則更多是基於組織結構設計體系本身，取決於組織向下授權的多少②。與處於組織高層的職位相比，低層職位的權力較少。但通常處於低層的人們所獲的權力與其職位並不成正比，他們有能力往上層施加影響。基層管理者的權力來源既同他們的職位資源（如領導者的秘書等）有關，又與他們的人性和技能有關③。

從個人角度來看，知識、經驗、意志、觀察、視野、忍耐、知人和人際關係等能力

---

① Jeffrey P Pfeiffer. Managing with power: politics and influence in organizations [M]. Boston: Harvard Business School Press, 1992.

② Rosabeth Moss Kanter. Power failure in management circuits [M]. Harvard Business Review, 1979, 57 (7): 65-75.

③ David C Wilson, Graham K Kenny. Managerially perceived influence over intradepartmental decisions [J]. Journal of Management Studies, 1985, 22 (2): 155-173.

的培養,是增加權力(影響他人的基礎)的重要手段。工作表現並非是取得職位的唯一手段,其他增加權力的手段如人際關係的建立和運用,並不亞於此,有時甚至重於工作表現。而且,工作表現依賴於上司、同事、下屬和其他依存關係人給予的機會、支持、協助以及評價。個人能力和綜合素質當然重要,孔子說的「恭、寬、信、敏、惠」[1] 和《孫子兵法》上講的「將者,智、信、仁、勇、嚴也」[2] 就指的是個人能力和綜合素質,這是將者的條件,也是獲得權力的基礎和來源。個人能力固然重要,但中國人特別講求人際關係和為人處世,個人的成功往往是個人能力與人際關係協調兩者的「邏輯乘」的關係。在這方面,中國古代經典著作《論語》《孟子》《菜根譚》等充分地反應了這種個人能力與人際關係兩者相互協調的思想。如圖7-1所示。

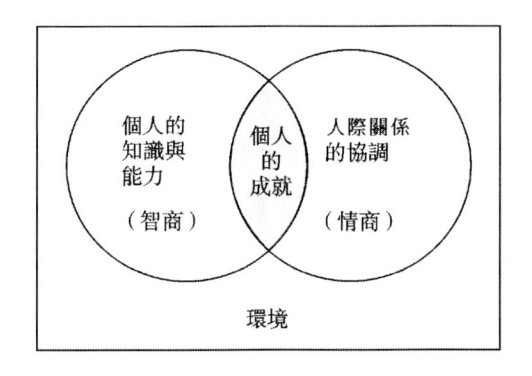

圖7-1 個人能力與人際關係的協調

從地位或職位角度來看,權力來自地位(Status),地位的佔有是取得權力的重要手段。地位就是韓非子所說的「勢」。「勢」帶來權力,使平庸者可以成就大事;韓非子主張的「勢、法、術」,無非就是對領導的「權力」二字的充分發揮。他說:「夫有才而無勢,雖賢不能制不肖。故立尺才於高山之上,而下臨千仞之谿,非才長也,位高也。」[3] 這句常被引用的話,說明「勢」(職位)的重要。有才(丈才)無權無法成事。平庸者(尺才)之所以傲視四周,並不在於他才智的長短,而在於他立於高處,高處(地位)給予權力,所以平庸者可以成就大業。從組織的角度看,職位是組織結構的一個單元,組織賦予該單元地位,即給予責任、資源控制和運用、獎懲等權限;同時,不論是正式或是非正式的,組織的結構顯示權力的網絡、權力的相互依存關係。因此,參加重要權力單位、增加職務的重要性、掌握重要信息及其渠道,以及爭取和順應組織結構的轉向和內容,都是取得權力的手段。經理人要想在組織中有所成就,必須瞭解這個勢,熟悉這個勢,並「乘勢」和「運勢」。

增強權力基礎的策略主要有:

---

[1] 論語 [
[2] 孫武. 孫子兵法 ·始計篇
[3] 韓非. 韓非子 [

（1）進入高度不確定的領域，識別、處理和消除關鍵的不確定性因素是增加權力的重要基礎。管理者個人和部門權力的一個來源就是處理關鍵的不確定性因素。[1] 如果部門管理者能夠識別關鍵的不確定性因素並能採取措施消除這些不確定性，那麼該部門的權力基礎將得以提高。一旦某種不確定性因素得到識別，該管理者或部門即可採取相應行動進行處理。不確定性的任務因其性質不可能馬上得以解決，此時就需要反覆試錯，這樣實際上對該管理者或部門有利。反覆試錯的過程給該管理者或部門提供了經驗和專業知識，其他管理者或部門無法輕而易舉地複製這些經驗和專業知識。

（2）創造依賴關係。依賴關係是另一種權力來源。[2] 當組織依賴於某一管理者或部門而得到信息、材料、知識或技能時，這個管理者或部門就掌握了支配其他部門的權力。通過產生義務，這種權力能夠不斷增加。個人掌握了對他人來說是不可或缺的信息，他人就對這個人有一種依賴關係，這是一種重要的權力來源。與此同等有效的相關策略是通過獲取必要的信息和技能來減少自己對其他部門的依賴。

（3）提供資源。資源對於組織的生存總是很重要的。匯集資源，並以資金、信息或便利條件等方式將其提供給組織的部門總是擁有相當大的權力。管理者個人主要是要掌握各種信息通道便可以擁有權力。

（4）圓滿地解決戰略權變（Strategic Contingencies）。戰略權變理論認為，組織內的或外部環境的某些因素對組織的成功至關重要。一個權變事件可能是一件關鍵的事件、一項不存在替代方案的任務，或者是一項不需要許多人協同完成的任務。對組織及其環境變化的分析將揭示戰略權變，在戰略權變的具有新奇性和難以圓滿解決的角度上，就存在某一個人進入這些關鍵的領域以增強個人的重要性和權力的空間。總之，組織內權力的獲得並不是隨機的，減少不確定性、增強自主性（Autonomy）、獲取資源、應對戰略權變事件的能力等，都能夠增強權力。[3]

四、運用權力和影響別人的技巧

要有效地領導別人，除了要具有各種權力之外，還要懂得各種運用權力和影響支配別人的技巧。中國古代先賢對此有一些論述，管子說：「凡將舉事，令必先出。日事將為，其賞罰之數，必先明之。」[4] 劉向說：「政有三而已：一曰因民；二曰擇人；三曰從時。」[5] 管理學在這方面的理論研究成果並不太多。[6] 尤克將各種影響別人的技巧歸納為

---

[1] David J Hickson, Robin Hinings C, Charles A Lee. A strategic contingencies theory of imtraorganizational power [J]. Administrative Science Quarterly, 1971, 16 (2): 216-229.
[2] Jeffrey P Pfeiffer. Power in organizations [M]. Massachusetts: Pitman Press, 1981.
[3] Jeffrey P Pfeiffer. Power in organizations [M]. Massachusetts: Pitman Press, 1981.
[4] 管仲. 管子
[5] 劉向. 說苑·卷七政理
[6] David Kipnis, Stuart M Schmidt, Ian Wilkson. Intra-organizational influence tactics: explorations in getting one's way [J]. Journal of Applied Psychology, 1980, 65 (4): 440-452.

五大類:[1]

（1）要善於理性地說服別人。即利用各種客觀的事實、數據和符合邏輯的論點來說服別人；

（2）要善於利用交換策略。特別是獎賞權力，答應下屬以各種利益來換取他們的努力工作；

（3）要對下屬提出合理的要求。利用職權，按照組織規定的規則、政策和慣例對下屬施加影響，提出合理的要求；

（4）要給下屬一定的壓力。要求他們完成各種工作，否則會對他們作出懲罰；

（5）利用領導者個人的吸引力。如利用雙方的友誼來要求他人協助。

除了以上各種直接影響別人的技巧之外，有的學者還提出了一些影響別人的間接技巧，如利用組織內的同事聯盟和向上級求援等間接方法來影響別人的技巧。[2]

1985年，本尼斯和奈納斯（Bennis & Nanus, 1985）在他們對90位商界領導人的研究中，提出了五種關鍵的領導技巧，而這些技巧我們通常並不把它們與領導行為聯繫在一起，它們是：

（1）按他人固有的生存方式接納他人的能力和技巧；

（2）以現在而不是過去的方式建立關係、處理問題的能力和技巧；

（3）與人們通常的行為不同，這個關鍵因素是對與自己關係密切的人、陌生人以及偶然認識的人一視同仁的能力和技巧；

（4）信任別人的能力和技巧；

（5）不需要老是要求別人批准和認可的獨立工作的能力和技巧。[3]

本尼斯和奈納斯得出結論認為，我們每個人都是潛在的領導，而領導的能力和技巧是可以學習的。在一定程度上領導可以說是「充滿了嘗試和錯誤，勝利和失敗……這裡沒有簡單的公式，沒有嚴格的科學，沒有能夠直接告訴你成功秘訣的烹調書。」[4] 他們的結論是直接從經驗中學習。

在實際工作中，領導者會蓄意或在不經意地運用各種不同的權力來影響下屬。由於「強制權力」與「獎賞權力」較容易受到領導者的控制，因此這兩種權力也較多地被使用。對於下屬來說，他們當然最喜歡上司運用「獎賞權力」；其次是「參照權力」。雖然利用「強制權力」可以在短時間內改變下屬的行為，但這種改變往往只能維持一個短暫的時間，而且利用懲罰來改變下屬的行為可能引起下屬的反感和情緒化的反應，會帶來不良的後果，對組織的長期運作是不利的。

---

[1] Gary A Yukl. Leadership in organizations [M]. Englewood: Prentice Hall, 2001.

[2] David Kipnis, Stuart M Schmidt, Ian Wilkson. Intra-organizational influence tactics: explorations in getting one's way [J]. Journal of Applied Psychology, 1980, 65 (4): 440-452.

[3] Warren Bennis, Burt Nanus. Leaders [M]. New York: Harper and Row, 1985.

[4] Warren G Bennis, Nanus B. Leaders: the strategy for taking charge [M]. New York: Harper and Row, 1985.

第三節　領導者的特徵

在 20 世紀初期，心理學家用心理測驗來測量人格之前，西方已發展出兩個古典的領導理論：一個為「偉人領導理論」（Great Man Theory of Leadership）；另一個為「時代精神理論」（Zeitgeist Theory），這兩個領導理論探究途徑均屬於歷史及哲學研究的範疇，而非科學實證研究的性質。

早期領導理論的研究深受西方古典領導理論的影響，主要是以探討領導者的特徵為主的，這個學派被稱為特徵領導理論（Trait Theories of Leadership）或偉人理論（Great Man Theories）。怎樣成為一個好的領導者，很難獲得一個滿意的答案。這個研究首先考慮的是領導者的特徵，即關於領導者的個人特性（Personality Factor），認為這是與成功的領導密切關聯的。特徵領導理論企圖找出性格、社會、身體或智力的特質，用以區別領導者與非領導者。

偉人領導理論又稱為「英雄論」。傳統的觀念認為，領導者是出生時就決定的，領導者的素質是與生俱來的，而不是製造出來的，不具備天生領導素質的人不能當領導者（Hollander, 1978）。[1] 古希臘亞里士多德（Aristotle）就持這種觀點，蘇格蘭歷史學家托馬斯・卡萊爾是主張「偉人領導理論」的主要代表人物之一。

循著這種思路進行研究的早期研究者有澳大利亞心理學家西塞爾・吉伯（Gibb, 1969）等人。偉人理論認為，領導者天賦有優於被領導者的某些特徵。也就是說，偉人天生具有成功領導者必備的所有特徵，亦即所有必備的特徵必然集於一身，一般人則全無這些特徵；偉人因具有獨特的才能，他們才能夠指引、指揮、領導多數人。偉人理論假定，組織的主要事物，均由居於領導位置者所左右。這一基本假定意指領導者必具有特殊的領袖氣質或才能，或具有一套獨特的人格特徵，使他們能達成目標。這一假定也明顯表示了歷史是偉人所創造出來的，組織盛衰成敗及變遷都是這些少數人的先見所致。正是這一假定促成了後來特徵領導理論（The Trait Theories of Leadership）的研究（Stogdill, 1974）。[2]

嚴格地說，主要有兩個問題引發了特徵領導理論研究：第一，什麼樣的人能成為領導者；第二，希望甄選最富領導效能者來擔任領導者（Scott & Mitchell, 1976）。[3] 因此，特徵領導理論研究的假設是，領導者具有某些特殊的人格特徵，而使他們能夠承擔領導

---

[1] Edwin Paul Hollander. Leadership dynamics: a practical guide to effective relationships [M]. New York: Free Press, 1978.

[2] Ralph Melvin Stogdill. Handbook of leadership: a survey of theory and research [M]. New York: Free Press, 1974.

[3] William G Scott, Terence R Mitchell. Organization Theory: a Structural and Behavior Analysis [M]. Homewood: Richard D Irwin, 1976.

的角色,並由這些特徵來區分領導者與非領導者(Westwood & Chan, 1992),也就是領導特徵研究主要是想從領導者或成功的領導者之中,找出成功領導者應具有的特徵,以作為確定成功的領導者或甄選領導者的依據。特徵領導理論的研究目的,旨在認定或找出領導者或成功領導者的人格特徵,借以鑑別領導者與非領導者,或鑑別成功的領導者與不成功的領導者。

從 20 世紀 30 年代起,心理學家們進行了大量研究,希望發現領導者與非領導者在個性、社會、生理或智力因素方面的差異。在 1949 年之前,對領導的研究主要是力圖分析領導人所具備的特徵。「偉人論」認為領袖是天生的而不是後天造就的,研究人員以此為出發點,試圖辨析不同的領導者或領袖在身體、精神和個性方面的品質。領導者的個性特徵如表 7-1 所示。

表 7-1　　　　　　　　　　　領導者的個性特徵

生理特徵 活動 精力	個性 自信 誠實與正直 熱情 領導的願望 獨立性	與工作相關的特徵 成功的動力 實現目標的責任感 克服障礙的耐心、堅忍不拔
智力與能力 智力、認知能力 知識 判斷、決斷力	社會特徵 社交能力、人際交往技巧 合作意識 參與合作的能力 策略、外交能力	社會背景 教育 流動性

資料來源:Bernard M Bass. Bass and stogdill's handbook of leadership:theory, research, and management applications [M]. New York:Free Press, 1990:80-81.

隨著研究的深入,人們逐步認識到領導者的個性特徵是在實踐中形成的。因此,現代特徵理論或偉人理論(中國一般稱為領導者素質理論)的研究者一般從兩個方面著手:一是採用心理測量法對領導者的氣質、性格、行為習慣進行測驗,並通過心理諮詢以矯正或治療;二是根據現代組織的要求提出評價領導者素質的標準,並通過專門的方法訓練、培養有關素質。一般認為,前一種研究主要注意領導者個性特徵與遺傳因素的關係,因而比較注重領導者個性特徵的測量和改善。後一種研究主要注意後天的環境因素等對領導者個性特徵的作用,因而比較重視領導者個性特徵的培養。

隨著心理學行為學派的興起,特徵理論的可接受性大大降低。行為學派強調,人除了得自遺傳的身體特徵外,沒有天生的品質,也許只具有一些健康的素質。正如霍伊和米斯克爾(Hoy & Miskel, 2004)所說:「早期通過區分領導者與下屬的人格特徵研究並未成功;在某種情境中,領導者的一組特徵是成功有效的,而在另一情境中則不然。」[1]

---

[1] Wayne K Hoy, Cecil G Miskel. Educational administration:theory, research and practice [M]. New York:Mc Graw-Hill College, 2004.

在過去的 10 年中，研究者又重新回到對領導者特徵和特徵的研究上來。新的研究力求發現那些特徵把水準高低不同的領導者識別開來。人們將復甦的特徵理論一般稱為「新特徵理論」（New Trait Theory）。新特徵理論的研究者更熱衷於領導者是誰的問題。他們認為，無論情境如何，有些特徵是大多數領導者的特徵，或者起碼說是優秀領導者的特徵。例如，威廉·尼科爾斯等人（Nickels, McHugh & McHugh, 2006）強調了優秀領導者的特徵：①有遠見且能集結他人完成工作。對追隨者所關心之事件非常敏感，給他們責任，並贏得信賴；②建立共同價值。關心員工、客戶及公司產品的品質；③強調共同倫理。誠實、確實地要求公平對待員工；④不怕改變，擁抱改變並創造它。改變公司營業方法以使公司更有效率，並提高績效。①

第四節　領導者的行為

領導的個人行為理論（Personal Behavioral Theories of Leadership）認為，依據個人品質或行為方式（風格）可以對領導進行最好的分類。在所有的情況下，領導的個人行為理論著重研究領導做些什麼來完成管理工作。但在這些理論中沒有任何一種具體方式為公眾普遍接受。

領導的行為理論假設，如果領導者具備一些具體的行為，則我們可以培養領導，即通過設計一些培訓項目把有效的領導者所具備的行為模式植入個體身上。這種思想顯然前景更為光明，它意味著領導者的隊伍可以不斷壯大。通過培訓，我們可以擁有無數有效的領導者。

一、密執安研究（利克特模式）

1947 年以來，美國密執安大學倫西斯·利克特教授（Likert, 1967）和他在密執安大學社會研究院的同事們對領導方式和作風做了長達 30 年之久的研究，確定了領導者的行為特點，以及它們與工作績效的關係，利克特在研究過程中所形成的某些思想和方法對理解領導行為很重要。②

密執安大學的研究群體他們研究了工業、醫院和政府中的領導者們，並從幾千名員工中取得了數據。經過廣泛的分析，他們把研究過的領導行為劃分為以工作為中心和以員工為中心兩類領導者兩個維度。以員工為中心的領導者（Employee-oriented Leader）把注意力集中於下屬問題中人的因素和建立能完成高效率目標的有效的小組上。這樣，一位領導明確規定目標，重視人際關係，他們總會考慮到下屬的需求，並承認人與人之

---

① William G Nickels, James M McHugh, Susan M McHugh. Understanding business [M]. New York: McGraw-Hill College, 2006.
② Rensis Likert. The human organization: its management and value [M]. New York: McGraw-Hill, 1967.

間的不同。相反，以工作為中心的領導者（Production-oriented Leader），把注意力集中於計劃工作細則、安排下屬的工作、協調各下屬的工作和對下屬的工作提供足夠支持，更強調工作的技術或任務事項，主要關心的是群體任務的完成情況，並把群體成員視為達到目標的手段。

密執安大學研究者的結論是領導者只能在以員工為中心的領導者和以工作為中心的領導者中間二者取其一，即在分類和實踐上，管理可以以員工為中心，或者以工作為中心。利克特建議在可能時，應盡可能發展以員工為中心的管理方式。

倫西斯·利克特提出了一種「新型管理原理」，並且比較詳細、系統地闡述了「支持關係理論」和以工作集體為基本單元的新型組織機構。利克特（Likert, 1961）於1961 年發表了《管理新模式》一書，介紹了四種領導管理方式，作為研究和闡明他對領導問題看法的思想的指導原則。[①]

管理方式 I 被稱為「專制-權威式」。採用這種方式的管理人員非常專制，很少信任下屬，採取使人恐懼與懲罰的方法，偶爾兼用獎賞來激勵人們，採取自上而下的溝通方式，決策權也只限於最高層。

管理方式 II 被稱為「開明-權威式」，採用這種方式的管理人員對下屬懷有屈尊俯就的信任和信心；採取獎賞和使人恐懼與懲罰齊用的激勵方法；允許一定程度的自下而上的溝通，向下屬徵求一些想法和意見；授予下級一定的決策權，但領導者牢牢掌握政策性控制。

管理方式 III 被稱為「協商式」。採取這種方式的管理人員對下屬抱有相當大的但又不是充分的信任和信心，通常設法採納下屬的想法和意見；採用獎賞，偶爾用懲罰和一定程度的參與；從事於上下雙向溝通信息；在最高層制定主要政策和總體決策的同時，允許低層部門做出具體問題決策，並在某些情況下進行協商。

倫西斯·利克特認為管理方式 IV 是最有參與性的方式，被稱為「群體參與式」。採取第四種方式的主管人員對下屬在一切事務上都抱有充分的信心和信任，總是能獲取下屬的設想和意見，並且積極地加以採納；對於確定目標和評價實現目標所取得的進展方面，組織群體參與其事，在此基礎上給予物質獎賞；更多地從事上下之間與同事之間的溝通；鼓勵各級組織做出決策，或者，本人作為群體成員同他們的下屬一起工作。利克特認為只有第四系統——參與式的民主領導才能實現真正有效的領導，才能正確地為組織設定目標和有效地達到目標。

我們認為，利克特模式與麥克雷戈的 X-Y 理論是一脈相承的，利克特主張發展以員工為中心的管理方式實際上可以說是「Y 理論」在領導方式中的具體運用。

二、俄亥俄研究（二維度理論）

與密執安大學的研究同期，最全面且重複較多的行為理論來自於 1945 年美國俄亥俄

[①] Rensis Likert. New patterns of management [M]. New York: McGraw-Hill, 1961.

州立大學的一組研究人員開始對領導問題進行廣泛地調查,他們調查的中心是對一個領導者的工作進行深入的研究。研究者希望確定領導行為的獨立維度,他們收集了大量的下屬對領導行為的描述,開始時列出了1,000多個因素,最後歸納出兩大類,稱之為結構維度和關懷維度。因此,有人又將俄亥俄研究稱為二維度理論(Two Dimension Theory)。

結構維度(Initiating Structure)指的是領導者更願意界定和建構自己與下屬的角色,以實現組織目標。它包括設立工作、工作關係和目標的行為。高結構特點的領導者向小組成員分派具體工作,要求員工保持一定的績效標準,並強調工作的最後期限。領導者的這種建立規章的行為是領導者規定自己與組織其他成員的關係,並建立明確的組織類型、信息渠道和程序方法。這類領導行為以工作為中心,領導更依賴於他所處的職位權力,並更多地以懲罰為中心。因此,這種行為的特點,反應了領導者推動組織成員去實現組織目標的努力。

關懷維度(Consideration)指的是領導者尊重和關心下屬的看法與情感,更願意建立相互信任的工作關係。高關懷特點的領導者幫助下屬解決個人問題,他友善而平易近人,公平對待每一個下屬,並對下屬的生活、健康、地位和滿意度等問題十分關心。領導者的這種體諒的行為是在領導者與下級關係中表現出來的「友誼、相互信任、尊重和熱情」。這類領導行為是以人為中心的,包括強調組織成員的個人需求,建立良好的人際關係與和諧的組織氣氛等。這種「以員工為導向,辦事民主,採用普遍的管理手段和關心下屬」[1]的領導行為特點,反應了領導者幫助組織成員實現個人目標的努力。

總之,俄亥俄州立大學的研究表明,一般來說,二維度理論能夠產生積極效果,但同時也有足夠的特例表明這一理論還需加入情境因素。

三、管理方格論

管理方格(Managerial Grid)概念是由美國得克薩斯大學羅伯特·布萊克和簡·莫頓(Black & Mouton, 1964)提出的[2],管理方格理論(Management Grid Theory)是一種研究企業領導方式及其有效性的理論。他們提出這種理論主要是為了避免在企業管理的領導工作中出現極端的方式,比如在科學管理和人際關係中。這種理論以生產為中心,以任務定向(Task Orientation),或者以人為中心,以人員定向(Person Orientation);或者以「X理論」為依據,以「Y理論」為依據。他們指出,可以採取使二者在不同的程度上互相結合的多種領導方式。他們用一些方格來表示這些不同的領導方式,指出什麼是最有效的領導方式,並設計出一項培訓管理人員的方格理論和掌握最佳領導方式的方案。布萊克和莫頓發展了領導風格的二維度觀點,在領導行為分為關心生產(Concern

---

[1] Alan C Filley, Robert J House. Managerial processes and organizational behavior [M]. Glenview: Scott Foresman, 1969.

[2] Robert R Black, Jane S Mouton. The managerial grid [M]. Houston Texas: Gulf Publishing, 1964.

for Production）和關心人（Concern for People）的基礎上提出了管理方格論（Managerial Grid），管理方格可由平面方格圖表表示出來，每一種維度又分為 9 種程度，由此形成 81 種組合方式和 81 種具體的領導方式。它充分概括了俄亥俄州立大學的關懷與結構維度以及密執安大學的以員工為中心的領導者和以工作為中心的領導者維度。

管理方格理論倡導用方格圖表示和研究領導方式。他們認為，在企業管理的領導工作中往往出現一些極端的方式，或者以生產為中心；或者以人為中心；或者以「X 理論」為依據而強調靠監督；或者以「Y 理論」為依據而強調相信人。為避免趨於極端，克服以往各種領導方式理論中的「非此即彼」的絕對化觀點，他們指出，在對生產關心的領導方式和對人關心的領導方式之間，可以採取使二者在不同程度上互相結合的多種領導方式。為此，他們就企業中的領導方式問題提出了管理方格法，使用自己設計的一張縱軸和橫軸各 9 等分的方格圖，縱軸和橫軸分別表示企業領導者對人和對生產的關心程度。第 1 格表示關心程度最小，第 9 格表示關心程度最大。全圖總共 81 個小方格，分別表示「對生產的關心」和「對人的關心」這兩個基本因素以不同比例結合的領導方式。

高 ↑ 對人的關心 ↓ 低

1.9 俱樂部式領導								9.9 團隊型領導
1.8								
1.7								
1.6								
1.5				5.5 中間路線型領導				
1.4								
1.3								
1.2								
1.1 平庸型領導	2.1	3.1	4.1	5.1	6.1	7.1	8.1	9.1 任務型領導

低 ← 對生產的關心 → 高

圖 7-2　管理方格圖

資料來源：Robert R Black, Jane S Mouton. The managerial grid［M］. Houston：Gulf Publishing，1964.

管理方格在兩個坐標軸上分別劃分出 9 個等級，從而生成了 81 種不同的領導類型。但是，方格理論主要表明的並不是得到的結果，而是為達到這些結果領導者應考慮哪些主要因素。

圖 7-2 管理方格圖中，1.1 定向表示平庸型領導（Impoverished Leadership），對生產和人的關心程度都很小；9.1 定向表示任務型領導（Task-centered Leadership），重點抓生產任務，不注意人的因素；1.9 定向表示所謂俱樂部式領導（Country Club

Leadership），重點關心人，不關心生產任務；5.5 定向表示中間路線型領導（Middle-of-the-road Leadership），既不偏重於關心生產，也不偏重於關心人，完成任務不突出；9.9 定向表示團隊型領導（Team Leadership），對生產和人都很關心，能使組織的目標和個人的需求最理想，且能最有效地結合起來。他們總是努力尋找解決問題的優化方法，使關心生產與關心人協調一致，並統籌解決。他們的目標是使組織不斷得到改善，組織中的人不斷發展。這種領導行為是比較有效的，因為關心生產與關心人兩個方面會相互影響，相互促進。

除了這5種典型的領導形態外，管理方格圖還提供了大量的介於這些形態之間的形態，這裡就不詳述了。不過就這5種形態而言，也有優劣之分。布萊克與莫頓認為團隊型最佳，其次是任務型，再次是中間型、俱樂部型，最差的是平庸型。

布萊克和莫頓認為，9.9 領導方式表明，在對生產的關心和對人的關心這兩個因素之間，並沒有必然的衝突。他們通過對自由選擇、積極參與、相互信任、開放的溝通、目標和目的、衝突的解決辦法、個人責任、評論、工作活動9個方面的比較，認為9.9 定向方式最有利於企業的績效。所以，企業領導者應該客觀地分析企業內外的各種情況，把自己的領導方式改造成為9.9 理想型領導方式，以達到最高的效率。

布萊克和莫頓根據自己的研究得出結論，9.9 型風格的領導者工作效果最佳。他們認為應當加強領導者的培訓。

第五節　領導的權變理論

權變領導方面的研究從研究環境角度出發，觀察環境對個性、行為的影響。強調領導環境的作用並不否認領導者個性和行為的作用，而是強調這三個方面或三種因素都影響一個領導者的領導效率。換句話講，有效地領導是三種因素共同作用的結果。在這方面，菲德勒理論是典型代表。

一、菲德勒的權變領導模式（Fiedler's Contingency Model of Leadership）

第一個綜合的權變領導模型是由美國心理學家弗雷德·菲德勒（Fred E. Fiedler）提出的。[1] 菲德勒的權變模型（Fiedler's Contingency Model）指出，有效的群體績效取決於這兩個因素的合理匹配：與下屬相互作用的領導者的風格、情境對領導者的控制和影響程度。菲德勒開發了一種工具，叫做最難共事者問卷（Least Preferred Coworker Questionnaire, LPC），用以測量個體是任務取向型還是關係取向型。

---

[1] Fred Edward Fiedler. A theory of leadership effectiveness [M]. New York: Mc Graw-Hill, 1967.

1. 確定領導風格

菲德勒相信影響領導成功的關鍵因素之一是個體的基礎領導風格，因此他首先試圖發現這種基礎風格是什麼。為此目的，菲德勒設計了最難共事者量表（Least Preferred Co-worker Scale，LPC）問卷。問卷由 16 組對照形容詞構成（如快樂—不快樂，高效—低效，開放—防備，助人—敵意）。菲德勒讓被訪問者回想一下自己共事過的所有同事，並找出一個最難共事者，在 16 組形容詞中按 1-8 等級對他進行評估。菲德勒相信，在 LPC 問卷的回答基礎上，可以判斷出人們最基本的領導風格。如果以相對積極的詞彙描述最難共事者（LPC 得分高），則回答者很樂於與同事形成友好的人際關係，也就是說，回答者把最難共事的同事描述得比較積極，菲德勒稱之為關係取向型。相反，如果回答者對最難共事的同事看法比較消極（LPC 得分低），回答者可能主要感興趣的是生產，因而被稱為任務取向型。另外，有大約 16% 的回答者分數處於中間水準，很難被劃入任務取向型或關係取向型中進行預測，因而下面的討論都是針對其餘 84% 的人進行的。①

菲德勒認為一個人的領導風格是固定不變的。這意味著如果情境要求任務取向的領導者，而在此領導崗位上的卻是關係取向型領導者時，要想達到最佳效果，則要麼改變情境，要麼替換領導者。菲德勒認為領導風格是與生俱來的，個人不可能改變自己的風格去適應變化的情境。

2. 確定情境

用 LPC 問卷對個體的基礎領導風格進行評估之後，需要再對情境進行評估，並將領導者與情境進行匹配。菲德勒列出了三項維度，他認為這是確定領導有效性的關鍵要素。它們是領導者與成員關係、任務結構、職位權力，具體定義如下：

領導者與成員關係（Leader-member Relations）：領導者對下屬信任、信賴和尊重的程度。即領導者是否受到下級的喜愛、尊敬和信任，是否能吸引並使下級願意追隨他。

任務結構（Task Structure）：工作任務的程序化程度（即結構化或非結構化）。即指工作團體要完成的任務是否明確，有無含糊不清之處，其規範和程序化程度如何。

職位權力（Position Power），即領導者擁有的權力變量（如聘用、解雇、訓導、晉升、加薪）的影響程度。即領導者所處的職位能提供的權力和權威是否明確充分，在上級和整個組織中所得到的支持是否有力，對雇傭、解雇、紀律、晉升和增加工資的影響程度大小。

菲德勒模型的下一步是根據這 3 項權變變量來評估情境。菲德勒利用上面 3 個權變變量來評估情境。領導與成員關係或好或差，任務結構或高或低，職位權力或強或弱，3 項權變變量總和起來，便得到 8 種不同的情境或類型，每個領導者都可以從中找到自己的位置。菲德勒指出，領導者與成員關係越好，任務的結構化程度越高，職位權力越強，則領導者擁有的控制和影響力也越高。比如，一個非常有利的情境（即領導者的控

---

① Fred Edward Fiedler. A theory of leadership effectiveness [M]. New York: Mc Graw Hill, 1967.

制力很高）可能包括：下屬對在職管理者十分尊重和信任（領導者與成員關係好），所從事的工作（如薪金計算、編製會計報表）具體明確（工作結構化高），工作給他提供了充分自由來獎勵或懲罰下屬（職位權力強）。相反，如果一個工人不喜歡他們的小組組長則為不夠有利的情境，此時，領導者的控制力很小。總之，三項權變變量總和起來，便得到 8 種不同的情境或類型，每個領導者都可以從中找到自己的位置。

3. 領導者與情境的匹配

瞭解了個體的 LPC 分數並評估了 3 項權變因素之後，菲德勒模型指出，二者相互匹配時，會達到最佳的領導效果。菲德勒研究了 1,200 個工作群體，對 8 種情境類型的每一種，均對比了關係取向和任務取向兩種領導風格。他得出結論：任務取向的領導者在非常有利的情境和非常不利的情境下工作更有利。如表 7-2 所示，也就是說，當面對 Ⅰ、Ⅱ、Ⅲ、Ⅶ、Ⅷ 類型的情境時，任務取向的領導者幹得更好。而關係取向的領導者則在中等有利的情境，即 Ⅳ、Ⅴ、Ⅵ 型的情境中幹得更好。

表 7-2　　　　　　　　　　領導者與情境匹配的 8 種情境類型

領導與成員的關係	好	好	好	好	差	差	差	差
任務結構	高	高	低	低	高	高	低	低
領導者職位權力	強	弱	強	弱	強	弱	強	弱
類型	Ⅰ	Ⅱ	Ⅲ	Ⅳ	Ⅴ	Ⅵ	Ⅶ	Ⅷ
有利程度	有利			中等程度有利				不利

資料來源：Wayne K Hoy, Cecil G Miskel. Educational administration: theory, research and practice [M]. New York: McGraw-Hill College, 2004.

將菲德勒的觀點應用於實踐的關鍵是尋求領導者與情境之間的匹配。個體的 LPC 分數決定了他最適合於何種情境類型。而情境類型則通過對 3 項情境變量（領導者與成員關係、任務結構、職位權力）的評估來確定。菲德勒指出，當個體的 LPC 分數與三項權變因素的評估分數相匹配時，則會達到最佳的領導效果。但要注意，按照菲德勒的觀點，個體的領導風格是穩定不變的，因此提高領導者的有效性實際上只有兩條途徑：第一，你可以替換領導者以適應情境。比如，如果群體所處的情境被評估為十分不利，而目前又是一個關係取向的管理者進行領導，那麼替換一個任務取向的管理者則能提高群體績效。第二，你可以改變情境以適應領導者。通過重新建構任務或提高或降低領導者可控制的權力因素（如加薪、晉職和訓導活動），可以做到這一點。假設任務取向的領導者處於第 Ⅳ 類型的情境中，如果該領導者能夠顯著增加他的職權，即在第 Ⅲ 類型的情境中活動，則該領導者與情境的匹配十分恰當，會因此而提高群體績效。[1]

菲德勒認為，在高度有利或相當不利的情境中，「任務導向」的領導者較具領導效

---

[1] Steve Rowlison, Thomas K Ho, Po-Hung Yuen. Leadership style of construction managers in Hong Kong [J]. Construction Management and Economics, 1993, 11 (6): 455-465.

能。因為在不利的情境中，領導者的權力本來已經很小，團體的支持又少，任務不明確，所以只有用「指示性」與「任務導向」的行為才有效；而在高度有利的情境中，由於任務明確、職位權力甚高、領導與成員的關係良好，「任務導向」的領導者原就比「關係導向」的領導者更具效能。而在中等程度有利的情境中，「關係導向」的領導者較具領導效能；這是因為在中等程度有利的情境中，「關係導向」的領導者對情境做出不利反應時所體驗的壓力，較「任務導向」的領導者在同樣情境中所體驗的壓力更小。菲德勒「權變領導模式」的適切程度如圖7-3所示。

關係導向 / 任務導向							
領導與成員之關係	好	好	好	好	差	差	差	差
任務結構	高	高	低	低	高	高	低	低
領導者職位權力	強	弱	強	弱	強	弱	強	弱
類型	I	II	III	IV	V	VI	VII	VIII
有利程度	有利			中等程度有利			不利

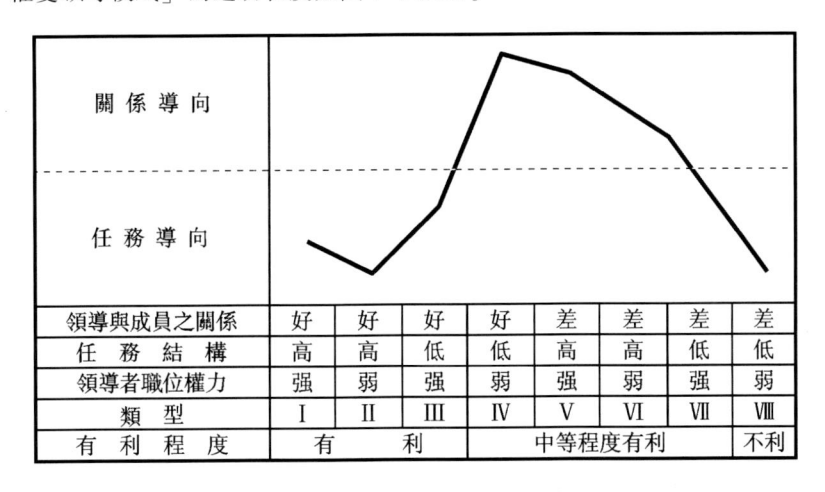

圖7-3 菲德勒「權變領導模式」的適切程度

資料來源：Fred E Fiedler. A theory of leadership effectiveness [M]. New York: McGraw-Hill, 1967.

4. 對菲德勒模型的總體評價

菲德勒模型強調為了領導的有效性需要採取什麼樣的領導行為，而不是從領導者的素質出發強調應當具有什麼樣的行為，這為領導理論的研究開闢了新方向。菲德勒模型表明，並不存在著一種絕對的最好的領導形態，企業領導者必須具有適應力，自行適應變化的情境。同時也提示管理層必須根據實際情況選用合適的領導者。總體來說，大量研究對菲德勒模型的總體效度進行了考察，並得出十分積極的結論，有相當多的證據支持這一模型。但是，該模型目前也還存在一些缺欠，可能還需要增加一些變量進行改進和彌補。

二、赫賽和布蘭查德的情境領導理論

情境領導理論（Situational Leadership Theory，SLT）是一個重視下屬的權變理論。情境理論試圖提供領導者去瞭解有效的領導風格與下屬成熟度的關係，被基本假定為領導效能是依據領導者行為與團體或個體成熟度適當的配合。情境領導理論認為，領導是一種複雜的過程，其中包括領導者、被領導者、情境三方面的因素。赫賽和布蘭查德

（Hersey & Blanchard，1976）指出：領導過程是領導者、被領導者、情境三方面變量的函數，即 L=F (l, f, s)。[1] 因此，領導的效能實際上取決於領導者的人格特徵與情境變量二者的配合程度，即領導效能同時受領導者的素質、行為方式與領導情境特性的影響。因此，情境領導理論強調了「人與情境交互影響」的觀點，也就是對特徵理論與行為理論進行了綜合，並採用了兩者的研究方法。

赫賽和布蘭查德認為，成功的領導者會依據下屬的接受度與成熟度（Readiness and Maturity）選擇適當的領導風格，而下屬的成熟度水準是一個權變變量。接受度是領導效能，須視下屬接受或拒絕與否而定；成熟度是個體完成某一具體任務和對自己的直接行為負責任的能力和意願的程度。而領導行為的「任務導向」（指導行為）和「關係導向」（支持行為）程度，必須隨著下屬的「成熟度」的不同而調整或改變（Owens，1981）。[2]

赫賽和布蘭查德（Hersey & Blanchard，1982）從領導行為、情境、效能、領導風格與情境的配合來說明其情境理論。[3]

（1）領導行為。情境理論討論的是領導行為而非領導特徵，其所謂的領導風格，不同於菲德勒的定義，是指四種領導者行為模式中的一種，而不是指個體的動機需求（Hoy & Miskel, 1987）。[4] 赫賽和布蘭查德（Hersey & Blanchard，1982）依據俄亥俄州立大學的研究以及威廉·雷定的三維度理論，將領導行為依其任務導向的指導行為與關係導向的支持行為程度的高低而分為四種領導風格：①高任務低關係；②高任務高關係；③低任務高關係；④低任務低關係。

（2）情境。情境理論只有使用「成熟度」（下屬的發展水準）一個變量來分析情境的性質。所謂成熟度是指團體或個人設定高而且可以達到目標的能力、承擔責任的意願和能力、以及個人或團體的經驗。一個高成熟的個體不僅具有與任務相關的高成熟度，即擁有能力、知識、經驗和動機去執行工作，而且，他們也有自信和自尊的感覺。相對地，一個低成熟度的個體，不僅缺乏工作的能力、動機與知識，而且心理也不成熟。

（3）效能。赫賽和布蘭查德（Hersey & Blanchard，1982）認為效能為一複雜的概念，不僅包括明顯的績效表現，而且也包括人力成本（Human Costs）以及心理健康情況（Psychological Conditions）。也就是說效能是生產力與績效（Productivity and Performance）功能、人力資源狀況（Conditions of Human Resources），以及達成長期或短期目標的程度。

（4）領導風格與情境的配合程度。情境理論主張經由領導行為與情境的配合來提升

---

[1] Paul Hersey, Kenneth H Blanchard. Situational leadership [M]. Englewood: Prentice-Hall, 1976.
[2] Robert G Owens. Organizational behavior in education [M]. Boston: Allyn and Bacon, 2004.
[3] Paul Hersey, Kenneth Blanchard. Management of organizational behavior: Utilizing human resources [M]. Englewood: Prentice-Hall Inc., 1982.
[4] Wayne K Hoy, Cecil G Miskel. Educational administration: theory, research and practice [M]. New York: Mc Graw-Hill College, 2004.

效能，赫賽和布蘭查德（Hersey & Blanchard，1977）認為：當屬下經由完成任務而繼續增加其成熟度時，領導者宜減少其任務（指導）行為而增加其關係（支持）行為，直到個體或團體的成熟度（下屬的發展水準）達到中等程度，而當個體或團體的成熟度達到平均值之上時，領導者不僅要減少其任務（指導）行為，而且也要減少其關係（支持）行為。

情境領導模式使用的兩個領導維度與菲德勒的劃分相同，即任務導向（指導行為）和關係導向（支持行為）。但是，赫賽和布蘭查德（Hersey, Blanchard & Johnson, 1996）更向前邁進了一步，他們認為每一維度有低有高，從而組合成4種具體的領導風格，即指導型、培訓型、參與型和授權型。①

情境理論是動態的，領導風格會按照個體或團體的成熟度或下屬的發展水準而改變，領導者的目標是提供必需的領導行為以幫助個體或團體成熟。圖7-4為赫賽和布蘭查德（Hersey & Blanchard，1977）的生命週期領導理論模式（Life Cycle Theory of Leadership），主要在說明領導行為與情境（下屬成熟度或發展水準）如何有效地配合。鐘形曲線意指下屬成熟度或發展水準由不成熟至成熟而增加的連續曲線，適當的領導風格沿著曲線移動。由此，理論模式衍生了下列四項命題。具體描述如下：

（1）指導型（Telling）（高任務—低關係）：領導者定義角色，領導人告訴下屬應該在哪裡、什麼時候、做些什麼和怎樣去完成各種各樣的任務，其強調指導性行為。領導方式是多指導、少支持（下屬自己的意見）。決策基本上是由管理者自己決定的，交流是單向的（從上而下）。命題（1）：當個體或團體極為不成熟時（D1），任務導向的指導型領導風格是最有效的。

（2）培訓型（Selling）（高任務—高關係）：領導者同時提供指導性行為與支持性行為，領導行為方式是多指導、多支持。領導人仍然給予大量的指示，但是同時也試圖傾聽下屬對決定的想法，以及他們的意見和建議。對決策的控制權仍掌握在領導人手中。命題（2）：當團體是中度成熟時（D2），一種動態的領導風格（高任務和高關係行為）是最有效的。

（3）參與型（Participating）（低任務—高關係）：領導方式是多支持、少指導。對日常工作的決策控制權和問題解決權從領導人手裡轉移到下屬手中。領導人認可和主動傾聽意見，並提供解決問題的便利條件。領導者與下屬共同決策，領導者的主要角色是提供便利條件與溝通。命題（3）：當團體是中度成熟時（D3），關係導向的參與型領導風格是最有效的。

（4）授權型（Delegating）（低任務—低關係）：領導者提供極少的指導或支持，領導方式是少支持、少指導。領導人與下屬討論問題直到達成一致意見。決策過程完全委託給了下屬。命題（4）：當團體是非常成熟時（D4），授權型領導風格是最有效的。

---

① Paul Hersey, Kenneth H Blanchard, Dewey E Johnson. Management of organizational behavior: utilizing human resources [M]. Englewood: Prentice-Hall, 1996.

赫賽和布蘭查德發現下屬對領導方式的選擇有極為重要的影響。領導應提供的指導或支持的程度取決於下屬在特定任務中表現出的（專業）發展水準。

赫賽和布蘭查德將發展水準（Development Level）定義為在沒有指導的情況下，完成一特定任務的能力和承諾。能力是由教育、培訓或經驗獲得的知識或技能的函數；而承諾是信心和動力的綜合，即人們對於能在很少指導下勝利完成任務的信心，以及他們對進行那項工作的興趣和熱情的綜合測度。

情景領導在不同的（下屬能力）發展水準情況下表現出不同的領導類型。發展水準分為四類：低水準（D1）、介於低與中等水準之間（D2）、介於中等與高水準之間（D3）和高水準（D4）。每一種發展水準代表不同的能力和承諾程度。關於領導類型和發展水準的整體圖像示於圖7-4中。

四種領導類型

	支持多、指導少	支持多，指導多
	參與型	培訓型
	授權型	指導型
	支持少，指導少	支持少，指導多

指導行為

| D4 | D3 | D2 | D1 |

下屬的發展水平

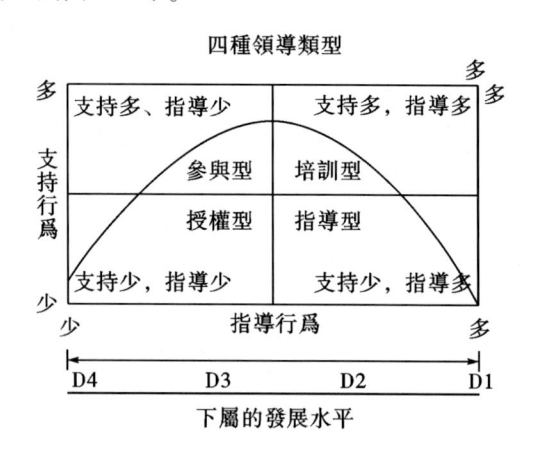

圖7-4　情境領導模型

資料來源：Paul Hersey, Kenneth H Blanchard. Management of organizational behavior: utilizing human resources [M]. Englewood: Prentice-Hall, 1977.

應當強調的是，赫賽和布蘭查德的理論主張團體或個體的成熟度是可以經由時間而改變的；同時也主張僅僅只是簡單的將領導風格和情境予以配合，就想改變領導效能是不夠的。領導者的一個職責是通過一項特定的任務而改善個體或團體的成熟度或下屬的發展水準；最後，領導者的目標是希望在沒有領導者的協助下，團體或下屬個人有能力、知識、技能、責任、動機和信心去執行任務（Hoy & Miskel, 1987）。[1]

三、途徑—目標理論（Path-goal Theory of Leadership）

途徑—目標理論的核心在於，領導者的工作是幫助下屬達到他們的目標，並提供必要的指導和支持以確保他們各自的目標與群體或組織的總體目標相一致。「途徑—目標」

---

[1] Wayne K Hoy, Cecil G Miskel. Educational administration: theory, research and practice [M]. New York: Mc Graw-Hill College, 2004.

的概念來自於這種信念，即有效的領導者通過明確指明實現工作目標的途徑來幫助下屬，並為下屬清理路程中的各種路障和危險，從而使下屬的這一「旅行」的途徑更為順利。豪斯和米切爾（House & Mitchel，1974）認為，領導是否有效，應視領導者能否提高下屬的動機層次，以及下屬對他的接納與滿意程度而定；愈能激發下屬的工作動機，愈能讓下屬接納，且愈能讓下屬感到滿意的領導者，其領導就愈具有效能。因此，「途徑—目標理論」關注的課題乃是領導者為達成組織目標而影響下屬知覺的過程。[1]

按照途徑—目標理論，領導者的行為被下屬接受的程度取決於下屬將這種行為視為獲得滿足的即時源泉還是作為未來獲得滿足的手段。領導者行為的激勵作用在於：第一，它使下屬的需求滿足與有效的工作績效聯繫在一起；第二，它提供了有效的工作績效所必須的輔導、指導、支持和獎勵。

途徑—目標理論建議一個成功的領導者應該調節自己的領導行為以適應各種環境的需要。豪斯將領導行為分為：

（1）指令型領導（Directive），也稱為工具風格（Instrumental Style）。這種領導行為關注對員工的活動進行計劃、組織和控制。讓下屬知道期望他們的是什麼，以及完成工作的時間安排，並對如何完成任務給予具體指導，這種領導類型與俄亥俄州立大學的結構維度十分近似。

（2）扶持型領導（Supportive），也稱為支持風格（Supportive Style）。這種領導行為強調領導者對員工的關心和支持。領導者十分友善，並表現出對下屬需求的關懷，這種領導類型與俄亥俄的關懷維度十分近似。

（3）參與型領導（Participative），也稱為參與風格（Participative Style）。這種領導行為強調領導者與員工分享信息，共同磋商，讓下屬參與決策，並在決策中充分考慮下屬的建議。

（4）成就主導型領導（Achievement Oriented），也稱為成就定向風格（Achievement-oriented Style）。這種領導行為強調領導者為員工設定挑戰性目標，期望下屬實現自己的最佳水準，注重加強對成就的獎勵。

與菲德勒的領導行為觀點相反，豪斯認為，為了提高效率，領導者應該認清下屬的需要，並努力滿足他們；獎勵達成目標的下屬；幫助下屬識別用於達成特定目標的最好道路；掃清道路以便員工達成目標。領導者是具有彈性靈活的，同一領導者可以根據不同的情境表現出任何一種領導風格。

---

[1] Robert J House, Terence R Mitchell. Path-goal theory of leadership［J］. Journal of Contemporary Business，1974，3（1）：81-97.

第六節 本章小結

　　如何領導別人這個問題，從人類有集體活動以來就成為人們關注的焦點。但領導理論的研究表明，領導是一個複雜的過程，和許多理論和模式有聯繫。現有許多理論和模式是相互矛盾或重疊的。

　　關於領導理論的觀點向人們表明：①管理學家們之間存在著較大的意見分歧；②研究領導理論所採用的方法不一致，不同的管理學家站在不同的角度解釋了領導問題，實質上都是對領導理論所做出的貢獻；③不同的理論之間存在著相同之處；④並不存在一個最佳的領導理論模式，或者說最佳的領導理論模式絕不僅一個。

　　管理學大師彼得·德魯克在為《未來的領導》一書撰寫的序言中認為，所有的領導者都知道下面四個簡單事情：①領導者的唯一定義就是其後面有追隨者（一些人是思想家，一些人是預言家，這些人都很重要，而且也很急需，沒有追隨者，就不會有領導者）；②一個成功的領導者不僅是受人愛戴的人，而且是使追隨者做出正確事情的人。結果才是最重要的。③領導者都是受人矚目的，因此必須以身作則。④領導地位並不意味著頭銜、特權、級別或金錢，而是責任。[①]

　　德魯克所說的這四點可以被視為是對西方領導理論發展進程的一個總結。它從一個側面道出了領導的本質屬性和內在發展動力。

本章復習思考題

1. 什麼是領導（職能）？什麼是領導者（領導人）？
2. 領導的基本標誌是什麼？
3. 領導的基本權力有哪些？
4. 領導的主要職責有哪些？
5. 列舉2~4個有代表性的領導行為理論，並簡述其主要內容。
6. 列舉1~3個有代表性的權變領導理論，並簡述其主要內容。

[①] Frances Hesselbein, Marshall Goldsmith, Richard Beckhard. The leader of the future: new visions, strategies, and practices for the next era [M]. San Francisco: Jossey-Bass, 1996.

第八章　領導理論的發展

20世紀80年代以來，越來越多的管理學者和實際工作者開始從領導的魅力和轉化精神這一個角度研究有關的領導問題。促成這種情況的出現主要有以下兩個原因：①美國的一些大公司，諸如美國電話電報公司（ITT）、國際商用機器公司（IMB）、美國通用汽車公司（GM）、摩托羅拉公司（Motorola）等著手公司的「改革」（Transformational）規劃，並且在短期內取得成效，這就需要有「改革或轉化精神的」領導人。②人們發現，一些富有成效的公司領導者，如拯救克萊斯勒公司的李·艾可卡（Lee Iacocca）、IBM藍色旋風的勁吹者小托馬斯·沃森（Thomas Watson Jr）、惠普基業創始人比爾·休利特（Bill Hewlett）和戴維·帕卡德（David Packard）、全球零售大王山姆·沃頓（Sam Walton）、索尼創始人之一的盛田昭夫（Akito Morita）、摩托羅拉的靈魂保羅·高爾文（Paul V Galvin）、被譽為松下幸之助之後的最傑出的企業哲學家的日本京瓷（Kyosera）創辦人稻盛和夫（Kazuo Inamori）、改造通用電氣（GE）文化的韋爾奇（Jack Welch）、美國前總統羅納德·里根（Ronald Reagan）、美國黑人民權領袖馬丁·路德·金（Martin Luther King）、美國將軍道格拉斯·麥克阿瑟（Douglas MacArthur）等，他們各有不同的性格特徵、領導方式和超級領導風範等，但是都同原有的各種領導理論「對不上號」。於是提出了「魅力型」領導者（Charismatic Leadership）或「改革或轉化型」領導者（Transformational leaders）的概念，即能夠對本組織發揮非凡的影響力的人就是有超凡魅力的或有改革精神的領導者。

第一節　領導替代品理論

一、領導替代品理論的提出

大部分領導理論都假設了下屬需要上司的領導才能有效地完成工作，但按照權變理論的觀點，可以認為任何情境下領導行為都有效的看法可能並不正確，領導並不總是重要的。斯蒂夫·克爾和約翰·賈米爾（Kerr & Jermier, 1978）認為，領導就是提供下屬完成任務所需的指揮與好的感受，而領導效能應包含下屬的滿足感、績效及士氣。通常指揮是以角色或者任務結構的形式提供；好的感受則可能從另一人的肢體、口頭或目光等行為而來，也可能來自任務本身所形成的內在滿足。然而，這種指揮與感受不一定必

然是領導者才能提供，組織所有成員也可以相互提供，且互相受益。他們認為，在許多情境下，下屬不需要上司的領導也可以有效地完成工作，領導者表現出什麼樣的行為是無關緊要的。這些環境因素被稱作為「領導的替代品」（Leadership Substitutes），或者使領導者對下屬的影響無效，或者使上司的領導變成不必要和多餘的東西。[1]

我們認為，「領導」的替代品包含了兩種情景變量：一是凡是可以抵消或限制領導行為效果的因素，即「中和劑」（Neutralizer）；二是凡是可以取代領導者功能的因素，即「替代物」（substitutes）。

領導替代品理論認為，情景變量越大，越能夠抵消、限制和取代領導行為效果。無效因素使上司的領導行為對下屬的工作產生不了影響，它使上司的領導的影響失效。而替代品因素則不僅使上司的領導產生不了影響，而且沒必要產生這種影響，它可以代替領導者的影響。

二、領導替代品的影響因素

領導的替代品包括下屬個體的特點、工作任務的特點和組織變量的特點三項。比如，就下屬個體而言，當下屬的特點為有能力、經驗、受過培訓、專業取向或對組織獎勵十分淡然時，則可以替代或抵消領導的效果，它可以取代指令型的領導行為，這些特點可以替代為了進行結構化和降低任務模糊性而需要來自領導方面的支持和能力；同樣，當工作本身具有明確、規範、高結構化任務的特點，或有趣的工作通過向職工提供內在激勵（intrinsic motivation）可以替代扶持型的領導行為，職工本身能滿足個體需求時，對領導變量的需要便大大減少；最後，某些組織特點，如正式明確的目標、嚴格的規章和程序，或內聚力高的工作群體，都可以替代指令型的領導行為。如表 8-1 所示。

表 8-1　　　　　　　　　　領導的替代因素和無效因素

特點	關係取向的領導	任務取向的領導
個體特點		
經驗/培訓	無影響	替代
專業	替代	替代
對獎勵的淡然態度	無效	無效
工作任務特點		
高結構化任務	無影響	替代
提供自身反饋	替代	無影響
滿足個體需求	替代	無影響
組織特點		
正式明確的目標	無影響	替代
嚴格的規章和程序	無影響	替代
內聚力高的工作群體	替代	替代

---

[1] Steve Kerr, John M Jermier. Substitutes for leadership: their meaning and measurement [J]. Organizational Behavior and Human Performance, 1978, 22 (3): 375-403.

除了領導的替代品之外，一些環境因素會成為領導的中和劑（Neutralizer），雖然下屬仍需要領導者的領導，但這些環境因素會使各種領導行為失效。例如下屬對領導的獎賞沒有興趣，或上司的職位沒有授予他足夠的權力等，都會使各種領導的行為不能有效地影響下屬的行為或行為結果。領導者並不總對下屬的結果產生影響，這種最近的認知並不該令我們感到吃驚。

大量的變量，如態度、個性、能力、群體規範，都會對個體的工作績效和滿意度造成影響。而領導理論的支持者們在解釋和預測行為時，卻忽視了這些變量，僅單純考慮到領導者行為對下屬實現目標的影響。因此，明確認識到領導是組織行為總體模型中的自變量這一點非常重要。在某些情境下，自變量有利於解釋員工的生產率、缺勤率、離職率和工作滿意度，但在另一些情境下，自變量沒什麼作用。

三、領導替代品理論的意義

事實上，領導替代品理論（Leadership Substitutes Theory）對研究領導理論的學者在思考領導效能上產生重大的衝擊。可以這樣說，斯蒂夫·克爾和約翰·賈米爾（Kerr & Jermier, 1978）的領導替代品理論明顯脫離了一般領導理論與情境領導理論。一般領導理論是假設某一特定領導風格、行為或導向具備領導的效能；情境領導理論則強調領導者的行為模式需與部屬的成熟度配合運用方能發揮領導效能。但領導替代品理論認為，領導的情境變量是個體的特點、工作任務的特點和組織特點等三項變量，這些情境因素會取代或中和領導行為，對領導效能產生顯著的影響。

第二節　領導-成員交換理論

一、領導-成員交換理論的內容

隨著領導理論研究的深入，人們逐漸認識到組織中的領導過程是領導與下屬之間動態的物質、社會利益和心理的交換過程，這種交換過程從上下級關係建立之初就開始形成並不斷發展。事實上，一個組織的目標能否完成，從某種程度上需要視上下級關係的好壞而定。湯姆·丹尼爾斯等人（Daniels & Spiker, 1991）指出，組織中的上下級關係必須置於社會與組織的框架下來進行探討，因此必須考慮組織的文化與語境。[①]

在大量前期研究的基礎上，哈格等人（Haga & Dansereau, 1974）提出了領導-成員交換理論（Leader-Member Exchange Theory，簡稱 LMX 理論），喬治·格雷安和他的助手們（Dansereau, Graen & Haga, 1975; Graen & Scandura, 1987）基於社會交換理論，

[①] Tom D Daniels, Barry K Spiker. Perspectives on organizational communication [M]. Dubuque: William C Brown Publishers, 1991.

將領導者與其下屬間的互動關係稱為「領導與成員的交換質量」（Leader-Member Exchange Quality），並由此引發了大量關於 LMX 理論和實證研究。喬治·格雷安等人（Graen & Uhl-Bien, 1995）認為，領導-成員交換理論近年來越來越受到重視，已經成為組織行為與領導的領域中一個受到廣泛討論的議題。

管理學家從上下級關係以及關係質量的視角探討了領導與成員的關係。埃森伯格等人（Eisenberg & Goodall, 1993）指出，為了實現組織的目標，領導與成員關係是一個極端重要的系統。另一些學者認為，領導與成員關係會影響到生產力、離職率和職工的滿意度等（Dansereau, Graen & Haga, 1975; Graen, Liden & Hoel, 1982; Liden & Graen, 1980）。湯姆·丹尼爾斯等人（Daniels & Spiker, 1991）指出，組織中許多關鍵性事件都發生在上下級關係上。[1]

由於領導者與不同下屬的人際關係是有差別的，因此領導行為研究必須考慮組織圈內的變異（Within-group Variance），必須分別考察領導者與每一位員工所形成的垂直對偶聯結。因此，早期的領導-成員交換理論也稱垂直對偶聯結理論（Vertical Dyad Linkage Theory）或垂直對偶聯結模式。[2]

二、領導-成員的交換關係

垂直對偶聯結是指上司與一個下屬之間的一對一關係。早期的大多數領導理論都基於這樣一個假設，即領導者以同樣方式對待所有下屬（Average Leadership Style，簡稱 ALS）（Dansereau, Cashman & Graen, 1973）。[3] 群體中我們是否注意到領導者對待不同下屬的方式非常不同？是否領導者對自己的圈內（In-group）成員更為優惠？如果回答「是」，那麼就會認可喬治·格雷安和他助手們（Graen & Cashman, 1975）的發現，這就是領導-成員交換理論的基礎。垂直對偶聯結模式注重領導-成員之間的互動行為，即注重兩者之間「成對」（Pair）的交換行為。與 ALS 相比較，ALS 是以同一套標準看待下屬，而垂直對偶模式則會因關係差異程度發展出不同的行為模式（Dansereau & Markham, 1987）。垂直對偶聯結模式認為，由於組織目標是通過組織中的各種不同角色來實現的，成員在實現組織目標的過程中扮演什麼角色，是由他（她）與上級領導之間的人

---

[1] Tom D Daniels, Barry K Spiker. Perspectives on organizational communication [M]. Dubuque: William C Brown Publishers, 1991.

[2] Fred Dansereau Jr, George G Graen, William J Haga. A vertical dyad linkage approach to leadership within formal organization: a longitudinal investigation of the role making process [J]. Organizational Behavior and Human Performance, 1975, 13 (1): 46–78.

[3] Fred Dansereau Jr, James F Cashman, George G Graen. Instrumentality theory and equity theory as complementary approaches in predicting the relationship of leadership and turnover among mangers [J]. Organization Behavior and Human Performance, 1973, 10 (5): 184–200.

際交換關係來決定的。[1]

需要說明的是,在垂直對偶聯結模式中領導-成員交換行為已經從工作契約的經濟交換(Economic Exchange),延伸至更具有人際互動的社會交換(Social Exchange)關係方面來,因而垂直對偶聯結模式改稱為領導-成員交換理論。領導-成員交換理論指出,一個領導者有多個垂直組合,並會以不同的方式領導不同的下屬。領導-成員交換理論假設,領導與成員之間的交換關係有兩種類型,即領導與「圈外」人士(Externals)建立的是一種低質量的 LMX 關係,它完全是一種自上而下的影響力,是一種以等級關係為基礎的契約關係;而領導與「圈內」成員(Internals)建立的則是高質量的 LMX 關係,是一種相互信任、相互尊重、相互吸引、相互影響的交互式關係。

三、領導-成員交換理論的發展方向

20世紀80年代中期以來,領導-成員交換理論逐步成型。一般來說,研究者從三個方面對它進行研究:①領導-成員交換關係的結構維度和測量方法研究。這方面的研究主要探討領導-成員交換的關係結構和內容。目前,大多數研究主要在做這方面的工作;②影響領導-成員交換關係的相關因素研究。這包括了影響領導-成員交換關係的因素以及領導-成員交換關係對個體、群體和組織結果變量的影響等;③進一步擴展領導-成員交換理論的內涵。這方面的研究主要探討如何將以一對一為基礎的領導-成員關係發展到更高水準的團隊、組織或超組織層面的關係,以及這種關係的特性和影響效應;④有關團隊—成員交換關係(Team-member Exchange,簡稱 TMX)的研究。團隊—成員交換關係研究是領導-成員交換理論的進一步發展,主要探討整個團隊成員之間的交換關係。

在我們看來,團隊—成員交換關係研究需要從兩個方面進行:在團隊中領導者方面,可以將領導者屬性區分為專業能力(Professional Capability)與合群特質(Agreeableness)兩個方面分別進行研究;在團隊成員方面,可以將團隊成員組成區分為專業能力互補性(Professional Capability Complementarity)與合群特質同構型(Agreeableness Homogeneity)兩個方面分別進行研究。從領導者屬性的專業能力與合群特質、團隊成員的專業能力互補性與合群特質同構型等方面進行研究,可以對團隊效能關聯性同領導者屬性的專業能力與合群特質、團隊成員的專業能力互補性與合群特質同構型是否會通過團隊效能的運作進而影響集體目標承諾(Collective Goal Commitment)進行研究。

我們認為,加強領導-成員交換關係的建立,將大大促進組織中信任、尊重和支持為導向的文化價值觀的形成,營造真誠、開放和平等的團隊氛圍,激發下屬積極地表現出團隊所期望的行為。研究表明,領導-成員交換關係轉化為團隊—成員交換關係(TMX)時,團隊關係的質量將產生顯著的增量效果。相關的實證研究說明,組織中的

---

[1] Fred Dansereau Jr, George G Graen, William J Haga. A vertical dyad linkage approach to leadership within formal organization: a longitudinal investigation of the role making process [J]. Organizational Behavior and Human Performance, 1975, 13 (1): 46-78.

關係衝突和團隊的生產力及團隊成員的滿意感呈負相關，關係衝突往往破壞了人們之間的善意以及相互理解，妨害了團隊任務的完成。而組織中 TMX 的倡導，將十分有助於緩解團隊關係衝突，以保持團隊的持久團結和合作。

第三節　魅力型領導理論

一、魅力型領導的概念

Charisma 一詞來自希臘文，意思是「神所賦予的靈感能力」（Divinely Inspired），如創造奇跡、預測未來的能力（Yukl, 2001）。

魅力型領導（Charismatic Leadership）強調以個人的號召力來影響下屬的行為，魅力型領導理論（Charismatic Leadership）是領導的歸因理論（Attribution theory of leadership）的擴展。領導的歸因理論是指領導主要是人們對其他個體進行的歸因。[1] 而魅力型領導理論強調，人們會把某些行為或成功歸因於偉大的魅力領導能力。魅力型領導理論指出，當下屬觀察到某些領導行為時，會把它們歸因為偉人式的或傑出的領導能力。因而魅力的中心意思是領導者個體的人格特徵。大部分魅力型領導的研究是確定具有領袖氣質的領導者與無領袖氣質的對手之間的行為差異。

事實上，魅力型領導理論最早來源於賓州大學沃頓商學院教授羅伯特・豪斯（House, 1977）的一篇論文。羅伯特・豪斯提出，領導要素中的個人特徵就是其對信念的執著和對前途與目標的豐富想像力。在豪斯看來，魅力型領導使下屬非常相信領導的想法和觀點，無條件地接受領導，對領導有情感上的依賴，結果是對領導心甘情願地服從。魅力型領導理論認為，「領導」是領導者通過本身的卓越才能和超凡魅力來影響部下，從而使既定目標得以實現。

二、領導魅力的分類和來源

在我們看來，研究魅力型領導的一個重要問題是需要說明領導魅力的分類和來源。領導魅力大體上可以分為：①人格式魅力，它以人格特徵為魅力來源。②關係式魅力，它以領導者與追隨者的關係為魅力來源。③社會性結構魅力，它以正式組織所賦予的權力為魅力來源。

我們認為，伴隨著工業革命和社會組織化的是權力從個人到體制的轉移過程，這一

---

[1] 領導歸因理論（Attribution Theory of Leadership）是美國華盛頓州立大學教授特倫西・R. 米切爾（Terence R. Mitchell）於 1979 年首先提出的一種領導理論。這種理論指出，領導是一種象徵或員工的主觀認知，即人們對其他個體所做的一種歸因，領導者對下級的判斷會受到領導者對其下級行為歸因的影響。運用歸因理論的框架，研究者發現，人們傾向於把領導者描述為具有這樣一些特質，如智慧、隨和的個性、很強的語言表達能力、進取心、理解力和勤奮。

過程被馬克斯‧韋伯稱為「領袖魅力常規化」，從某種意義上說，這在今天已經完成。新型的巨型企業或者說處在今天這個變革時代的組織，需要的是更為激動人心的具有超凡個性魅力的首席執行官（CEOs）。不管正確與否，新聞媒體助長了這樣一種觀念，即一個龐大複雜的組織的命運主要取決於一位卓越領袖的個性魅力。哈佛商學院組織行為學副教授庫赫拉納（Khurana，2004）在《尋找公司拯救者》(Searching for a Corporate Savior) 一書中寫道，首席執行官「不再被定義為職業經理人，而是被稱作領袖。這些領袖之所以成為領袖，在於他們的個性，或者更簡單地說，在於他們非凡的魅力。」①

從某種意義上說，魅力型領導就是願景領導（Vision Leaders）。而首先提及願景領導的是小詹姆斯‧唐當（Downtown，1973）②。但願景領導一詞並無一致的定義，康格和凱南格（Conger & Kanungo，1987）認為，願景領導是追求理想化目標的領導。③ 願景領導的特點有：①創設並交流組織願景與目標；②制定組織戰略與計劃；③促使下屬和團隊發展；④促使組織發展；⑤保護個人免受不利因素影響；⑥保護組織免受不利因素影響；⑦在團隊之間尋找並交流共同點；⑧詳述組織哲學、價值觀並創建組織文化；⑨培養對環境和組織的洞察力；⑩激勵群體行動以實現目標。杰伊‧康格（Conger，1989）認為，變革組織的首要要求就是能夠對願景進行表述，能夠與他人共享這個願景，告訴他們將來會怎麼樣，並且能夠得到其他人的認可。④

三、魅力型領導的特質

一些研究者試圖確認具有領袖魅力的魅力型領導的個性特質。羅伯特‧豪斯確定了三項特質：第一項特質是有預見（Envisioning），有很好的洞察力和眼光，訂立高的目標，並且用行動來讓下屬學習怎樣可以達到那些目標，這是魅力型領導最重要的特質；第二項特質是充滿活力（Energizing），以個人對工作的投入、對自己信仰的堅定信念和表現極高的自信心來推動下屬的工作；第三項特質是賦予下級能力（Enabling），例如表現對他們的支持，瞭解他們和對他們有信心。

隨著實踐的發展，人們的對魅力型領導的認識也在不斷地深化，一般認為，具有廣泛魅力型領導通常具備以下 12 種特質。這些素質在領導組織變革時更顯得彌足珍貴：①充分的自覺意識；②善於激勵他人；③善於合理分配有限資源；④富有遠見並能向他人傳播；⑤擁有完善的個人價值體系；⑥強烈的集體責任感；⑦成熟的知識和學習網絡；⑧有效分析與整合複雜信息的能力；⑨具有靈活性和快速反應的能力；⑩在非常不

---

① Rakesh Khurana. Searching for a corporate savior: the irrational quest for charismatic CEOs [M]. New Jersey: Princeton University Press, 2004.
② James V Downtown, Jr Rebel leadership. Commitment and charisma in the revolutionary process [M]. New York: Free Press, 1973.
③ Jay A Conger, Rabindra N Kanungo. Toward a behavior theory of charismatic leadership in organizational settings [J]. Academy of Management Review, 1987, 12 (4): 637-647.
④ Jay A Conger. Inspiring Others: the language of leadership [J]. Academy of Management Executives, 1989, 5 (1): 31-45

明朗的局勢下果斷決策的能力；⑪勇於並善於進行突破性思考；⑫迅速建立高效率職業關係的能力。①

今天，魅力型領導已成為領導理論研究的新焦點。它強調願景的建立、使命的承擔與領導魅力的重建，這不僅能獲得下屬的追隨和忠誠，更能獲得下屬的尊敬、信賴和崇拜，更能激發成員追求自我，實現目標。

巴思（Bass, 1985）指出，魅力與願景都是構成領導的要素之一。但問題在於魅力型領導與轉化型領導有混淆重疊之處（Avolio & Gibbons, 1988），因而以魅力與願景為主要領導要素的可以稱為「魅力/轉化型領導」（Charismatic/Transformational Leadership）。然而，正如加里·尤克（Yukl, 2005）所言，時至今日，有關魅力型領導與轉化型領導的研究仍相當有限。我們認為，魅力型領導理論尚屬初創階段，但是可以預期，這一理論將日益引起人們的注意。

第四節　交易型領導與轉化型領導

一、交易型領導與轉化型領導的概念

1985 年，美國管理學家伯納德·巴思（Bass, 1985）正式提出了交易型領導行為理論（Transactional Leaders）和轉化型領導行為理論（Transformational Leaders），這一理論比以往理論採取更為實際的觀點，是以一個普通人的眼光來看待領導行為，具有實際的應用價值，在實踐中得到了廣泛應用。

根據魅力型領導者理論和其他領導理論研究，領導行為常被理解為一種交易或成本－收益交易的過程。按照領導者－成員交換理論，交易型領導的概念是指在領導者與部下之間存在著一種契約式的交易。在交換中，領導給部下提供報酬、實物獎勵、晉升、榮譽等，以滿足部下的需求與願望。而部下則以服從領導的命令指揮，完成所交給的任務作為回報。因此，交易型領導行為理論的基本假設就是：領導－下屬間的關係是以兩者一系列的交易和隱含的契約為基礎。該領導行為以獎賞的方式領導下屬，當下屬完成特定的任務後，便給予承諾的獎賞，整個過程就像一項交易。

伯納德·巴思等人研究了交易型領導的基本成分，並為每一種成分開發出一系列的定量指標，發現交易型領導的主要特徵（維度）。其主要特徵為：

（1）交易型領導者為下屬提出需要做什麼、有哪些要求，領導者通過明確角色和任務要求，指導和激勵下屬向著既定的目標活動；交易型領導者幫助下屬樹立信心，只要付出必要的努力，一定能達到組織與個人的目標；領導者向員工闡述績效的標準，意味著領導者希望從員工那裡得到什麼，如滿足了領導的要求，員工也將得到相應的回報。

---

① Joe M Powell. The management masters survey [M]. Houston: Worthing Brighton Press, 2003.

（2）以組織管理的權威性和合法性為基礎，完全依賴組織的獎懲來影響員工的績效。

（3）強調工作標準、任務的分派以及任務導向目標，傾向於重視任務的完成和員工的遵從。根據伯恩斯理論，交易型領導行為建立在一個交易過程的基礎上，主要包括權變與非權變性兩種獎勵行為和權變與非權變性兩種懲罰行為，實施不同的獎勵和懲罰會導致不同的結果。所謂權變性獎懲是指根據下屬的績效進行獎勵和懲罰；非權變性獎懲是指領導進行獎罰時不依據下屬的績效。

伯納德·巴思強調指出，過去的領導理論完全適合於交易型的領導者，「不幸的是大多數的實驗研究都集中於交易型領導，而世界真正的行動者和引導者是轉化型領導。」當然，這些理論在過去、現在、甚至將來都仍然還是可用的、有益的。但是，作為一個領導者，為了取得更有成效，以及對自己的組織發揮重大的影響力，就必須運用自己個人的想像力和精力去鼓舞下屬。①

轉化性質的領導行為或轉化型領導者（Transformational Leaders），是一種領導向員工灌輸思想和道德價值觀，並激勵員工的過程。領導者通過激勵下屬的士氣，幫助下屬以新觀念看待老問題，使部下看到事業的美好前景而激發出積極性和創造性。加里·尤克（Yukl, 2005）認為，轉化型領導是指「影響組織的成員在態度及假設上產生重大改變，對組織目標或使命建立承諾奉獻」。② 這項定義，可以明確瞭解到轉化型領導是一種高層次的思想轉變。

在這一過程中，領導除了引導下屬完成各項工作外，常以領導者的個人魅力，通過激勵下屬、刺激下屬的思想、關懷下屬，能夠改變員工的工作態度、信念和價值觀，使他們為了組織的利益而超越自身利益，從而更加投入於工作中。

伯納德·巴思認為轉化型領導行為應包含4個維度特徵。這些維度最初是由員工對那些可以使他們有更出色表現的領導者的描述中得到的，後來的問卷調查和分析又對這些維度做了修改。③

（1）超凡的領導（Idealized Influence）。即利用領袖的超凡魅力，向員工展現其遠見和使命感，逐步灌輸給員工榮譽感，贏得員工的尊重與信任。領導者要向員工解釋任務的意義，引發其自豪感，獲得其尊重和信任。超凡的領導被描述為使下屬崇拜、尊敬和信任的行為，這樣的領導者願意分擔風險，考慮下屬的需求勝過自己的需求。這一維度經常被簡單地認為是「領導氣質」，是最重要的維度特徵。

（2）鼓勵（Inspirational Motivation）。即激起部下較高的期望，用工作意義激勵員工去工作，用簡單的方式表達重要含義，這個空間反應為下屬的工作提供意義和挑戰的行為。它包括清楚地描述期望並提出對整個組織目標的承諾。領導者要超越交易的誘因，

---

① Bernard M Bass. Leadership and performance beyond expectations [M]. New York: Free Press, 1985.
② Gary A Yukl. Leadership in organizations [M]. New Jersey: Prentice Hall, July 2005.
③ Bernard M Bass. Leadership and performance beyond expectations [M]. New York: Free Press, 1985.

通過對員工的智力開發、激勵，鼓勵員工為群體的目標、任務以及發展前景超越自我，實現預期的績效目標。另外，團隊精神也從熱情和樂觀中產生。研究發現，鼓勵是與超凡領導緊密聯繫的，它們經常在實踐中體現。

(3) 智力激盪（Intellectual Stimulation）。即轉化型領導者不斷用新觀念、新手段和新方法對部下進行挑戰，集中關注較為長期的目標，強調以發展的眼光鼓勵員工發揮創新能力，並改變和調整整個組織系統，為實現預期目標創造良好的氛圍。轉化型領導者要提出新主意，並從下屬那兒得到創造性的解決問題的辦法，他們還鼓勵在工作中使用新的方法，通過問題假設和挑戰自我來使員工的創造力得到累積。正如伯納德·巴思指出的那樣，「通過轉化型領導的智力激盪，我們的意思是對員工在意識和解決問題、思考和想像，以及信念和價值觀的形成產生激發作用並使之產生變化。」①

(4) 個性化的關懷（Individualized Considerations）。即領導者給部下以個別化關懷，區別性地對待每一個下屬，對他們進行培育和指導，賦予他們責任，這表現為領導專注地傾聽並特別關注下屬的成績和增長的需求，引導員工不僅為了他人的發展，也為了自身的發展承擔更多的責任。與傳統的關懷因素不同，個性化思考更多地考慮員工的發展，而較少涉及參與決策。

二、轉化型領導人成功的關鍵

無論組織是施行新的組織文化還是自我管理的團隊結構，無論是發展組織生命週期（Life cycle）中的新階段還是組織向國際擴展，組織都需要大規模的變革並呼喚著轉化型領導者的出現。大規模的管理變革包括組織的使命（Mission）、結構及其政治和文化系統的根本轉型，以便使組織的能力達到新的水準②。在危機或迅速變革的情況下，轉化型領導人應該對組織的主要變革施加影響。為了做到這一點，轉化型領導人必須成功地做到三個方面：③

(1) 新願景的構想。對所希望的未來狀態進行的構想就是說組織必須要打破原有的模式和舊的結構和程序，廢除不再有用的活動。領導必須能夠在組織中推廣這種構想。儘管領導必須通過工作任務和其他的方法使組織的管理者和員工參與其中，但是只有他們自己最終要為新願景的構想負責。

(2) 承諾的動員。對新使命和新願景的廣泛接受至關重要，大範圍的、不連續的變革需要特殊的組織重新承諾（Organizational Recommitment），否則它將會因為與傳統的組織目標和活動不一致而遭到反對。

(3) 變革的制度化。新的實踐、舉措和價值觀必須被持久地採納，即重要的資源要

---

① Bernard M Bass. Leadership and performance beyond expectations [M]. New York: Free Press, 1985.
② Noel M Tichy, Mary Anne Devanna. The transformational leader: the key to global competitiveness [M]. New York: John Wiley, 1997.
③ Noel M Tichy, David O Ulrich. The leadership challenge: a call for the transformational leader [J]. Sloan Management Review, 1984, 26 (1): 59-64.

用於培訓項目和員工的召集，以便形成新的組織文化和組織風格。變革既涉及管理結構和控制系統，也涉及技術、財務和行銷系統。轉化型領導人必須不斷地將組織轉向新的行為和思維方式。新的系統可以改變權力和地位，修正相互作用的模式。被雇傭的管理者要表現出適應於新秩序的價值觀和行為，然後使新系統制度化並得以長久。

第五節　後英雄主義式領導

今天，隨著知識經濟時代的來臨，虛擬組織、項目小組、網絡組織、無邊界組織和自我管理小組等柔性組織的出現，使組織原有的邊界日益模糊。原有組織範圍內建立在權力基礎上的命令、控制等傳統領導方式正逐漸喪失原有的效力，日漸顯露出不適應性。領導的對象已經從藍領工人變成了知識員工，知識員工的出現極大地改變了組織中原有的人力資源結構。「X一代」「新新人類」「80後」等不斷改變了企業人力資源的知識結構與思維模式，他們在專業領域方面比自己的領導「內行」，在思維模式方面被植入了「抗領導的疫苗」（Anti-leadership Vaccine）。這種客觀形勢的變化要求領導方式也要隨之發生變化，後英雄主義式的領導方式（Post-heroic Leadership）也隨之應運而生。可以這樣說，環境的動盪和不確定性對領導風格（Leadership Style）產生了重大影響，倫理困境、經濟困境、組織治理、經濟全球化、技術變革、新工作方式、員工預期的不確定性以及重大的社會轉型等，無不改變著人們對領導的看法和具體的領導實踐。

在這樣一個動盪的年代，領導方式和領導風格最熱門的討論和應用課題是後英雄主義式領導。20世紀80年代以來，領導這個概念總是與英雄、傳奇色彩的個性、強烈的自我和個人理想等量齊觀的。亨利‧明茲伯格（Mintzberg，2002）對傳統的英雄主義領導觀批評到：「這種英雄主義的領導觀，分明把蕓蕓眾生納入一個金字塔型結構來看待。在金字塔的頂端是那些偉人們。他們有絕對鮮明的、堅定的價值觀，明辨是非。他們敢作敢為，為了高尚的事業而不惜獻身，並且最終改變了這個世界。在金字塔的底層，是生活中的那些袖手旁觀者、逃避義務者、膽小怕事者。他們是詩人艾略特[1]筆下的『空心人』（The Hollow Men），畏首畏尾，自私自利。他們既不能鼓舞任何人，也做不出半點貢獻。」明茲伯格追問說：「這種觀念又將所有其他人置於何地呢？……以金字塔結構來看『人』的方式，幾乎完全忽略掉了日常生活和普通民眾，其結果，似乎是使絕大多數人都陷入黑暗含混的道德、倫理邊緣。而這，當然是一個嚴重的錯誤。」

美國西密歇根大學（Western Michigan University）教授彼得‧諾思豪斯（Northouse，2007）[2] 指出，近十年來，領導的魅力正在呈指數型成長，領導的概念風靡，領導並不

---

[1]　托馬斯‧斯特恩斯‧艾略特（Thomas Stearns Eliot），英國著名現代派詩人和文藝評論家，1948年因「革新現代詩功績卓著的先驅」，獲諾貝爾獎文學獎。

[2]　Peter G Northouse. Leadership: Theory and practice [M]. California: Sage, 2007.

限定於在領導者位置上的領導人。未來和過去領導最大的差別在於：領導不是一個位置而是一個過程，每個人都能得到它，並且是可以在領導行為上被觀察、學習的（Kouzes & Posner, 2001；Parks, 2005）[1]。後英雄主義式領導強調優秀的領導每天的行為是柔性的、沉靜的（Quiet）、細微的，甚至是看不見的，並且是常常得不到獎賞的，並沒有轟轟烈烈的宏偉事跡可以稱頌（Badaracco, 2003）。領導人需要承認這個世界的複雜多變，而人的動機和目的也非常複雜。如果他們深深地懂得這個道理，他們就能夠表現出克制、謙遜、執著。

後英雄主義式領導的主要特徵是：

（1）謙遜（Humility）。謙遜意味著後英雄主義式領導的行為不做作、謙遜，而不是高傲自大、趾高氣揚。詹姆斯·柯林斯（Colins, 2001）在《從優秀到卓越：企業成功之道》一書中指出，謙遜的領導人不會把自己放在焦點地位，注重開發他人的潛能，支持其他人的工作，而不是誇誇其談，吹噓自己的英雄主義行為、才能與成就[2]。亨利·明茲伯格認為，這些領導者是「沉靜型領導者」（Quiet Leaders），他們的超凡成就，在很大程度上，得歸功於他們的謙遜與克制。事實上，由於很多困難的問題只能通過一系列長期的細微努力才能解決，所以，「沉靜領導之道」（Quiet Leadership），儘管乍看起來顯得「步調緩慢」，但卻經常會被實踐證明，是使一個組織乃至這個世界得以改善的「最快途徑」。

（2）柔性影響力（Flexible influence）。後英雄主義式領導強調領導的核心就是柔性影響力，加里·尤克爾（Yukl & Chavez, 2002）從現代領導理論的視角重新詮釋了領導的影響力，指出了領導是影響他人理解、同意什麼需要做和怎樣有效執行的過程，以及推動個人和集體努力達成目標的過程。領導的影響力是領導者有意或無意改變客體（人、物、過程、策略）的結果表現。加拿大西蒙·弗雷澤大學（Simon Fraser University）商學院的迪恩·喬斯沃爾德等人（Tjosvold, Andrews & Struthers, 1992）通過研究發現，合作型的領導者主要依靠合作實現影響力，當他們的下屬對影響力開放時，合作影響力得到支持並且有效。採取競爭和不合作態度的領導不能有效地實施影響，不能對員工的工作和承諾施加建設性的影響。他們研究發現，領導和下屬分享權力形成了合作型影響力。當領導和下屬都有實力（Strength）時，領導者應通過與下屬合作來施加影響[3]。迪恩·喬斯沃爾德等人的研究還發現，領導的有效性、影響力與領導和其下屬對雙方目標的關聯性、權力資源的認知程度呈相關關係（Tjosvold, Andrews &

---

[1] Sharon D Parks. Leadership can be taught: A bold approach for a complex world [M]. Boston: Harvard Business School Publishing Corporation, 2005.

[2] James C Collins. From good to great: why some companies make the leap and others don't [M]. New York: Harper Collins Business, 2001.

[3] Dean Tjosvold, Robert Andrews I, John T Struthers. Leadership influence: goal interdependence and power [J]. The Journal of Social Psychology, 1992, 132 (1): 39-50.

Struthers，1991)①。我們認為，根據影響力的來源不同，可以將影響力分為剛性影響力和柔性影響力。從剛性影響力視角看，領導力就是領導嘗試通過實踐其權力去影響其追隨者以實現目標的過程。這種影響力包括初期的激勵和後期的獎懲等方式，強調的是剛性控制。限制剛性影響力和剛性控制最有效的方法就是擴大柔性影響力，這恰恰是後英雄主義式領導的基本特徵和實施領導行為的根本手段。嚴格地說，柔性影響力是一種個人權力，它可以同職位有關，也可能與職位無關。建立在專長、特殊技能或知識的基礎上的專家權力（Expert Power）和建立在一位下屬對一位領導的認可基礎上的參照權力（Referent Power）往往就是這種柔性影響力的具體表現形式。一般來說，後英雄主義式領導的柔性影響力主要表現在確立方向上（Establishing Direction），這主要是指領導具有實現目標的遠見與策略；促使人員合作（Aligning People），即根據組織目標通過溝通調整組織成員行為確保成員間合作；激勵與鼓舞（Motivating and Inspiring），即基於員工基本的人性需求、價值意義與感情的激勵（Kotter，1990)②。

（3）互動式領導風格（Interactive Style）。互動式的風格包含「鼓勵參與」「分享權利與情報」「強化他人的自我價值」「促使他人樂於工作」四大重點。③ 互動式意味著領導要善於將自己的興趣轉化為企業組織的目標，並以此激勵他人。互動式領導風格都很努力地營造合適的工作環境與組織文化，其最終目標則是達到一種「雙贏」（Win-win）的情境，亦即希望組織的一切運作對於組織本身和員工們都有所助益。

（4）注重服務（Serve）。後英雄主義式領導把領導職責看作是一種為員工提供便利的服務活動。例如，領導可以確立目標與協調下屬們在組織中的衝突來為員工提供自己的目標服務，並通過這些活動來施加影響。

（5）授權（Empowerment）。授權是指給予下屬更大的自主權，不但有既定下放的決策權，甚至有改變公司既定政策來辦事的可能，核心的問題是完成所委派和承擔的工作，而不是辦事的方法；同時，在心理上，被授權的人會感到非常有意義、有自信心、有毅力，並且感到自己對工作的結果是有影響力的。④

相對於過去集權式的組織架構而言，如何賦予組織成員權力以獲得成果，已成為組織成功改造的關鍵因素之一。降低創新活動時間的關鍵在於團隊領導者要授予成員明確的任務與必要的職權，並給予完全的支持。此外，創新小組應該要有絕對自主性，對創新團隊加以授權，以免浪費過多的時間在準備報告上。組織對創新團隊的正式檢討應該減少，以避免過度的干預，若能給予創新團隊更多的責任與彈性，將會使團隊成員更迅速地因應變動而增加創新活動的效率。這種類型的領導者極少運用其權力，但不管以什

---

① Dean Tjosvold, Robert I Andrews, John T Struthers. Power and interdependence in work groups: views of managers and employees [J]. Group & Organizational Studies, 1991, 16 (3): 285-299.
② John P Kotter. Find force for change: how leadership differs from management [M]. New York: Free Press, 1990.
③ Judith B Rosener. Ways women lead [J]. Harvard Business Review, 1990, 68 (12): 119-125.
④ Gretechen M Spreitzer. Psychological empowerment in the work place: dimensions, measurement and validation [J]. Academy of Management Journal, 1995, 38 (5): 1442-1465.

麼方式，在下屬的運作中給他們以高度的獨立性甚至是「自由放任」。後英雄主義式領導者主要依靠下屬來確定他們的目標以及實現目標的方法，並且他們認為，他們的任務就是為下屬提供信息，主要充當群體與外部環境的聯繫人，以此幫助下屬開展工作。

目前，符合後英雄主義式領導觀念的主要有服務型領導、柔性領導、第五級領導、互動型領導、電子領導和倫理領導。

一、服務型領導

服務型領導（Servant Leadership）也稱為公僕型領導，其基本假設是：領導的工作是因員工的發展而存在的，正如員工的存在是因工作而存在的一樣（Daft & Lengel, 1998）[1]。這樣的假設表明，領導就是服務，或者說領導就是「公僕」（Sefrvant）。

服務型領導的概念最早是由美國電話電報公司的 CEO 羅伯特·格林列夫（Robert K. Greenleaf, 1904—1990）在 1970 年的《服務型領導》（The Servant As Leader）一文中首次提出了「服務型領導」的概念。事實上，格林列夫是從 1960 年度諾貝爾獎獲得者、德國詩人赫曼曼·赫塞（Herman Hesse, 1956）的《東方之旅》（The Journey to the East）一書中得到了啓發，激勵他形成了服務型領導概念。格林列夫從中領悟到：偉大的領導者必須先作為公僕服務追隨者，領導者內心深處的本質是服務，具有公僕本質的人最能展現領導能力，而公僕的本性，才是真正的領導力。在《服務型領導》這篇文章中，格林里夫對服務型領導做了如下的描述：服務型領導首先是公僕，他懷有服務為先的美好情操。他用威信來鼓舞人們，確立領導地位。他與那些為領導而領導者截然不同，他所渴求的恰是緩和那種不同尋常的領導力。對於那些以領導為先的領導者來說，在領導地位、威信以及影響力確立之後，或許才能夠談到服務。領導為先和服務為先是領導哲學的兩個極端。處於它們之間的，則是混雜著的其他各式人類特性。[2] 後來，拉里·斯匹爾斯（Larry C Spears）、吉姆·勞布（Jim Laub）、理查德·達夫特（Richard L. Daft）等學者在格林里夫的基礎上進一步發展了服務型領導理論。

格林列夫（Greenleaf & Spears, 2002）強調服務為領導之先，這就使服務型領導成為一種把傳統領導完全顛倒過來的領導理論。[3] 格林列夫（Greenleaf & Spears, 1977, 2002）指出服務型領導包含兩個中心的概念：第一，領導者自然地想要去服務其他人，真實的領導就是基於這種想要服務的慾望；第二，被服務的人能有所成長，並且也能成為服務他人的人；他指出中心概念但並沒有對服務型領導做出定義；博伊姆（Boyum, 2008）指出，相較於轉化型領導（Transformational Leadership）與交易型領導（Transac-

---

[1] Richard L Daft, Robert H Lengel. Fusion leadership: unlocking the subtle forces that change people and organizations [M]. San Francisco: Berrett Koehler, 1998.

[2] Don M Frick, Robert K. Greenleaf: a life of servant leadership [M]. San Francisco: Berrett-Koehler Publishers, 2004.

[3] Robert K Greenleaf, Larry C Spears. Servant leadership: a journey into the nature of legitimate power and greatness [M]. New York: Paulist Press, 1977.

tional Leadership），聚焦在領導者個人的成長上，以組織優先，成員其次，服務領導則是由個人起引導作用。凱瑟林·帕特森（Patterson, 2003）同樣認為服務型領導理應聚焦於追隨者，追隨者應該是被關心的焦點，組織則為其次；這讓我們更清楚服務型領導是聚焦在追隨者個人層面的成長。

博伊姆（Boyum, 2008）提出，服務型領導是一個領導者通過服務的渴望和過程與追隨者建立密切關係的行為，在這樣的方式中，領導和追隨者將彼此的道德和動機提升到更高層次。可以這樣說，在博伊姆的定義中明確指出起點與終點，但少了仲介過程。在我們看來，服務型領導是領導者基於服務奉獻的召喚與意識，以服務與幫助下屬成功的精神，努力滿足其工作與人性的需求，而共同創造組織成功機會的一種方式。這就是說，服務型領導是領導人發自內心的熱忱，以服務代替領導；通過傾聽、服務等過程，以建立社群的行為；領導者與被領導者僅是互為主體的關係，也是夥伴關係，由服務來進行領導，使追隨者心悅臣服。這個定義的焦點在組織，而非組織成員的個人成長。

服務型領導者（Servant Leader）的工作任務主要有兩個方面：實現員工的目標與需要；實現組織更大的目標與使命。服務型領導者的責任就是要創造並維持一種良性循環的環境和團隊合作的文化，激勵員工充分發揮潛能。所以領導者絕對不是刻意去討好員工，反而為了員工能積極發揮潛能，領導者要具備「設定願景」（Vision）和執行計劃的雙重能力，既能制定全局發展方向和目標，又要能以服務的心態去幫助員工實現目標。這領導行為包括兩個部分，即願景與執行。首先領導者要勾勒願景、方向，這是他的職責所在。領導者需要設定發展的方向，瞭解整體組織的目標是什麼。一旦目標確定後，領導者的角色就專注在如何將目標執行出來。怎樣才能實現設定的目標？這時候，領導者服務的角色就可以發揮出來了。因為員工不但要知道公司的願景和方向，也同時要靠老板依據願景、方向，有計劃地訓練員工，推動計劃，協調運作，以達成目標（Blanchard & Hodges, 2003）。[1]

二、柔性領導

美國紐約州立大學教授加里·尤克爾和理查德·雷普森格（Gary Yukl & Richard Lepsinger）合著的《柔性領導》（Flexible Leadership: Creating Value by Balancing Multiple Challenges and Choices）首次以一種理論的方式提出了柔性領導（Flexible leadership）的概念。尤克爾（Yukl, 2004）指出：「柔性領導的關鍵是對持續變化的所作出的反應，這主要因為領導者們需要在相互競爭的各種需要中尋求平衡，在縱橫交錯的管理層和子系統之間尋求協調和一致性。」[2] 這一概念說明，柔性領導是一種互動作用；柔性領導有

---

[1] Kenneth H Blanchard, Phil Hodges. The servant leader: transforming your heart, head, hands, habits [M]. Nashville: Countryman, 2003.

[2] Gary Yukl, Richard Lepsinger. Flexible leadership: creating value by balancing multiple challenges and choices. [M]. New York: Jossey-Bass, 2004.

引導宣傳作用；柔性領導須具備說服力；柔性領導並非是目的，而是「潤物細無聲」地解決問題、達成目標的工具或手段。

尤克爾和雷普森格（Yukl & Lepsinger, 2006）認為，任何一個領導者都不可能擁有解決組織所有難題所需具備的全部知識和技術，因此包容其他擁有相關知識和不同觀點的人是組織的根本要求。艾倫·卡拉爾科（Calarco & Gurvis, 2007）等人指出，在快速變化的環境中，領導們開始認識到他們需要提高適應能力以加強有效性，必須相應地提升領導的柔性[1]。美國喬治梅森大學的心理學教授斯蒂芬·扎卡羅（Zaccaro et al., 2004）等人指出，在快速變化的環境中，領導們提高適應性應在學習和工作中建立三種形式的柔性——認知柔性、情感柔性和處事柔性。其中，認知的柔性是指運用多樣化的思維策略和智力結構的能力；情感的柔性是指手段多樣化以適應其他人；處事的柔性（或基於個性的柔性）是指領導者保持樂觀和與時俱進能力。

柔性領導與下屬之間的信任關係不是傳統意義上的組織成員通過單方面努力獲得組織信任的過程，而是一種員工與組織雙向平等的關係，即雙方在平等的基礎上擔當各自的責任以贏得對方的信任。這種信任關係的基礎是，組織成員憑藉自身擁有的資源，足以對組織目標的實現或對組織的發展產生實質性影響，這種信任關係是組織成員在對自身與組織利益關係進行權衡之後做出的理性選擇。理性的信任為柔性管理情境中組織與成員間平等、互信的關係打下了基礎，但柔性領導與下屬的信任關係不能局限於這一較為低級的信任水準。尤克爾和雷普森格（Yukl & Lepsinger, 2006）指出，沒有個人的誠實與正直，任何層級的領導都不會得到人們的信任、真誠和支持。柔性領導在與下屬長期的人際交往中不斷通過自身的道德和人格魅力實現與下屬的良性人際互動，逐步與下屬之間建立起超越利益交換的信任關係，也就是一種人際關係驅動的信任關係。[2] 在領導實踐中，柔性領導將這種信任轉化為組織文化的一部分，通過組織文化的傳播與影響，縮短員工與組織間信任關係由交換關係驅動型向人際關係驅動型升級的時間，提高領導的有效性。彼德斯（Peters, 2005）也提出了領導與組織成員間人際關係驅動型信任關係的重要性，他認為，從長遠來看，「可信賴」是領導藝術中最強有力的特性[3]。管理專家瑪格麗特·惠特莉（Wheatley, 2006）指出，現在我們體驗到在混亂的過程中，保持連貫和一致的最好辦法就是「不要試圖去控制什麼，而是要發動那些無形但可以感覺得到的力量」。信任是這種無形力量中最為重要的一部分。[4]

---

[1] Allan Calarco, Joan Gurvis. Adaptability: responding effectively to change [M]. San Francisco: Jossey-Bass, March 2007.

[2] Gary Yukl, Richard Lepsinger. Improving performance through flexible leadership [J]. Leadership in Action, 2006, 26 (2): 3-5.

[3] Tom J Peters. Tom Peters essentials: leadership [M]. London: Dorling Kindersley Publishers, 2005.

[4] Margaret J Wheatley. Leadership and the new science: discovering order in a chaotic world [M]. San Francisco: Berrett-Koehler Publishers, 2006.

三、第五級領導

第五級領導（Level 5 leadership）是《基業長青》和《優秀到卓越》的作者、美國斯坦福大學教授吉姆·科林斯（Colins）和一個由 22 人組成的研究團隊花了 5 年的時間，通過對有 15 年持續成長歷史的公司進行研究發現的。[1] 第五級領導者是指擁有極度的個人謙遜和強烈的職業意志的領導者。擁有這種看似矛盾的複合特性的領導者往往在一個企業從平凡到偉大的飛躍中起著催化劑似的促進作用。

第五級領導所依據的理論思想是，一個品行無私的、尊重下屬、具有頑強意志的領導者，必能帶領同仁勇往直前，實現最佳的組織績效。他們是謙遜的個性（Personal Humility）與強烈的專業意志（Professional Will）看似矛盾的混合，他們是頑固的、無情的，然而，他們又是謙遜的。他們對自己的公司充滿熱情，雄心勃勃，但是又絕不允許絲毫個人的自負成為公司發展的桎梏。對於公司來說，他們功勳卓著，但是，他們自己卻將所有的貢獻歸功於同仁、屬下以及外部幫助，或者用他們的話說，「純粹是運氣」。第五級領導率領的是一支訓練有素的隊伍，在這支隊伍中，員工們思想統一，行動一致，積極配合他的決策和領導。

五級領導層級：

第五級（五級執行官）：通過個人謙遜性格和職業意志的複雜結合，使企業持續健康發展。

第四級（高效的領導者）：對於工作可以投入充沛的精力，顯示出專業的職業素質。

第三級（能幹的經理）：組織人力、物力，並使其得到充分、有效的利用，以實現既定目標。

第二級（具有奉獻精神的團隊成員）：投身於集體項目，和其他成員高效合作。

第一級（高素質的員工）：用才智、知識、技能以及良好的工作習慣為公司創造價值。

第五級領導者位於能力層次的頂部。任何人並不需要從下往上依次經過每一個階層才能到達頂部，但一名真正意義上的第五級領導者必須具備其他四個更低層次的技能和能力。第五級領導與中級管理者和普通員工在承擔的責任、企業中的作用和貢獻大小是無法比擬的。經營者以企業整體業績向董事會負責，而普通職工的收入多少取決於其勞動效率，二者屬於兩個不同的層級，其收入具有不可比性。因而不能單純地以薪酬數量來評定 CEO 高薪的合理性。

從五級領導的特性分析發現，謙遜+職業意志＝5 級，五級領導者具有雙重性格，即謙虛而執著，羞怯而無畏。

---

[1] James C Collins. From good to great: why some companies make the leap and others don't [M]. New York: Harper Collins Business, 2001.

四、互動式領導

互動式領導（Interactive Leadership）是指領導者偏愛自願參與的、互助協作的過程，領導的影響力來自於人際關係，而非職位權力和正式的權威（Rosener，1995）[1]。

互動式領導強調，所有組織成員的關係緊密交織在一起，突破傳統金字塔結構的權威式領導，建立一個人人互助、受尊敬的工作環境。互動式領導的特點是強調最小化的個人抱負並努力開發他人的潛能，而這種領導方式在女性領導（Feminist Leadership）中最為常見。最近的研究表明，女性領導方式特別適合當前的組織環境[2]。在運用實際業績考評數據的一項研究中發現，當由上司、下屬和同事來進行業績評定時，女性領導者在激勵他人、培養溝通能力和聆聽他人傾訴等方面的能力得分比男性領導者高得多[3]。學術界討論互動式領導者與互動式管理的出發點都集中在強調女性特質（Femininity）是互動式領導的優勢之處，因而互動式領導有女性領導優勢（Female Advantage）之說（Helgesen，1990）。[4] 美國東密歇根大學（Eastern Michigan University，EMU）瑪莎·塔克教授和紐約州立大學（State University of New York）卡羅爾·帕提圖教授（Tack and Patitu，1997）指出，即「女性管理技巧正在軟化傳統管理尖銳的邊緣」[5]。

這表明，在知識經濟大潮的推動下，組織和組織管理發展的新趨勢日益明顯，在一些組織管理領域出現了女性化傾向（Feminine Orientation）或者說是柔性化管理傾向，這說明互動式領導者的領導風格和領導方法在這一發展過程中有著不可替代的作用。瑪莎·塔克教授和卡羅爾·帕提圖教授（Tack & Patitu，1997）說：「今天女性正在改變管理這種嚴厲的面孔。在組織中她們正在塑造管理新的形象，因為長期以來在團隊中女性都僅僅是成員，所以她們很容易認同團隊意識，並且在管理者的角色中，女性正在運用這種意識的優勢。」[6] 艾莉斯·伊格利等人（Eagly & Johannesen Schmidt，2001）也進行了相似的分析。她們對2000年的調查中發現，女性領導者比男性領導者在應變能力、領導風格和有效性方面表現出色。她們認為，出現這種現象的原因是：一是在實際工作中女性領導者只有表現得更好才能取得與男性領導者同樣的職位；二是女性更適合於柔性化的管理；三是如果女性領導採用傳統的命令控制管理風格，會受到下屬的抵制。[7]

---

[1] Judy B Rosener. America's competitive secret: utilizing women as a management strategy [M]. New York: Oxford University Press, 1995: 129-135.

[2] Alice H Eagly, Mary C. The leadership style of women and men [J]. Journal of Social Issue, 2001, 57 (4): 781-797.

[3] Rochelle Sharp. As leaders, women rule [J]. Business Week, 2000.

[4] Sally Helgesen. The female advantage: women's way of leadership [M]. New York: Doubleday, 1990.

[5] Martha Wingard Tack, Carol Logan Patitu. Has management gone soft? Yes and it works! [J]. Women in Business, 1997, 49 (1): 32-38.

[6] Martha Wingard Tack, Carol Logan Patitu. Has management gone soft? Yes and it works! [J]. Women in Business, 1997, 49 (1): 32-38.

[7] Alice H Eagly, Mary C Johannesen Schmidt. The leadership style of women and men [J]. Journal of Social Issue, 2001, 57 (4): 781-797.

五、電子化領導

「電子化領導」(E-leadership，或 E to E-leadership) 一詞於 2000 年產生自一些管理諮詢公司，尤其是那些與電子商務或計算機網絡有關的行業。其後有研究顯示，在以信息與通信技術為仲介的環境下，領導者運用電子技術與下級溝通的方式與行為和傳統領導行為比較，的確有差別。至今，電子化領導仍未有一個正式的定義。以我們的觀點而言，電子化領導不單是一個憑個人能力或努力便能實現的概念，應是通過機構中各團隊的努力，以期在特定的環境下實現組織的遠景、使命、領導變革和組織革新。

電子化領導的內涵與含意實在太廣泛。一般來說，電子化領導與「電子信任」(E-confident，或 E-confidence) 一詞有密切的關係，或者說電子信任是由電子化領導歸納出來的概念。當組織通過一個以信息與通信技術為仲介的環境建立起有效領導時，組織以及所有的成員都可以稱得上具備了「電子信任」或具有了「電子能力」(E-competent)。在虛擬環境條件下的領導行為，基於組織的遠景及使命，每個組織都可以訂立一套適用的目標，以實現跨距離的、強而有效的電子化領導。組織也要為電子化領導設計一套相關的自我評估工具，以測試領導者是否在跨距離的電子溝通方面實現了領導能力，而使員工信任。進一步說，電子化領導的擴大內涵還包括了領導者要實現組織制勝未來的 e 競爭力、e 價值和「2B2C」的目標。即在內部運作、外部關係、領導風範三大維度上，運用信息技術並發揮開創精神，正是許多國內外企業強化 e 價值的具體目標。「2B」分別是 B2B、BPR (企業流程再造)，「2C」分別是 Call Center (電子、電話呼叫服務中心) 和 CRM (客戶關係管理)。

從某種意義上說，電子化領導的出現與虛擬環境的出現直接相關。當今，許多人在家裡或其他很遙遠的地方上班，他們通過信息技術、互聯網與辦公室聯結起來。遍布世界各地的員工與工作團隊由於不能與領導者碰面，領導者只能遠距離地對員工進行工作指導，常常是通過網絡或電子郵件與員工進行交流。這種新興的工作方式和由此產生的領導方式給組織的領導者帶來了新的挑戰，電子化領導方式就此應運而生[1]。

事實上，在虛擬的環境中，領導者會產生一種無形的壓力。在不碰面的情況下，如何通過在線交流來實現領導；領導者如何在任務結構、員工責任與領導柔性之間尋求一種平衡[2]，是重點的內容。

電子化領導的行為目標重在領導人或領導團隊對培植企業 e 價值的決心與佈局。其主要領導行為包括：①創造、傳播並推動企業 e 化願景；②能培育人才，並能塑造共識及建立虛擬團隊；③準確擬定流程及執行路線；④能持續不斷地創新。

---

[1] Bruce J Avolio. Adding E to E-leadership: how it may impact your leadership [J]. Organizational Dynamics, 2003, 31 (4): 325-338.

[2] Deborah L Duarte, Nancy Tennant Snyder. Mastering virtual teams: strategies, tools and techniques that succeed [M]. San Francisco: Jossey-Bass, 1999.

六、倫理領導

倫理領導（Moral Leadership）是指以道德權威為基礎的領導，領導者是出於為正義與善的責任感與義務感而行動，因而也獲得成員的回應，表現優秀且持久（Sergiovanni, 1992）[1]。

倫理領導的概念被大多數人相信與接受，其主要的原因在於人們相信領導者之所以做出合乎倫理的選擇，那時因為領導者的正直與善良。這是千真萬確的，但這並不是問題的全部所在。合乎倫理的或不合乎倫理的決策和領導行為通常反應的是領導者的價值觀、態度、信念和行為模式。所以，領導者的倫理問題，不僅僅是個人的事情，同樣也是組織面臨的問題（Pine, 1994）[2]。

我們認為，倫理領導在實質上強調了領導的較高層次的倫理道德行為對領導績效的影響，這是具有深刻的社會經濟背景原因的。當代社會中出現的各種倫理困境、經濟困境、組織治理、經濟全球化、技術變革、新工作方式、員工預期的不確定性以及重大的社會轉型等問題，使領導者所面臨的倫理問題更加複雜化（Donaldson & Dunfee, 1999）[3]。

倫理領導的主要特徵有以下幾個方面：

（1）具有批判倫理。批判倫理（Ethic of Critique），即批判精神，對不合理處敢於做理性的檢討。要落實批判倫理，則領導者應隨時接受新的知識，多到各處看看別人的所作所為，定時強迫自己反省，並有批判反省的勇氣。

（2）落實正義倫理。正義是批判時的主要依據之一，也是倫理領導的重要內容。領導者的行為必須合乎正義，才夠資格稱為倫理領導。

（3）發揮關懷倫理。關懷倫理（Ethics of Care）是指對人的關心與照顧，領導者除要完成任務之外，亦應關懷成員個人的需要與福祉，予以其必要的尊重、鼓勵與支持。

（4）做好倫理選擇。倫理領導者遇到各方觀點與要求相互衝突、對與錯模糊不清時，必須秉持道德正義的立場，做出獨立判斷，不隨波逐流。

（5）發揮替代領導的功能。以小區規範替代領導；以專業理想替代領導；培養部屬具有追隨者（Followership）的精神，即使命感。

---

[1] Thomas J Sergiovanni. Moral leadership: getting to the heart of school improvement [M]. San Francisco: Jossey-Bass, 1992.

[2] Lynn Sharp Pine. Managing for Organizational integrity [J]. Harvard Business Review, 1994, 72 (4): 106-117.

[3] Thomas Donaldson, Thomas W Dunfee. When ethics travel: the promise and peril of global business ethics [J]. California Management Review, 1999, 414 (4): 45-63.

第六節　社群領導

知識經濟時代領導的主要挑戰源於組織社群的出現，領導必須從自我封閉的科層體系中解放出來，尋求跨職能和跨組織的資源整合，支持互動的開放式創新與整合。理論與實踐表明，社群領導者要以更遠大、宏觀的想法與做法迎接未來。

一、社群領導的提出

傳統領導理論的基本假設是，組織的發展取決於組織的領導，有怎樣的領導者，就有怎樣的組織，組織領導者要一直肩負起實現組織目標的所有責任。產生這一假設的基礎是普遍具有的固定職能性結構的傳統科層制組織。

今天，組織面對的是日新月異的技術進步、產品創新和瞬息萬變的市場環境，科層制組織顯現出許多問題，進而導致根本性的心理威脅感，缺乏創新，這使得傳統領導行為和活動量已不能夠支撐組織的快速成長（Bateman & Snell，2004；[1] Bennis，1993）[2]。對於這種情況的出現，一是組織業務複雜性的增強使組織領導在多重壓力之下，無法由單一個人承受實現組織目標的所有責任；二是領導者除了亟需自我成長外，還需要對組織成員的專業進行綜合性的管理；三是領導者必須面對利益相關者的要求與期望，解決組織生存與發展的根本問題，使組織能擁有長久競爭優勢與經營的永續創新發展。這說明今日的組織領導不但要面對環境變遷快速、價值多元化時代的要求，在組織的內、外環境上，或是在人員專業階層分工的合作程度上，都必須從自我封閉的科層體系中解放出來，尋求跨職能和跨組織的資源，進行支持互動的開放式創新與整合。

面對新世紀的各種挑戰，領導者要以更遠大、宏觀的想法與做法迎接未來。正如美國哈佛大學教授約翰·科特（Kotter，1996）[3] 所說，任何組織要在 21 世紀獲得成功，領導是關鍵。美國管理學家沃倫·本尼斯（Bennis，1989）在他的經典著作《論成為領導人》（On Becoming a Leader）中指出，領導者通過創造「共享意義」，用獨特的聲音講話，證明有適應能力，並且為人正直，以此吸引他人。著名的管理大師德魯克（Drucker，1996）[4] 在為《未來的領導》（The Leader of the Future）一書撰寫的前言中指出，成功的領袖要有遠見與前瞻性。他主張的理念是「領導要靠學習，而且是可以學習的」，開宗明義地道出了未來領導職能的變化，提出了領導理論明天的趨勢及未來的展

---

[1] Thomas S Bateman, Scott Snell. Management: competing in the new era [M]. New York: Mc Graw-Hill, 2004.
[2] Warren Bennis. An invented life: reflections on leadership and change [M]. New York: Perseus Books Publication, 1993.
[3] John Kotter. Leading Change: why transformation efforts fail [M]. Boston: Harvard Business School Press, 1996.
[4] Peter Drucker. The Leader of the Future: new visions, strategies and practices for the next [M]. San Francisco: Jossey-Bass, 1996.

望。研究表明，成功的領導是一門藝術，必須仰賴源源不絕的新觀念與充滿想像的創意（Hesselbein & Cohen, 1999;① Sample, 2002)②。

已有的領導理論表明，世界上沒有任何特質足以保證某種領導能力能夠在所有情況下所向披靡（Gardner, 1990;③ Hesselbein & Cohen, 1999)④。而要能預見未來，需要有全新的心態、視野與信息（Beckhard, 1996）。未來組織領導將不僅是組織目標的完成，還要關注專業中核心能力的誘導與成長。如果要能符合大多數人在物質與精神上的需求，應該傾向於將權力分散，而非集中於少數人手裡（Drucker, 1999)⑤。

事實上，社群領導的思想最早來源於美國南加州大學馬歇爾管理學院教授沃倫·本尼斯。本尼斯（Bennis, 1993)⑥ 認為，未來的組織領導，將成為一個協調者或銜接東西的別針，在聚集各類專業人才的群體中，從事協調與任務評估的工作，而使各類專業人才彼此相關聯。在我們看來，本尼斯的這個觀點，包含了領導與社群這兩個重要的概念，其基本思想彰顯了組織領導者為了實現組織宗旨與目標，必須突破組織地域範圍、科層制組織結構、心理與文化等層面的藩籬，運用發展社群的過程，通過社群的專業能力，一方面培養社群本身具有專業能力的領導者，另一方面讓組織領導者更能夠整合分別代表各專業社群領域中的領導者們，共同尋求獲得組織的最適合的發展方向、戰略、執行過程、成果反饋與再學習過程。

美國紐約大學領導理論研究專家加里·尤克（Yukl, 2005)⑦ 提出了社群領導（Communities Leadership）觀點，認為社群領導可能擺脫以往組織中由單一領導者進行決策、擔負起組織所有變革責任的局限。組織如果能建立各種專業社群或跨組織社群，利用社群的形成、運作來支持組織學習，建立領導者集體決策的框架，則可以建立組織經營管理的基本秩序、人與人之間的關係和領導者的責任（Muijs & Harris, 2003）。

社群領導的提出是在傳統組織領導的金字塔型模式的基礎上，以改善既有垂直科層制的不足為立意取向，結合原有組織基礎成員與社群，跨越組織界限並建立不同專業社群的水準社會性關懷體制，建構出另一個反傳統科層制組織且專注於成員的領導行為模式。從理論架構上看，社群領導以李·鮑曼和特倫斯·迪爾（Bolman & Deal, 2003)⑧ 的多元架構領導理論為基礎，以領導者與領導行為、組織內、外社群等多重視角來整合

---

① Frances Hesselbein, Paul M Cohen. Leader to leader: enduring insights on leadership from the Drucker Foundation's award-winning journal [M]. San Francisco: Jossey-Bass, 1999.
② Steven B Sample. The Contrarian's guide to leadership [M]. San Francisco: Jossey-Bass, 2002.
③ John W Gardner. On leadership [M]. New York: Free Press, 1990.
④ Frances Hesselbein, Paul M Cohen. Leader to leader: enduring insights on leadership from the drucker foundation's a-ward-winning journal [M]. San Francisco: Jossey-Bass, 1999.
⑤ Peter F Drucker. Leading beyond the walls [M]. San Francisco: Jossey-Bass, 1999.
⑥ Warren Bennis. An invented life: reflections on leadership and change [M]. New York: Perseus Books Publication, 1993.
⑦ Gary Yukl. Leadership in organizations [M]. Englewood Cliffs: Prentice Hall, 2005.
⑧ Lee G Bolman, Terrence E Deal. Reframing organizations: artistry, choice, and leadership [M]. San Francisco: Jossey-Bass, 2003.

和重構組織領導的社群思維。社群領導活動的核心，是以社群來銜接領導者個人與組織之間的協調活動，以社群來實現跨職能和跨組織的資源整合，支持互動的開放式創新和整合；其基本假設在於組織發展效能的主要差別，並不在於個人動機或是組織目標的爭辯，而在於是否能把自己視為具有價值、建設性的主體，個人與組織二者之間並非只是行動與價值取向的兩個極端，而是同一過程的兩面；社群領導活動的範圍，是跨越組織界限的認知、情感與行動等多個領域，無論是在組織疆界、人力資源、知識轉移與分享、組織政治、組織文化、信息等方面，都具有多元循環、交互影響、反饋等特點。

二、社群領導的職責

嚴格地說，快速變遷的科學技術、全球經濟一體化、競爭加劇和變動的人口統計數據，造就了幾年前我們不曾預料到的新組織形態——社群（Communities）。因此，社群領導是「領導未來的組織」的領導者，他們面對未來新組織形態所必須具備的獨特特質，或未來領袖在新興的組織社會中所要扮演的角色與傳統的垂直科層制領導有極大的不同。由社群與領導行為所構築而成的「社群領導」應當是一個「社群的建構者」（Communities Builder）（Hesselbein and Cohen，1999）[1]，是一個「具有領導能力的社群」（Community with Leadership Capability）的領導者，這樣的社群領導，不是單一的個體，而是一個由領導者與社群視角交集而成的「領導者的社群」（Community of Leaders）（Lord，2003）[2]。具體來說，社群領導的職責主要有：

（1）社群的協調者。社群領導除了要放遠眼光，超越現實之外，也必須瞭解自己的組織和組織體系以外的專業社群，而且負責塑造組織運作的模式（Bennis & Nanus，1985）[3]。社群領導的職責在於能夠以組織核心價值與共同願景為依託，通過協調、合作的機制，利用各社群的專業領域知識、各個社群之間的聯繫，以及具備整合相關人員行動的共識，確立產出對組織最合宜的發展模式與有效能的執行力。使橫跨組織界限的專業社群，都能夠在環環相扣的緊密聯繫當中，以社群領導的模式，共同進行合作而達到組織發展目的。社群領導必須關注社群間的融合，承認各社群的差異，為了社群共同的利益，找出可以攜手合作的途徑（Theobald，1997）。

（2）社群的建構者。領導者成為社群的建構者表明與未來領導者共同面臨的挑戰，即建立一個跨越組織內部與外部的具有凝聚力的社群（Hesselbein & Cohen，1999）[4]。從理論上看，社會架構的轉型必須從組織的頂端，也就是從組織的最高領導者開始

---

[1] Frances Hesselbein, Paul M Cohen. Leader to leader: enduring insights on leadership from the Drucker Foundation's award-winning journal [M]. California: Jossey-Bass, 1999.

[2] Carnes Lord. The modern prince: what leaders need to know now [M]. New Haven: Yale University Press, 2003.

[3] Warren Bennis, Burt Nanus. Leaders [M]. New York: Harper and Row, 1985.

[4] Frances Hesselbein, Paul M. Cohen. Leader to leader: enduring insights on leadership from the Drucker Foundation's award-winning journal [M]. California: Jossey-Bass, 1999.

(Kotter, 1996)[①]。因此，建立與重塑社群的技巧，不只是現代領導工作必備的能力，也是領導者所必備的最高超、最緊要的技巧（Bennis, 2000;[②] Gardner, 1990）[③]。領導者不但需要建立組織之內的專業社群，同時也要以組織本身為專業核心，連結組織之外網絡的資源，成為跨越組織體系內外的專業社群。從這一思路看，組織領導者要主動推進組織內專業社群的建構與變革，激勵成員學習與展現創新意圖，而不是任憑組織成員隨意尋求發展，成為被動的旁觀者。

（3）新型組織結構形態的創造者。與傳統的領導不同，社群領導的關注點應當放在新型組織結構形態上，領導行為與風格需要隨組織形態的改變做出適度的調整。例如，威廉·布里奇斯（Bridges, 1996）在幾年前就發現了領導需要「跳脫工作框架」（De-jobbed），進行跨職能的協調，主張領導者要適應這種趨勢建立「領導跳脫工作框架的組織」（Leading the De-jobbed Organization）；又如，新經濟職場專業諮詢顧問莎莉·海吉森（Helgesen, 1996）提出了「摒棄階級觀念」（Leading From the Grass Roots），倡導新的組織架構。可以這樣說，社群領導需要創造具有領導能力的社群（Community with Leadership Capability），這樣的社群的功能將不只是成為組織成員的集合單位，而是具有相同興趣的學有專精的成員。需要強調的是，社群領導能力是一種施加影響力的過程，是在跨組織或跨職能環境中具有能夠引發改變的能力（Pierce & Newstorm, 2003）[④]。

（4）領導者社群的建構者。與傳統的領導不同，社群領導的重要職責之一是建立由組織內外各個專業社群領導者與組織領導者組合而成的重大決策機制，這就是吉福德·平肖（Pinchot, 1996）所主張的「與多位領袖共創組織的未來」（Creating Organizations with Many Leaders），這是對領導職責改變和領導群體的建構的一種獨到的見解。如果聯繫到傳統領導職責，領導者如果要避免高層管理層中一人獨斷行為的產生，則必須確保有不同的聲音，才能保證科學決策（Lord, 2003）[⑤]。因此，領導者社群的組合要對組織更有效地進行決策，必須具有專注、精力旺盛、高效能的領導者社群成員，使領導者社群成為領導者交流意見、看法的連接橋樑，成為實現組織使命與目標的必備條件（Hesselbein & Cohen, 1999）[⑥]。當然，組織領導者的工作方法並非只是宣揚自我的意見，而是在於用心聆聽，協助社群深入思考組織問題，使社群成員認真瞭解彼此的觀念與價值

[①] John Kotter. Leading Change: why transformation efforts fail [M]. Boston: Harvard Business School Press, 1996.

[②] Warren Bennis. Managing the dream: reflections on leadership and change [M]. Cambridge: Perseus Books Group Publication, 2000.

[③] John W Gardner. On leadership [M]. New York: Free Press, 1990.

[④] Jon L Pierce, John W Newstrom. Leaders and the leadership process: readings, self-assessments and applications [M]. New York: Mc Graw-Hill Higher, 2003.

[⑤] Carnes Lord. The modern prince: what leaders need to know now [M]. New Haven: Yale University Press, 2003.

[⑥] Frances Hesselbein, Paul M Cohen. Leader to leader: enduring insights on leadership from the Drucker Foundation's award-winning journal [M]. San Francisco: Jossey-Bass, 1999.

感（Cloke & Goldsmith，2002）[1]。

三、社群領導的理論架構

1. 結構化架構（Structural Frame）

社群領導的出現，最重要的原因是為了突破傳統科層制組織的限制，跨越組織界限並建立專業社群。組織的功能與組織結構直接相關，而組織結構必須反應組織的目標、規則和功能的要求。赫塞爾本和科亨（Hesselbein & Cohen，1999）[2] 認為，組織要實現創新策略，必須要進行跨越各種組織界限的對話，有明確且合適的結構，對於團隊表現有舉足輕重的作用和影響。組織的創新會有許多不同的形態，而新型的領導力需要新的組織架構。領導者需要來自各種不同領域的社群，共同促進各層級的合作。肯尼思·克洛克和瓊·戈德史密斯（Cloke & Goldsmith，2002）[3] 認為，應當提倡參與性、協作性、自我管理與民主的組織結構、制度、文化、流程。

社群領導的職責之一就是建立一個跨越組織內部與外部的具有凝聚力的社群，這一社群具有社會學的結構化架構。也就是說組織社群要能夠發揮吸收、運用、成長、反饋的有機性機能，同時避免對外在環境的回應與調適機制的缺失。社群領導除了要建立水準層次的社群外，還需要建立垂直層次的社群，水準層次的社群除了是組織當中成員的專業社群之外，也要跨越組織疆界而與其他具相同專業能力的人員或單位結合。而垂直層次的社群，不但納入了組織自身當中各階層的成員，而且與行政人員、單位或是政府，以及基層或是其他社會系統中的人員、網絡資源單位結合成了社群。

社群領導的觀點把領導職責看作是一種提供便利的活動。例如，領導者可以確立目標與協調社群成員在組織中的衝突，並通過這些活動來施加影響。英特爾公司（Intel）總裁安迪·格羅夫（Andy Grove）可謂是數字化時代領導力的典範。格羅夫說，領導者必須比以往更加行動迅速。「來自員工、股東和董事們的壓力迫使他們比 5 至 10 年前更快採取行動，因為信息傳輸的速度快多了。」英國芯片設計商 ARM Holdings 公司人力資源總監比爾·帕森斯（Bill Parsons）表示。他還說：「為員工建立方向感的領導才能成功。」

需要注意的是，人類自身的行為具有兩面性：人既需求社群，又排斥社群。正如約翰·加德納（Gardner，1990）[4] 所說的那樣，人類是偉大的社群建構者，但人性的另一面，卻是偉大的社群排斥者。因此，需要防止的是雖然建立起了各種社群，但這些社群

---

[1] Kenneth Cloke, Joan Goldsmith. The end of management and the rise of organizational democracy [M]. San Francisco: Jossey-Bass, 2002.

[2] Frances Hesselbein, Paul M Cohen. Leader to leader: enduring insights on leadership from the Drucker Foundation's award-winning journal [M]. San Francisco: Jossey-Bass, 1999.

[3] Kenneth Cloke, Joan Goldsmith. The end of management and the rise of organizational democracy [M]. San Francisco: Jossey-Bass, 2002.

[4] John W Gardner. On leadership [M]. New York: Free Press, 1990.

並不具有改善、成長的機制。任職於美國德士古公司（Texaco）的阿爾佛雷德·德克蘭（De Crane，1996）指出，新型組織結構的建立必須揚棄舊的陳規陋習與難以排除的障礙，並成功地建立起新價值觀；詹姆斯·博爾特（Bolt，2007）[1] 認為，「三維度領袖」（Three-dimensional Leaders）必須發展最具前瞻性的組織結構並設計管理發展策略。哈佛大學約翰·肯尼迪政治學院「領導力教育計劃」負責人羅納德·赫菲茲（Heifetz，1994）認為：「領導者的任務首先是幫助人們面對現實，然後鼓勵他們進行變革。」為了做到這一點，赫菲茲要求經理人首先回答兩個難題：①有哪些觀念與經營方式對我們至關重要，如果我們拋棄了它們就會迷失自己？②哪些設想、投資和業務最容易出現巨大的變化？

2. 象徵化架構（Symbolic Frame）

嚴格地說，傳統領導理論研究中存在著一個盲點，這就是忽視了對領導文化（Leadership Culture）的研究。社群領導對滿足組織成員，特別是對組織各個專業社群成員的需求和成就感的考慮，塑造核心價值並建立共同願景，引領社群信任、合作文化，必須關注人類學觀點的象徵化架構，這實質上是領導文化問題。領導文化就是運用一種語言（Language）、象徵（Symbol）、儀式（Rituals）、使命（Mission）、傳說（Legends）、故事（Stories）、標誌和英雄（Heroes）事跡等來激勵組織成員。可以這樣說，口號、表徵和儀式是反應公司深層次價值觀的物像，領導文化中的可見因素反應了存在於組織領導思想中的價值觀（Value）和決策的參照系（Reference）。但領導文化的核心是深層次的價值觀、假設、信念和思維過程，這才是真正的領導文化。

良好的領導文化，可以使得組織超越其他團體，但也經常使組織習慣於既有的思維模式，喪失更新文化的契機。赫克和海林杰（Heck & Hallinger，1999）發現，組織領導者常利用強化主流的社會價值觀，進一步將各種社會的不平等加以制度化。他們呼籲，領導文化是凸顯態度的有力工具，社會規範必須通過這些態度來塑造與支持組織領導者。社群領導必須是具有跨文化的職能，能夠學習貫通彼此思維與行動的領導方式（Trompenaars & Hampden-Turner，2002）[2]。對領導方式的變革，各個專家提出了不同的見解，但都注重領導的發展策略，調整既有的領導方式，做一些必要的改變。全球公認設計未來人力資源系統的權威戴維·烏里奇（Ulrich，1996）提出成功的領導是「信任×能力」（Credibility × Capability）的領導；哈佛大學商學院的詹姆斯·赫斯科特和列昂納德·施萊辛格（Heskett & Schlesinger，1996）提出「塑造和維繫以績效為導向的文化」（Leaders who Shape and Keep Performance-oriented Culture），認為領導的職責就是推廣高績效的組織文化；而人力資源管理專家沃倫·威廉（Wilhelm，1996）提出「從過去的領導經驗中走出來」（Leading from Past Leaders）的觀點。新的課題將是社群領導如何突

---

[1] James Bolt. The 2007 Pfeiffer annual: leadership development [M]. New York: John Wiley & Sons, 2007.

[2] Fons Trompenaars, Charles Hampden Turner. 21 Leaders for the 21st century: how innovative leaders manage in the digital age [M]. New York: Mc Graw-Hill 2002.

破成員之間本位的區隔與互斥，如何在實現組織目標的前提下，避免因領導者的更替而造成的政策反覆，使各個單位能夠得以凝聚核心價值觀與發展的共同願景，這是社群領導驅動文化、建設組織社群的關鍵。

3. 人力資源架構（Human Resource Frame）

研究發現，人不可能重新被塑造，組織不可能強迫社群中的個人或專家接受領導權力，所有的組織變革都是源於要求個人做出自我管理的抉擇（Leider，1996）。人力資源架構，除了提示組織可能使人際關係疏遠、喪失人性、浪費人才之外，也可能成為一個給予能量、有生產力、能獲得酬賞共享的組織。其核心關鍵在於滿足人的需要，使人與組織彼此依賴，形成命運共同體。

社群領導理論強調，如果是能夠學著找出與組織外部人的共識，就可以提供創新與必要的人力資源（Hesselbein & Cohen，1999）[1]。這意味著領導工作的分擔，事實上可以向下擴展到所有的相關利益者階層，向外延伸到最遙遠的極限（Gardner，1990）[2]。

肯尼思·克洛克和瓊·戈德史密斯（Cloke & Goldsmith，2002）[3]認為，社群領導的人力資源管理策略應當是幫助組織、員工、團隊、管理人員和領導者們打消為別人工作的錯覺，讓其意識到他們是在為自己工作，重建他們以前所沒有的對待工作的責任感。

格林利夫（Greenleaf，1997）[4]認為，領導要有高瞻遠矚的看法，重視團隊力量，並與下屬取得共識。為了實現這一目標，社群領導需要建立一個擁有者心態的組織，它的成功也是社群成員的成功。而持有擁有者心態的成員都能進行自我管理，不管對內或對外都能創造相當程度的價值（Hesselbein & Cohen，1999）[5]。

德魯克認為，人力資源架構的再造必須以個人再造為起點。德魯克強調，僅僅是企業組織的再造是不夠的，必須以個人再造為起點，實現企業組織的再造、社會的再造和政府的再造，即整個社會的全面再造。再造的目標很明確：個人再造主要是指知識工人必須學會個人對自己職業生涯負責，並承擔起社會責任。德魯克（Drucker，2005）[6]特別強調領導的「自我管理」。德魯克認為，知識經濟來臨後的成功是屬於那些知道自身能力、價值和如何才能做得最好的人們。但是，隨著機會的如期來臨，今天的企業卻不能管理他們員工的職業生涯。知識工作者必須有效地變為他們自己的行政長官。知識工人在組織中待得更長久，同時也是流動的，因而對自我管理的需要進行了一次革命。

---

[1] Frances Hesselbein, Paul M Cohen. Leader to leader: enduring insights on leadership from the drucker foundation's award-winning journal [M]. San Francisco: Jossey-Bass, 1999.

[2] John W Gardner. On leadership [M]. New York: Free Press, 1990.

[3] Kenneth Cloke, Joan Goldsmith. The end of management and the rise of organizational democracy [M]. San Francisco: Jossey-Bass, 2002.

[4] Robert K Greenleaf. The servant as leader [M]. San Francisco: Berrett-Koehler Publishers, 1997.

[5] Frances Hesselbein, Paul M. Cohen. Leader to leader: enduring insights on leadership from the drucker foundation's award-winning journal [M]. San Francisco: Jossey-Bass, 1999.

[6] Peter F Drucker. Managing oneself [J]. Harvard Business Review, 2005, 83 (1): 100-109.

4. 政治化架構（Political Frame）

政治化架構的途徑是主張互相依賴，利益與權力是無可避免的接觸活動。社群領導的職責之一就是創造依賴關係，依賴關係是社群領導的另一種權力來源（Pfeffer, 1981）①。當組織依賴於某一社群或社群成員而得到信息、材料、知識或技能時，這個社群或社群成員就掌握了支配其他社群的權力。通過產生義務，能夠不斷增加社群領導的這種權力。社群領導掌握了對他人來說是不可或缺的信息，他人就對社群領導有一種依賴關係，這是一種重要的權力來源。與此同等有效的相關策略是通過獲取必要的信息和技能來減少社群領導對其他社群或社群成員的依賴。

社群領導主張，權力主要是用來分享，而非用來行使。當分享權力時，有一種特別的力量會應運而生（Hesselbein & Cohen, 1999）②。領導不是一個位置，不是專屬於某些具有所謂領導魅力的男人或女人，而是一個過程（Kouzes & Posner, 2007）③。領導的任務越是繁重的，越需要有人共同分擔，而沒有人可以獨自領導組織，並獲得全部能量（Plamondon, 1996）。

社群領導強調以談判與協商的手段，把處理組織內的權力鬥爭和資源分配作為領導必須解決的基本課題。談判與協商可以促進多元社會體系在某種程度的團結，而互相依賴可以使來自不同角落的領導者形成一個責任網絡，促使各單位領導者能互相進行有效地調適，並能從較為寬廣的角度，來看整個社群前途的大問題（Gardner, 1990）④。當然，成功的合作需要特殊技巧，可以包含自我管理、溝通、領導、負責任、支持的多樣性、反饋與評估、戰略規劃、塑造成功的會議、解決衝突和快樂的工作等方面（Cloke & Goldsmith, 2002）⑤。

不難看出，隨著組織中逐漸累積的複雜性與不確定性的問題，社群領導能夠從多個分析架構視角來分析問題，就能夠避免以單一架構所造成的視野不足，這對社群領導的判斷力與執行力都將有極大幫助。

四、結束語

社群領導的出現並非由組織領導者一廂情願促成的，也並非全然由組織成員的要求形成的。社群領導產生的最根本動力來源是組織的發展與變革，組織社群的建立呼喚著社群領導，要求組織領導者與社群成員共同行動，在雙向的動態平衡中，使得社群的建

---

① Jeffrey P. Management as symbolic action: the creation and maintenance of organizational paradigms [M]. San Francisco: Jossey-Bass, 1981.
② Frances Hesselbein, Paul M Cohen. Leader to leader: enduring insights on leadership from the drucker foundation's award-winning journal [M]. San Francisco: Jossey-Bass, 1999.
③ James M Kouzes, Barry Z Posner. The leadership challenge: how to make extraordinary things happen in organizations [M]. San Francisco: Jossey-Bass, 2007.
④ John W Gardner. On leadership [M]. New York: Free Press, 1990.
⑤ Kenneth Cloke Joan Goldsmith. The end of management and the rise of organizational democracy [M]. San Francisco: Jossey-Bass, 2002.

立不但具有成員參與的熱忱，同時也具備社群領導的實際協助。

可以這樣說，知識經濟時代的來臨和知識工作者的大量湧現，要求領導與員工必須互為需求與協同貢獻，才能促成組織發展的良好體質，進而實現領導與員工的自我管理與社群領導能力的提升。

第七節　本章小結

新型領導的核心思想強調領導者需要願景（Vision），新型領導方式的一個重要成分是「授權」，包括公開性和隱含式的。特里斯特和布奈爾（Trist & Beyer, 1993）認為，新型領導相應較多強調的因素包括預見、變化、承諾、額外的努力、預先的行動。[1]

跨世紀時期有關領導的方式和領導風格等問題應用的最熱門課題是具有願景意識的、以倫理為基礎的領導。願景是指個人或群體所渴望的未來的「狀態」。組織使命包括組織廣泛的目標，很大程度上也包括了長期的願景。[2] 願景除了包括一系列目標以外，還包括參與者內心的抱負，它極大地激勵人們朝那個方向努力。[3]

領導理論的發展實質上告訴我們，企業或組織的需要創新，這種創新經常與過去的實踐相差千里，對組織能力的要求完全不同。要想成功地實現願景，需要一個以倫理為基礎的、與員工互動式交流的、服務型或公僕型的領導人。從後英雄主義式領導的論述中可以看出，優秀的領導者與發揮員工的潛力、組織創新過程是聯繫在一起的。

這些有關領導的概念是與已有的領導理論的研究不同的，或許可以成為將來領導理論發展的一個重要的突破口。

本章復習思考題

1. 什麼是服務型或公僕型領導？
2. 以倫理為基礎的領導的主要特徵是什麼？
3. 互動式領導為什麼特別適合當前的組織環境？
4. 電子化領導的出現與虛擬環境有什麼關係？
5. 五級領導層級有哪些？第五級領導者是什麼樣的領導？
6. 後英雄主義式領導的主要特徵是什麼？
7. 試述社群領導的理論架構。

---

[1] Harrison M Trist, Janice M Beyer. The culture of work organizations [M]. Englewood Cliff: Prentice-Hall, 1993.

[2] Rhinesmith S H. Open the door to a globalization: six keys to success in a changing world [J]. The American Society for Training and Development, 1993.

[3] Javidon M. Leading a high-commitment, high performance organization [J]. Long Range Planning, 1991, 24 (2): 28-36.

第九章 控制

社會組織的各項業務活動要按預定的軌道運行，確定的目標要按預定的要求實現，就必須進行控制。控制在古典管理理論中就被列為管理的一個重要職能。這一職能包括管理人員為保證實際工作能與計劃保持一致而採取的一系列活動。本章將討論控制的意義、程序，控制的方法和戰略控制問題。

第一節　控制的意義與程序

一、控制的含義

現代管理理論認為，控制一詞具有多種含義，主要包括：①限制或抑制；②指導或命令；③核對或驗證。這三方面對一個組織或其管理過程都是重要的，是廣義的控制。但狹義地講，側重在核對或驗證，即使組織業務活動的績效與達到目標所要求的條件相匹配的控制。因此，可以說，控制就是按照計劃標準衡量計劃的完成情況，糾正計劃執行過程中的偏差，確保計劃目標的實現。在有關控制職能的一篇經典論文中，美國菲利普斯石油公司（Phillips Petroleum Company）高級經理道格拉斯·謝爾文（Sherwin, 1956）總結性地說：「控制的本質是按照預定標準調整營運活動，控制的基礎是管理者手中掌握的信息。」

理解控制的含義，需要掌握以下要點：

（1）控制是管理過程的一個階段，它將組織的活動維持在允許的限度內，它的標準來自人們的期望。這些期望可以通過目標、指標、計劃、程度或規章制度的形式含蓄地或明確地表達出來。強調控制是管理過程的一個階段，從廣義上講，控制的職能是使系統以一種比較可靠的、可信的、經濟的方式進行活動。而從實質上講，控制必須同檢查、核對或驗證聯繫起來，這樣才有可能使控制根據由計劃過程事先確定的標準來衡量實際的工作。

（2）控制是一個發現問題、分析問題、解決問題的全過程。組織開展業務活動，由於受外部環境、內部條件變化和人認識問題、解決問題能力的限制，實際執行結果與預定目標完全一致的情況是不多的。因此，對管理者來講，重要的問題不是工作有無偏差，或是否可能出現偏差，而是能否及時發現偏差，或通過對進行中的工作深入地瞭

解，預測到潛在的偏差。發現偏差，才能進而找出造成偏差的原因、環節和責任者，採取針對性措施，糾正偏差。

（3）控制職能的完成需要一個科學的程序。要實施控制，需要三個步驟，即標準的建立，實際績效同標準的比較以及偏差的矯正，沒有標準就不可能有衡量實際成績的根據；沒有比較就無法知道形勢的好壞；不規定糾正偏差的措施，整個控制過程就會成為毫無意義的活動。因而，控制職能的三個基本步驟，需要建立在有效的信息系統之上。

（4）控制要有成效。必須具備以下要素：①控制系統必須具有可衡量性和可控制性，人們可以據此來瞭解標準；②有衡量這種特性的方法；③有用已知標準來比較實際結果和計劃結果並評價兩者之間差別的方法；④有一種調控系統以保證必要時間調整已知標準的方法。

（5）控制的目的是使組織管理系統以更加符合需要的方式運行，使它更加可靠、更便利、更經濟。因此，控制所關心的不僅是與完成組織目標有直接關係的事件，而且還要使組織管理系統維持在一種能充分發揮其職能，以達到這些目標的狀態。

組織控制（Organizational Control）是調節組織行為，使其與計劃、目標和績效標準相一致的過程。實施組織控制要求掌握有力量的信息，如績效標準、實際績效與糾正偏差所需採取的行動等。這需要管理者辨別哪些信息是不可缺少的、如何獲得這些信息、這些信息如何與員工分享，以及他們應該如何做出何種反應。在這一過程中，管理者掌握正確的數據是非常必要的，管理者必須決定用什麼標準、尺度來有效地監督和控制組織，並建立獲取這些信息的制度。

二、控制的種類

控制可按不同的標準加以分類：

（1）按控制活動的重點不同，可分為前饋控制（Feedward Control）、現場控制（Concurrent Control）和反饋控制（Feedback Control）三類（參見圖9-1）。

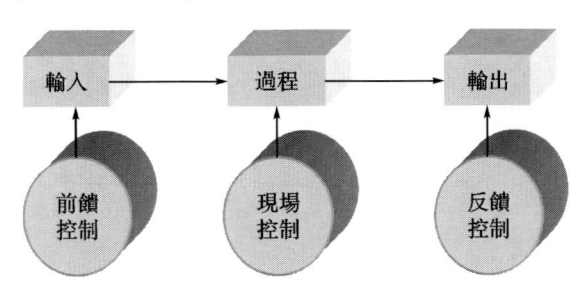

圖9-1　控制活動的類型

前饋控制有時也稱事前控制（Exante Control）、預備控制（Preliminary Control）或預防性控制（Preventive Control），前饋控制是試圖事先識別和預防偏差所進行的控制，其控制重點在於保證流入組織的人力、物力與財力資源的質量，力求以高質量的投入來預

防問題的發生，防止組織中投入的資源在質和量方面產生偏差，它發生在組織進行業務活動之前。在選拔和聘用新員工方面，前饋控制尤為重要。組織通過確定必需的技能，並運用測試和其他篩選方法來聘用具備了那些技能的人員。另外，前饋控制還可以運用到預測環境變化趨勢和實施風險管理方面。

現場控制是管理人員指導和監督業務活動的主要方法。現場控制能持續監督員工實際正在進行的操作，以保證員工按計劃目標辦事。現場控制主要是評估當前的工作活動，它要依靠一定的績效標準，引入規章制度來指導員工的工作與行為。現場控制措施還包括了組織對員工施加影響的其他方式。一個組織文化規範和價值觀影響著員工的行為，同樣，同事與員工所在工作小組的行為規範也會影響該員工的行為。因此，現場控制還包括了員工的自我控制，即因為員工個人價值觀和態度的原因，個人對自己的行為實施現場控制。

反饋控制有時也稱為事後控制（Expost Control）或結果控制。反饋控制方法的中心問題是組織最終的產出結果——尤其是最終產品或服務的質量。對一個企業來說，除了生產高質量的產品和提供高質量的服務之外，還必須創造利潤；而對於非營利性組織來說，也需要有效地營運以完成組織的宗旨與使命。因此，多數的反饋控制都把控制的重點放在財務指標上。比如，預算就是一種反饋控制，因為管理者需要對業務進展進行監控，以評估自己的經營是否在預算範圍內，並在必要時進行適當的調整。

反饋控制的糾偏行動，著眼於今後改進資源的取得過程或具體作業。

（2）按控制來自何方劃分，可分為內部控制（Internal Control）和外部控制（External Control）。

內部控制，也稱自我控制（Self Control）。它是指某個組織及其內部各級、各單位根據本身所要完成的任務來自己擬訂目標，並為了保證這些目標順利實現而進行的自我控制。

外部控制，也稱他控（Heter-control）。這是指一個組織的工作目標制定以及為了保證它們順利實現而開展的控制工作，由另一組織來承擔。在組織內部，許多單位和個人都要受到外部控制，他們往往既是控制者又是受控者。分散控制和集中控制是與內部控制和外部控制相聯繫的。

分散控制是指組織推行較為廣泛的分權制，逐級開展相對自主的管理，實行自主的控制；集中控制則指組織推行集權制，對下屬及其從事的活動進行同一控制。

（3）按照控制事件（Control Event）發生的時間點為標準來分類，可將信息系統的控制分為預防性控制（Preventive Control）、偵測性控制（Detective Control）和更正性控制（Corrective Control）等三種。

預防性控制是指在控制事件發生前所執行的控制；偵測性控制是指在控制事件發生時所執行的控制；而更正性控制則是指控制事件發生後所採取的更正補救控制措施。

（4）按控制對象劃分，分為成果控制和過程控制

成果控制要控制的或是目標制定過程的成果，或是目標執行過程的成果。上述的幾種控制都是這類控制。

過程控制要控制的是成果形成的工作內容和方法，成果形成的運動方式，以及組織方針政策和技術規則的履行情況。具體包括：工作內容控制，工作時間控制，工作地點控制，工作方法控制等。

上述兩類控制中，成果控制是目的和核心，過程控制是成果控制的保證條件，同時也是成果控制進一步展開的內容。

（5）按控制手段劃分，分為間接控制（Indirective control）和直接控制（Directive Control）兩大類。

間接控制是指運用非行政的手段進行的控制；直接控制則是運用行政手段實施的控制。二者各有利弊，應結合使用，但在不同的時期有主次之分。中國經濟體制改革的任務之一，就是從以直接控制為主轉為以間接控制為主。

（6）按控制的業務內容來劃分，不同的組織的控制內容是不一樣的。

從企業組織總體來看，控制的主要內容有：

①企業控制。指全面質量控制，包括產品（服務）質量控制、職工工作質量和產品生產工序質量控制等。

②庫存控制。包括確定最佳庫存量和再訂購物資的數量，對實際庫存進行控制。

③進度控制。包括根據產品生產或工程項目建設的進度進行計劃，對各階級實行進度控制、現場調度。

④成本（費用）控制。包括對各項成本費用、管理費用和銷售費用的控制。

⑤財務預算控制。主要包括：產量、成本和利潤的綜合控制；資金籌集、運用控制；財務收支平衡的控制等。

在非企業組織，如政府機關、學校、醫院等組織中，控制的內容主要有：工作進度（或效率）的控制；工作質量（或成果）的控制；經費預算的控制等。

（7）按內部控制執行的範圍為標準來分類，可將其分為一般控制（General Controls）與應用控制（Application Controls）等兩類（AICPA，1976）。

一般控制又分為組織與操作控制、系統發展與文件控制、設備控制、存取控制、其他資料與過程控制五項。而應用控制也分為輸入控制（Input Controls）、處理控制（Processing Controls）與輸出控制（Output Controls）三項。應用控制是信息系統的一個重要控制功能。當計算機演變成企業組織的營運中樞時，由於營運活動大部分的控制機制必須由信息系統來執行，而使得原本軟件的應用控制無法滿足所需的控制功能。尤其在電子商務（Electronic Commerce）與企業資源規劃（Enterprise Resource Planning）系統整合的環境下，所有商業交易活動的授權核准、記錄、認證、匯總與分析管理等作業，均可通過企業內部網絡（Intranet）、外部網絡（Extranet）與互聯網（Internet）在超時空

(Cyberspace）的商務領域中完成（Camp & Sirbu，1997；[1] Kogan，Sudit & Vasarhelyi，1996）[2]。

(8) 按照控制如何執行的分類標準，可將其分為人工控制（Manual Controls）與程序控制（Programmed Controls）等兩類（Bodnar & Hopwood，2001）[3]。人工控制是指由人所執行的控制機制，而程序控制是指計算機程序自動執行的控制功能。

三、控制的基本程序

一般來說，所有設計精良的控制系統都採用反饋控制系統來判定實際績效與績效標準是否相符。這需要建立起一個標準的或基本的控制程序（如圖9-2所示）。

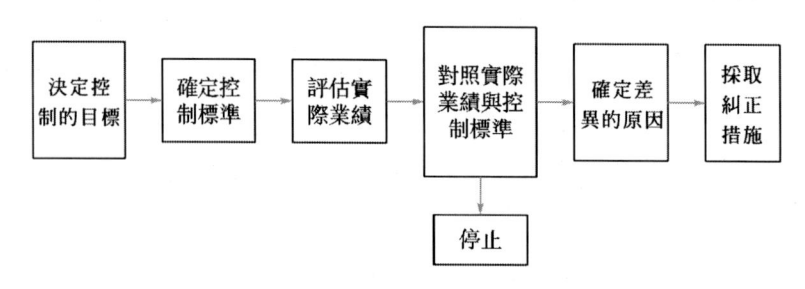

圖9-2 控制的基本過程

1. 績效標準的建立

績效標準代表人們期望的績效，是測度實際績效的依據和基礎。它往往是一個組織為開展業務工作在計劃階段所制定的目標。在組織系統中，標準必須是統一的，必須人人明了，以免產生混亂。

制定控制用的績效標準，首先需要明確在某一特定情況下，組織活動成果中有哪些項目是應予以特別關注，然後對每個項目制訂計劃以達到我們所期望的水準。對於組織中某些關係重大的活動，例如重要的投資決策和人事決策等，控制的方法也有著重於方法程序而不是只強調成果的情況。

管理者應當仔細地評估他們所要衡量的對象，並考慮如何正確地定義評估對象。這包括了追蹤瞭解顧客服務、員工參與、營業額信息等，以作為對傳統財務績效考評體系的有效補充。

2. 評估實際績效

對實際績效的評估，大多數組織都通過定期的、正式的、定量化的績效報表、日

---

[1] Jean Camp L，Marvin Sirbu. Critical issues in Internet commerce [J]. IEEE Communications Magazine，1997，35（5）：58-62.

[2] Alexander Kogan，Ephraim F Sudit，Miklos A Vasarhelyi. Implications of Internet technology：on-line auditing and cryptography [J]. IS Audit & Control Journal，1996，111（3）：42-47.

[3] George H Bodnar，William S Hopwood. Accounting information systems [M]. Englewood Cliffs：Prentice-Hall Inc，2001.

報、週報，或月報，供管理者審核。這些報表與我們在第一階段所建立的績效標準有密切的關係。

在實際工作中，為了實際績效，管理者不能只看重數量和質量，也不能單純地依賴報表，而是需要他們親自深入組織內部，瞭解組織運作的具體情況，特別是要注重對提供員工參與度和顧客滿意度這樣一些重要指標實現情況的檢查。管理者要通過親自觀察，來瞭解員工是否參與了決策過程、是否有機會累積和分享知識；管理者要瞭解組織的行為是否讓顧客感到滿意，是否走訪了客戶、與客戶實現了互動。

3. 績效同標準進行比較

這個工作步驟包括：按照控制標準測量工作完成的程度，並將衡量的結果通知負責採取矯正措施的人員。測量工作完成的結果，有兩層含義：一是測定已產生的結果；二是預測即將產生的結果。無論哪種結果的衡量，都要以收集大量的信息為基礎，遵循一定的原則，採取科學的方法。

將測定或預測的結果與目標進行比較，進行差異分析（Variance Analysis）。這可能發現三種情況：一是無偏差，結果與目標完全一致；二是正偏差，結果超過了目標要求；三是負偏差，結果低於目標要求。對於出現的偏差，應給予確定的說明，它包括：①偏差是什麼性質；②偏差影響範圍有多大；③偏差發生在什麼地方；④偏差發生在什麼時間。通過對偏差的界定，即可進一步查明偏差產生的原因，為矯正偏差打下基礎。

4. 偏差的矯正

實際的績效常不能與計劃相等，因此，在偏差出現時，就必須調查一切可能的原因，以發現問題所在。有的時候可能是計劃階段對未來的估計有錯，如銷售預測過分樂觀，這就需要修正計劃目標；有的時候可能是計劃的組織與實施的措施失當，因此應該採取相應的矯正性措施使計劃的執行向計劃目標靠攏。在實際工作中，已發生的偏差，若其產生的原因較為複雜，一般要先採取臨時性措施使問題發展暫時緩解或停止，再採取矯正性措施予以糾正；若其產生的原因較簡單，可直接採取矯正性措施。對於將要發生的偏差，人們採取預防性措施進行糾正。預防性措施的著眼點是消除未來可能出現的偏差。而矯正性措施則著眼於消除已發生的偏差。

控制程序的四個步驟，都是建立在有效的信息系統基礎之上的。因此，只要在信息系統裡加入輸入（Input）、處理（Processing）與輸出（Output）等應用軟件控制措施，即可達到其控制目的（Crockett，1992）。[①] 組織各項活動的開展需要有一個信息系統，以制定正確的計劃目標，發現哪些實際績效與計劃不相符合，從而採取必要的矯正措施。

---

① Fess Crockett. Revitalizing executive information systems [J]. Sloan Management Review, 1992, 33 (4): 39-47.

第二節　控制的方法

在組織業務活動的各個領域，目標的性質以及達到預定目標所要求的工作績效是不相同的，控制對象和標準也就不相同，因而必須採用多種多樣的控制方法。主要的方法列舉如下。

一、預算控制

1. 預算控制（Budget Control）的意義和預算控制的過程

預算制度是企業界廣泛應用的管理控制機制。當企業在實施預算制度時，最重要的是如何設定一個適當的預算目標，做為員工努力的依據。

一切社會組織，不論是營利組織還是非營利組織，都可從事預算的制定，並且在很大程度上以預算為依據來進行各種業務活動。在預算控制系統中，最基本的預算執行與分析單位稱為責任中心（Responsibility Center）。不管其形式如何，預算實際上是卓有成效的控制工具和計劃過程的一個有機組成部分。

預算是企業對未來整體經營規劃的總體安排，是一項重要的管理工具，其主要功能是幫助管理者進行計劃、協調、控制和業績評價。預算是組織對未來一定時期內預期取得的收入和計劃花費的支出的清單。穆赫麥德・昂西（Onsi, 1973）[1]與科特蘭德・坎姆曼（Cammann, 1976）[2]將預算定義為公司依賴經理人的預算實現率以考核其績效的程度。就預算性質來說，預算可以被認為是一種貨幣單位，用財務方面的術語來表示。但預算在某些方面又和其他計劃不同：①編製預算的目的是為組織的業務活動的控制提供一種標準和手段；②預算是一種綜合性極強的控制手段，組織及其所屬的每個單位都可以編製各自的預算，而每個單位內的基層組織又可以編製單獨的預算；③預算是以貨幣為單位的，用財務方面的術語來表現，因而可以使組織的業務活動的各個部分具有一定的可比性和一致性。[3]

利用預算實行控制的過程包括下列內容：

（1）編製合適的預算，也被稱作有關時期的收支計劃。即將未來的一定時期內的預期成果用金額表示。

（2）將來自組織內各單位、各職能部門的各項預計數字進行綜合平衡，構成一套符

---

[1] Mohnmed Onsi. Factor analysis of behavioral variables affecting budgetary slack [J]. The Accounting Review, 1973, 48（3）：535-548.

[2] Cortlandt Cammann. Effects of the use of control systems [J]. Accounting Organizations and Society, 1976, 1（4）：301-313.

[3] Robert S Kaplan, David P Norton. The balanced scorecard: Measures that drive performance [J]. Harvard Business Review, 1992, 70（1）：71-79.

合組織總目標的、相互協調的、切實可行的預算。

（3）每隔一定時期，把實際完成情況和預算進行比較。

（4）分析實際完成情況與預算之間的差異。

（5）如需矯正，決定採取必要的矯正措施，消除差異的起因（當然，也包括修改預算）。

2. 預算的種類

實際上，組織活動的每個方面都可以編製預算。

預算大體上可以分為收入和支出預算、現金預算、投資預算以及資金平衡預算等幾類。

（1）收入和支出預算。

收支預算是最為常見的預算，它可以為人們提供一個有關組織業務活動狀況的簡要說明，因此，有時又稱營運預算。

在企業組織中，由於產品或勞務的銷售收入是企業收入的主要來源，因此收入預算常常用銷售預算來代替。但是，企業不僅是從事經營活動，而且還要從事投資活動和理財活動，因而詳盡的收入預算應包括來自經營活動、投資活動和理財活動這三部分的收入。

組織活動的費用項目可以同會計科目的分類相一致，也應反應組織從事經營活動、投資活動和理財活動所產生的支出。因而，編製支出預算時應主要考慮：①確定包括在支出預算中的各個項目的分類。應反應出組織在計劃期內進行的各種業務活動需要支出的各種費用的總額和投資活動與理財活動的支出總額；②對組織內單位進行費用項目的分配。

作為控制用的預算執行情況的收支月報，是為了便於將現金實際流轉額與同期的預算數相比較而設計的。控制所要求的資料，一般包括：①實際收入超過預算或低於預算的程度；②實際支出超過預算或低於預算的程度；③造成差異的原因主要是哪些特定項目或收支，值得進行專門分析。

（2）現金預算。

現金預算表明在預算內對現金的需要，它是以收支預算中的基本數據為基礎進行編製的。現金預算的長短在很大程度上取決於組織業務收入的穩定性。如果一個企業的銷售量和產品價格是穩定的，生產能或多或少地按全年的正常速度排定，預算期就能安排得較長，甚至超過通常一年的限度。然而，如果現金銷售起伏不定，或者生產是取決於難於預測的訂貨單的多少，預算期就一定要縮短。

在正常情況下，現金預算是按預算期每月分別編製的。如果企業現金狀況緊張，或者邊際利潤較低，經常有必要按週，甚至按日進行預算。

編製現金預算可以收支預算作為基礎，編製出估計損益表，然後在不同方面逐筆處理損益表及現金餘額的會計事項，把每期淨收益數字調整為現金基礎。這樣，可以把企

業可用的現金去償付到期的債務作為企業經營的首要條件。即使企業經營的帳面利潤相當可觀，但都被占用在存貨、設備或其他非現金資產上，並不能給企業經營帶來什麼好處。而現金預算雖說不會改變企業所得的利潤數額，但它有助於保證企業經營有足夠的現金。

（3）投資預算。

「投資」一詞通常是指投放財力，以期在未來一個相當長的時期內獲取收益的行動。這個定義特別適用於表述編製投資預算的過程，因為這個過程涉及計劃投放到固定資產中的資金。這項預算一旦執行，管理部門必須對其進行監督並控制支出，並不時檢查支出的結果，進行差異分析，採取調整措施。

鑒於固定資產投資的性質，要求編製投資預算和對投資預算執行的控制要比各種消耗性支出和其他任何日常購置更加嚴謹，更加具有分析性和可比性。

投資預算一般包括用於廠房和設備等現有設施的更新改造資金，為增加現有產品產量或開發新產品所需的基本建設投資，以及用於人事發展、研究與發展、廣告宣傳等方面的專項預算。

編製投資預算和進行投資預算控制的好處是：第一，投資產生的影響深遠，它對於組織的營業費用和現金週轉的影響幾乎比組織通常發生的其他支出的影響都長久。因而投資或專項撥款支出應當控制，通過預算就能夠為控制提供一種標準；第二，對大宗支出進行預算控制，能促使組織在每個領域提高計劃與決策的質量，因而也就能提高投資的經濟效益；第三，有利於現金預算及財政收支的平衡。

為了確保制訂和評價投資項目所花的時間和精力不致白費，保證對每個投資項目所撥付的資金能夠為組織制提供最大限度的收益，必須對預算實行兩種控制和監督。第一，保證資金按照管理部門的意圖和預算使用，逐項鑑別投資預算中的每一個項目的相應預算數字，任何投資的實際支出要有憑證。對於項目支出超過預算數要有一定的限度，要有超支的控制指標，因為在執行過程中也許會出差錯或有其他不測事情的發生，要留有餘地。第二，要關心每個投資項目的營業成本和收入。這種控制通常在投資項目建成以後還要持續幾年之久。它需要把實際現金支出和收入（成本和收益）與最初的預算收支相比較，並通過這類資料來反應實際執行與預計的經營要求是否一致，並表明對組織生存和長期健康發展的影響。

（4）資金平衡預算。

企業常常使用估計資產負債表來反應企業的資金平衡預算。這個資產負債表反應將來的預期財務狀況，是作為控制企業現金和運用資本狀況的重要手段。

任何一個特定預算時期終了時，現金預計獲得的水準，可以查閱應收項目預算而加以確定；應付帳款金額，可以查閱應付帳款預算而加以確定；如此等等。通過預算中所有各個具體營業的預算，可以分別瞭解其他各有關項目。各種詳細預算一經編製，將所有項目匯集在一起是很有用的。這些數字編製而成的報表，就是供給資產負債表，它是

進行資金平衡預算控制的主要工具。它可以根據組織的具體需要，按月或按季編製。

3. 預算控制的優缺點

對於任何組織來說，預算控制具有明顯的優點，主要表現在：

①它可以對組織中複雜紛繁的業務，採用一種共同標準——貨幣尺度來加以控制，便於對各種不同業務進行綜合比較和評價。②它採用的報表和制度都是早已被人們熟知的，在會計上使用了多年。③它的目標集中指向組織業務獲得的效果——增收節支，並取得盈利。④它有利於明確組織及其內部各單位的責任，有利於調動所有單位和個人的積極性。

然而，預算控制並不是毫無局限性和缺點的。這些缺點主要表現在：

①它有管得過細的危險。按預算項目分別詳細地列出費用數額，可能束縛主管人員管理本部門工作所必需的自主權。②它有管得過死的危險。預算本身缺乏彈性，實行預算控制又必須編製各種環環相扣的預算。在這一過程中，任何一處發生估計上的錯誤，任何一處預算的調整，都會影響到其他預算的變動。③它有讓預算目標取代組織目標的危險。它容易造成部門領導人過分熱衷於「按預算辦事」，而把實現組織目標擺到次要的地位。④它有鼓勵虛報、保護落後的危險。因為預算經常是以歷史數據和申報數額為依據編製的，這有可能造成下級部門虛報或多報預算數據，以便自己今後能輕鬆地完成預算。

二、非預算的控制方法

預算控制雖然具有重要作用，但為了加強對組織的控制，還應根據不同情況，廣泛採用各種非預算控制的方法。按照從簡單到複雜的順序，主要有親自觀察、報告、內部審計、盈虧平衡分析和時間、事件、網絡分析等。

1. 親自觀察

親自觀察適用於從組織中一切關鍵領域獲取控制信息，它是領導人進行控制、判斷和調整措施的一種手段。它有利於領導人獲得組織業務活動的第一手資料，以及在正式報告中不易得到的有用信息，使之成為他們決策時的部分依據。

然而，親自觀察作為獲得信息的手段是耗費時間的，而且從個人接觸中所獲得的第一手信息的價值，還要受到觀察者的感知技能和理解能力的限制。儘管如此，親自觀察往往仍然是證實從其他來源所獲得的信息的唯一方法，經常被各級管理人員所採用。20世紀80年代，西方企業流行「走動管理」（Management by walk about，MBWA），實質上就是親自觀察的具體運用。[1] 它要求管理人員深入第一線，理解和掌握組織活動的第一手資料，以便為管理控制取得更為客觀和直接的依據。

---

[1] Richard T Pascale. Perspective on strategy: the real story behind Honda's success [J]. California Management Review, 1984, 26 (3): 47-72.

2. 報告

報告是組織進行控制的一種手段，主要目的是提供一種必要的、可用於矯正措施依據的信息。報告所提供的控制信息是多方面的，由於控制過程的終點是採取必要的矯正措施，所以必須把控制信息交給在組織上負責採取必要措施的人。但報告往往是綜合性的，這需要呈交上級，同時按各個不同的業務內容分送到有關負責部門。

實踐中，人們常採用專題報告來揭示非例行工作的情況。這類報告可以使人們高度重視那些對組織的生存發展意義重大的問題，揭示改善組織業務活動的關鍵。

完善的控制報告應體現有效控制的所有特性。這種報告應當是客觀的、公正的、適時的、經濟的，必須包括充分的資料，如實反應組織當前的情況和發展趨勢，突出有戰略價值的關鍵問題，遵循組織的宗旨、目標和方針，採取有效的措施。

3. 盈虧平衡分析（Break Even Point Analysis）

盈虧平衡分析，既是一種決策方法，又是一種控制方法。它能用來控制在不同的生產和銷售水準下將能夠實現的利潤數，也可應用於測定各種產品的成本和產銷量的關係，為控制各種產品的成本和贏利能力提供標準。

4. 時間、事件、網絡分析等

網絡計劃技術，既是一種計劃的方法，又是一種控制的方法。根據經過優化的網絡圖，管理者可以抓住重點（關鍵路線和關鍵工序），照顧一般（非關鍵工序），及時發現計劃執行中偏離預定進度的情況，採取矯正措施，保證工程項目如期完工。

三、全面績效的控制方法

預算控制和非預算控制的方法，都是以對組織中某一項或某一類業務的控制為主，然而不同的組織還需要不同的全面績效的控制。控制組織全面績效的方法，一般包括經濟核算、資金利潤率、要項控制以及內部控制。

1. 經濟核算

經濟核算是組織進行管理的一項重要工作。它與計劃工作相配合，嚴格地、盡可能正確地控制、核算和分析組織從事業務活動的成果和消耗、收入和指出、盈利和虧損，以促進組織改進業務活動，加強管理，提高工作效率和經濟效益。

對企業組織而言，企業本身所具有的商品生產者的地位要求它按照以收抵支的經濟核算原則來建立有效的經濟核算工作的管理控制制度；對非企業組織而言，由於他們是具備特定功能的獨立組織，理應進行單獨核算，明確自己的職責，劃清與其他組織之間的經濟關係。

在組織內部要實行以實現組織特定目標為核心的分部門、分級的經濟核算體系。各類組織可根據內部各核算單位要求的核算內容，分為核算盈虧的單位、核算資金占用的單位、核算費用節約的單位、核算專項資金的單位和預算控制的單位。

建立組織經濟核算組織系統的原則是：統一領導，分級管理；專業管理與群眾管理

相結合。組織經濟核算必須以實現組織總體目標為中心，把組織的內部各級、各單位的經濟核算同實現這個目標結合起來；以計劃、財務部門為中心，把各個職能部門的核算結合起來，以專業核算為主導，把專業核算與群眾核算結合起來。

在企業組織的經濟核算體系中，各種形式的盈虧或損益的計算與控制佔有重要的地位。所謂盈虧或損益計算，是將某一時期的全部收入和支出匯總列表，並對比實際成果與預期目標的差異，借以尋找薄弱環節，作為採取矯正措施的依據。

2. 用資金利潤率進行控制

在企業組織中，資金利潤率是最能準確地表示企業收益能力的指標。用資金利潤率進行控制，就是以利潤總額與資金總額之比從絕對數和相對數兩個方面來衡量整個企業組織或其某一部門的經營業績。

資金利潤率計算公式如下：

資金利潤率＝利潤總額／資金總額

＝（利潤總額／銷售收入）×（銷售收入／資金總額）

＝銷售利潤率×資金週轉率

從資金利潤率控制可以看出，對利潤率變化的分析可以涉及企業經營的各個方面。通過這種分析，可以知道企業資源運用的效益，同時也能比較容易地查出各種差異的原因。

把資金利潤率控制法應用於不同的產品系列，可以比較各種產品的現狀及其發展趨勢，明確產品處於有利可圖的發展時期還是已經開始衰退，從而有針對性地制訂不同的戰略；比較不同產品的利潤率，可使企業經常保持合理的產品結構，明確資金投放的重點和先後次序，能使企業以同樣多的資金在總體上取得最大的利潤。

資金利潤率控制的主要優點，是把管理者的注意力集中於挖掘潛力，增加利潤。它的主要危險，則是可能導致過分專注企業的財務狀況，因而忽視諸如社會責任、技術發展、人才開發、職工士氣以及良好的顧客關係等因素。因此，用資金利潤率控制還需有別的控制方法加以補充。

3. 要項控制

要項控制是指從組織業務活動的全局出發，提出若干主要項目，通過對這些主要項目的控制來實現控制組織全面績效的目的。

對於不同的組織，提出的控制項目是不同的。但有效的管理要求所有效力於實施組織總目標的每個方面都要確定控制項目。對於非企業組織而言，控制項目要以追求實現組織的宗旨為核心，以提高效率、注重成就和承擔社會責任的項目作為其控制項目。例如，大學的宗旨是教書育人、創造知識。這一宗旨所要求的要項可能是：吸引高質量的學生；提供高水準的藝術和科學以及專業知識的訓練；吸引高質量的教師和研究人員；以及通過多種方式創造收益來支持學校的發展。對於企業組織而言，控制項目一般要從實現企業總目標方面入手來確定。例如，中國企業特別強調要把提高產品質量、降低物

資消耗和增加經濟效益，作為考核企業管理水準的主要指標。這些就是重點控制的要項。美國通用電器公司長期堅持用八個主要項目來衡量企業的經營成果。這些項目是：①獲利能力，以企業稅後淨利潤表示；②市場地位，以市場佔有率表示；③生產力，指企業銷售的產品和勞務與各種必要投入要素之間的對比關係；④產品的領先性，包括創新力、利用新科學技術成就的能力等；⑤人才開發，能否應付新的需求和挑戰；⑥職工態度，通過缺勤率、事故記錄和職工調查進行分析；⑦公共責任，按對企業職工的責任、對顧客的責任和對當地社區的責任等分別設定一些標準；⑧短期目標與長期目標的結合。

四、組織管理控制的方法

組織控制的方法與模式有多種分類標準。

美國加利福尼亞大學洛杉磯分校（UCLA）的威廉·大內等人（Ouchi and Maguire, 1975）認為，組織控制有兩種模式：「產出控制」（Output Control）和「行為控制」（Behavior Control）。威廉·大內等人的研究發現，當管理者對「過程-結果」（Means-ends）關係越瞭解，員工任務的複雜性和獨立程度越低，越適合行為控制。[1] 然而，產出控制和行為控制這兩種控制模式並非是完全替代關係，在許多時候，二者是一種互補關係。在此基礎上，威廉·大內（Ouchi, 1979）提出兩種銷售人員控制策略，即「績效評估」（Performance Evaluation）和通過甄選、訓練、社會化（Socialization）來使組織成員目標一致，即「小團體控制」（Clan Control）。威廉·大內強調，選擇何種控制方法與模式取決於績效評估的難易程度。[2]

邁克爾·勒貝斯和簡·維根斯坦（Lebas & Weigenstein, 1986）將控制分為「市場控制」（Market Control）、「規則控制」（Rule Control）及「文化控制」（Culture Control）三類。「市場控制」方法是倚賴外部市場力量來控制內部管理行為；「規則控制」是以組織內設定的管理制度與約定來控制部門運作；而當組織內的規則、目標、程序及角色被內化（Internalized）後，則組織便逐漸走向「文化控制」。[3]

歸納上述學者對控制類型和影響因素的研究，雖然所用名詞有些不同，但按照其涵義大體可歸為三類：「行為控制」（科層制控制、規則控制或權威控制）、「產出控制」

---

[1] William G Ouchi. A conceptual framework for the design of organization control mechanisms [J]. Management Science, 1979, 25 (9): 833-847.

[2] William G Ouchi. A conceptual framework for the design of organization control mechanisms [J]. Management Science, 1979, 25 (9): 833-847.

[3] Michel Lebas, Jane Weigenstein. Management control: the roles of rules, markets, and culture [J]. Journal of Management Studies, 1986, 23 (5): 259-272.

（市場控制或價格控制）及「小團體控制」（信任或文化控制）（Ouchi，1977[1]；[2] Lebas & Weigenstein，1986）[3]。

從 20 世紀 90 年代起，組織理論發展出來的控制基本類型，隨著產業網絡（Industrial Network）及關係式組織（Relational Organizations）的興起，組織控制的概念延伸到組織間關係管理的相關研究中來（Heide & John，1990；[4]Hennart，1991）[5]。但組織間的關係管理還包含了雙方複雜的互動行為，如甄選合作夥伴、評估行為與產出、獎酬或誘因系統及轉換交易對象等，其內涵和活動更甚於單純的組織內控制。綜上所述，控制是組織管理機制的基礎，組織管理機制是控制概念的延伸，我們可以認為「組織管理機制」一詞更適合描述組織間複雜的關係與行為。一般來說，組織管理機制分為以下三類：

（一）行為管理機制（Behavior Management Mechanism）

由於影響組織內員工行為和績效的因素很多，有時難以客觀衡量結果，管理控制機制運作不易。行為管理重視過程而非單純的結果，組織管理機構以一些會影響績效的因素來評估或獎酬員工行為，如專業知識、服務、配合度等。行為管理機制會促使組織管理機構利用各種監控系統來搜集、監督組織內員工的行為信息，此舉會增加管理成本，但組織管理機構可要求組織內員工配合與其績效或產出無直接關聯的活動，如開展組織文化活動、提供員工個人信息或其它服務等，使其可以配合公司整體戰略；而對組織內員工來說，行為管理機制也降低了因行為效果不確定所帶來的收益風險。

（二）產出管理機制（Outcome Management Mechanism）

組織內員工的任務是一專業工作，要完整地說明投入到產出的轉移過程往往非常困難。因此，組織管理機構難以制定出一套能適應不同情境的權變管理法則。為了提高組織內員工的積極性和創造性，許多組織管理機構會選擇讓組織內員工自由發揮，推行目標管理，使他們較少參與或指示相關決策，而僅就目標任務完成的效果來評價員工的工作績效。此種方法的優點是可減少組織管理機構的監督成本，並對組織內員工有較強的激勵效果；缺點是當產出不確定時，無法客觀地衡量組織內員工的努力程度。

（三）小團體管理機制（Clan Management Mechanism）

組織文化的信念或價值觀通過訓練或社會化方式，正式或非正式地由簡單的詞彙到

---

[1] William G Ouchi. The relationship between organizational structure and organization control [J]. Administrative Science Quarterly, 1977, 22 (1): 95-113.

[2] William G Ouchi. A conceptual framework for the design of organization control mechanisms [J]. Management Science, 1979, 25 (9): 833-847.

[3] Michel Lebas, Jane Weigenstein. Management control: the roles of rules, markets, and culture [J]. Journal of Management Studies, 1986, 23 (5): 259-272.

[4] Jan B Heide, Grorge John. Do norms matter in marketing relationship? [J]. Journal of Marketing, 1992, 56 (4): 32-44.

[5] Jean-Francois Hennart. The transaction costs theory of joint ventures: an empirical study of Japanese subsidiaries in the United States [J]. Management Science, 1991, 37 (4): 483-497.

重大儀式等,傳達到整個組織系統中,從而降低了組織內各次級單位或組織間的知覺衝突(Ouchi, 1979; Lebas & Weigenstein, 1986;[1] Pettigrew, 1979)。組織文化可以減少個人式監督與投入控制,而建立一套規範(Norms)系統與非正式規則,指導人們在各種情況下應當表現的正確行為,同時對新的情況可以自主判斷並做出較快的反應。由於組織文化的信念或價值觀並不一定被全體員工所接受或內化,組織管理機構與組織內員工之間的關係不確定性高、績效因果關係不明,且因信息不對稱(Information Asymmetry)容易造成監督成本高,因而小團體管理顯得尤其重要。從另一個視角來看,組織管理機構與組織內員工之間存在著一種「交易」關係,即組織會用各種方法來獎勵員工以換取員工積極主動的行為。這時,小團體管理機制中的「信任」就可以解決不可預知的狀況,降低交易雙方對未來的不確定性,使交易的進行更具有效率(Thorelli, 1986)[2];簡·海德和喬治·約翰(Heide & John, 1992)也認為,「關係式規範」(relational Norms)可以解決交易雙方的投機行為,代替了組織內的行為管理機制和組織間的垂直控制。[3]

第三節　內部控制

在企業的實踐中,會計人員常將內部審計與內部控制視為控制的同義詞。按照英國內部審計委員會的定義,內部控制是指管理層採取的計劃。組織指導行動是為了促進以下目標的實現:①達到預定目標;②經濟並有效地使用資源;③防止資產流失;④信息的可靠性與整體性;⑤與政策、計劃、程序、法律法規保持一致。

一、內部控制理論的發展過程

內部控制理論的發展是一個逐步演變的過程,大致可以區分為內部牽制(Internal Check)、內部控制制度(Internal Control)、內部控制結構(Internal Control Structure)、內部控制整體框架(Internal Control Integrated Framework)、企業風險管理(Enterprise Risk Management)五個階段。

1995年,美國註冊會計師協會(AICPA)發布第78號《審計準則公告》(SAS No. 78),將內部控制定義為「內部控制是由企業董事會、管理層和其他員工實施的,為經營的效率效果、財務報告的可靠性和相關法律的遵循性等目標的實現而提供合理保證的過程」。

---

[1] Michel Lebas, Jane Weigenstein. Management control: the roles of rules, markets, and culture [J]. Journal of Management Studies, 1986, 23 (5): 259-272.

[2] Hans B Thorelli. Networks: Between markets and hierarchies [J]. Strategic management Journal, 1986, 7 (1): 37-51.

[3] Jan B Heide, Grorge John. Do norms matter in marketing relationship? [J]. Journal of Marketing, 1992, 56 (4): 32-44.

第 78 號《審計準則公告》強調了內部控制的四個基本觀念：

（1）內部控制是一個過程，它是實現組織目標的方法，是與企業活動整合在一起的一系列活動。

（2）內部控制是由人執行的，而非僅具有書面的手冊即可，這些執行者包括組織上中下各階層的人員。

（3）內部控制並非絕對確保目標的實現。

（4）內部控制目的為實現財務報導的真實性、法規的遵行及營運效果與效率等三個目標，這三個目標可能會有重疊之處。

企業風險管理（Enterprise Risk Management，ERM）將內部控制擴展為八要素，即內部環境（Internal Environment）、目標設定（Objective Setting）、事項識別（Event Identification）、風險評估（Risk Assessments）、風險反應（Risk Response）、控制活動（Control Activities）、信息與溝通（Information and Communication）和監控（Monitoring），更加豐富了內部控制的內容。

企業管理風險與之前的內部控制有很大不同。從目標角度，將內部控制整體框架的三大目標重新定義為四大目標：戰略目標、經營目標、報告目標和遵循目標。從構成角度，將五大要素擴展為八大要素：內部環境、目標設定、事項識別、風險評估、風險反應、控制活動、信息與溝通、監控。在內容上，企業風險管理框架包括六個方面：協調風險偏好和戰略決策、提高風險反應決策、降低經營的意外和損失、識別和管理縱橫交錯的企業風險、抓住機遇、提高利用資本的效率。

二、企業風險管理的要素

（1）企業的內部環境是其他所有風險管理要素的基礎，為其他要素提供規則和結構，也為 ERM 的其他組成因素提供了框架。其中特別是管理當局的風險偏好，決定了公司對可能出現的預料之外的事件的態度，管理當局和董事會必須明確戰略及其執行過程中的風險和回報。

（2）目標設定要求管理層必須基於目標來識別成功的潛在因素。根據企業確定的任務或預期，管理者要制定企業的戰略目標，確定其他與之相關的目標，並在企業內層層分解和落實。

（3）事項識別要求在對企業目標、戰略和計劃以及對企業所處的內部和外部環境都有深刻瞭解的基礎上，企業風險管理要求辨別可能對實現公司目標產生負面影響的所有重要情況或事件，事件辨別的基礎是將可能的風險與環境進行對比。

（4）風險評估是指辨認風險，並予以評估的過程。風險評估一般用可能性（概率）和影響結果兩個維度度量風險，前者對於事件的發生具有一定的負面影響；後者是假設事件發生，對經營、財務報告以及戰略產生影響的可能結果，潛在影響一般以對經營、數量、金錢損失以及戰略目標可能造成的損失進行計算。

（5）風險反應是指企業對每一個重要的風險及其對應的回報進行評價和平衡，其結果取決於成本效益分析以及企業的風險偏好。

（6）控制活動是管理當局設計的政策和程序，為執行特定的風險緩和反應提供了合理的保證，這些政策與程序的制定與執行應針對已辨認的風險。控制活動包括在整個組織中使用的批准（Approvals）、授權（Authorizations）、核實查證（Verifications）、對帳（Reconciliation）、經營業績復核與檢查（Review）、資產的安全（Security of Assets）以及職責分離（Segregation of Duties）等方法。

（7）信息是信息系統辨認、衡量、處理與報導的對象。信息可由內部產生也可由外部取得，其目的在於幫助內、外部決策者做決策；而溝通是把信息傳遞給他人，使他人獲得所需信息的過程。信息和交流是指風險辨別、評估、反應和控制活動在組織的各個水準層次上產生有關風險的信息，與財務信息一樣，風險信息必須以一定的形式和框架進行交流，使員工、管理層以及董事履行各自的責任。

（8）監控是指評估內部控制執行的過程，其目的包括決定內部控制制度是否仍然重要，是否仍然能夠辨認風險，以使內部控制的設計和執行持續有效。監督與內部控制一樣，企業應通過持續的監督和獨立的評價活動，監督企業風險管理的有效性。

我們可以發現，企業風險管理的定義強調了內部控制框架的建立應與企業的風險管理相結合，認為企業風險管理與內部控制同樣是一個程序，它不是靜態的，而是處於不斷的調整和變化之中，以適應組織環境的變化。企業風險管理除包括內部控制的三個目標之外，還增加了戰略目標，並擴大了報告目標的範疇。內部控制框架將企業的目標分為經營的效率和效果、財務報告的可靠性和現行法規的遵循。企業風險管理框架也包含三個類似的目標，但是比內部控制框架增加了一個目標——戰略目標。該目標的層次比其他三個目標更高。企業的風險管理在應用於實現企業其他三類目標的過程中，也應用於企業的戰略制定階段。

三、內部控制的方法

內部控制的各種方法是建立和完善內部控制制度的一項極其重要的內容，主要的方法有：

1. 組織規劃控制

組織規劃是對企業組織機構設置、職務分工的合理性和有效性所進行的控制。企業組織機構有兩個層面：一是法人的治理結構問題，涉及董事會、監事會、經理的設置，二是管理部門設置及其關係，對財務管理來說，就是如何確定財務管理的廣度和深度，由此產生集權管理和分級管理的組織模式。職務分離控制主要解決不相容職務分離的問題。

所謂不相容職務分離是指那些由一個人擔任的既可能發生錯誤、產生弊端，又可掩蓋其錯誤和弊端的職務。企業內部主要不相容職務有：授權批准職務、業務經辦職務、

財產保管職務、會計記錄職務和審核監督職務。這五種職務之間應實行如下分離：①授權批准職務與執行業務職務相分離。②業務經辦職務與審核監督職務分離。③業務經辦職務與會計記錄職務分離。④財產保管職務與會計記錄職務分離。⑤業務經辦職務與財產保管職務相分離。

2. 授權批准控制

授權批准（Authorizations）是指企業在處理經濟業務時，必須經過授權批准以便進行控制，授權批准按其形式可分為一般授權和特殊授權。所謂一般授權是指對辦理常規業務時權力、條件和責任的規定，一般授權時效性較長；而特殊授權是對辦理例外業務時權力、條件和責任的規定，一般其時效性較短。

3. 會計系統控制

會計系統控制主要包括：①建立健全內部會計管理規範和監督制度，且要充分體現權責明確、相互制約以及及時進行內部審計的要求。②統一會計政策，儘管國家制定了統一的會計制度，但其中某些會計政策是可選的。因此，從企業內部管理要求出發，必須統一執行所確定的會計政策，以便統一核算匯總分析和考核，企業會計政策可以專門文件的方式予以頒布。③統一會計科目，在實行國家統一一級會計科目的基礎上，企業應根據經營管理需要，統一設定明細科目，特別是集團性公司更有必要統一下級公司的會計明細科目，以便統一口徑，統一核算。④明確會計憑證、會計帳簿和財務會計報告的處理程序與方法，遵循會計制度規定的各條核算原則，使會計真正實現為國家宏觀經濟調控和管理提供信息，為企業內部經營管理提供信息，為企業外部各有關方面瞭解其財務狀況和經營成果提供信息。

4. 全面預算控制

全面預算控制應抓好以下環節：①預算體系的建立，包括預算項目、標準和程序；②預算的編製和審定。③預算指標的下達及相關責任人或部門的落實。④預算執行的授權。⑤預算執行過程的監控。⑥預算差異的分析與調整。⑦預算業績的考核。全面預算是集體性工作，需要企業內各部門人員的相關合作。為此，有條件的企業應設立預算委員會，組織領導企業的全面預算工作，確保預算的執行。

5. 財產保全控制

財產保全控制包括：①限制直接接觸，限制直接接觸主要指嚴格限制無關人員對實物資產的直接接觸，只有經過授權批准的人員才能夠接觸資產。限制直接接觸的對象包括限制接觸現金、其他易變現資產與存貨。②定期盤點，建立資產定期盤點制度，並保證盤點時資產的安全性。通常可採用先盤點實物，再核對帳冊來防止盤盈資產流失，對盤點中出現的差異應進行調查，對盤虧資產應分析原因、查明責任、完善相關制度。③記錄保護，應對企業各種文件資料（尤其是資產、財務、會計等資料）妥善保管，避免記錄受損、被盜、被毀。對某些重要資料應留有後備記錄，以便在遭受意外損失或毀壞時重新恢復，這在當前計算機處理條件下尤為重要。④財產保險，通過對資產投保（如

火災險、盜竊險、責任險或一切險）增加實物受損補償機會，從而保護實物的安全。⑤財產記錄監控，對企業要建立資產個體檔案，對資產增減變動應及時予以全面的記錄。加強對財產所有權證的管理，改革現有核銷模式，減少備查帳簿的形式，將其價值納入財務報表體系內，從而保證帳實的一致性。

6. 人力資源控制

人力資源控制應包括：①建立嚴格的招聘程序，保證應聘人員符合招聘要求。②制定員工工作規範，用以引導考核員工行為。③定期對員工進行培訓，幫助其提高業務素質，以更好地完成規定的任務。④加強和考核獎懲力度，應定期對職工業績進行考核，獎懲分明。⑤對重要崗位員工（如銷售、採購、出納）應建立職業信用保險機制，如簽訂信用承諾書，保薦人應推薦或辦理商業信用保險。⑥工作崗位輪換，可以定期或不定期進行工作崗位輪換，通過輪換及時發現弊端。同時也可以挖掘職工的潛在能力。⑦提高工資與福利待遇，加強員工之間的溝通，增強凝聚力。

7. 風險防範控制

企業在市場經濟環境中，不可避免地會遇到各種風險。風險控制要求單位樹立風險意識，針對各個風險控制點，建立有效的風險管理系統，通過風險預警、風險識別、風險評估、風險報告等措施，對財務風險和經營風險進行全面防範和控制。企業風險評估的主要內容有：①籌資風險評估；②投資風險評估；③信用風險評估；④合同風險評估。風險防範控制是企業的一項基礎性和經常性的工作，企業在必要時可設置風險評估部門或崗位，專門負責有關風險的識別、規避和控制。

8. 內部報告控制

為滿足企業內部管理的時效性和針對性，企業應當建立內部管理報告體系，全面反應經濟活動，及時提供業務活動中的重要信息。常用的內部報告有：①資金分析報告，包括資金日報、借還款進度表、貸款擔保抵押表、銀行帳戶及印鑒管理表等。②經營分析報告。③費用分析報告。④資產分析報告。⑤投資分析報告。⑥財務分析報告。

9. 管理信息系統控制

管理信息系統控制包括兩方面的內容，一方面是要加強對電子信息系統本身的控制。包括系統組織和管理控制、系統開發和維護控制、文件資料控制、系統設備、數據、程序、網絡安全的控制以及日常應用的控制。另一方面，要運用電子信息技術手段建立控制系統，減少和消除內部人為控制的影響，確保內部控制的有效實施。

10. 內部審計控制

內部審計控制是內部控制的一種特殊形式，它是一個企業內部經濟活動和管理制度是否合規、合理和有效的獨立評價機構，在某種意義上講是對其他內部控制的再控制。內部審計內容十分廣泛，按其目的可分為財務審計、經營審計和管理審計。內部審計在企業中應保持相對獨立性，應獨立於其他經營管理部門，最好受董事會或下屬的審計委員會領導。

內部控制向風險管理領域擴展，對內部審計控制的發展產生了深遠影響，這種影響

集中體現在風險基礎內部審計的產生。所謂的內部審計，是控制組織內部的審計人員對組織的會計、財務和其他業務活動所做的定期、獨立的評價。內部審計控制工作除了要弄清會計帳目是否正確地反應實際情況以外，還需要對組織的各項目標、戰略、程序、職權的運用，決策質量和工作質量，管理方法的效果和工作人員的工作效率，以及各種專門問題進行評價，其目的是為了加強控制。

有效的內部審計控制的作用主要有：①它提供了一種用於測定現行戰略、程序和方法是否有效的手段；②它有助於擬訂關於改進組織的戰略、策略、程序和方法的建議，能更加有效地保證組織目標的實現；③它可為組織提供一種能不斷提高集中控制效能的手段，因而有助於實行更大程度的分權而不致失控。

實踐表明，內部審計能否取得良好成效，取決於組織高層領導人的支持程度和中下層管理人員的接受程度，取決於審計負責人的領導才能和審計人員的水準。

第四節　戰略控制

近年來，戰略控制（Strategic Control）的重要性被人們提高到日益顯著的地位，並加以強調。戰略控制是戰略計劃、組織活動、後果等為未來活動提供信息的全面評估。[1]控制的循環包括戰略計劃、衡量產出活動，以確定戰略是否符合目標，可通過糾正或改變所需的活動確保控制。戰略控制也包括對生產活動的投入及其產出的衡量，包括關於外部環境的持續信息，以決定戰略計劃是否對出現的最新發展做出反應。

一、傳統戰略控制方法的缺陷

傳統的戰略控制方法把戰略管理看作一個循序過程，戰略控制是戰略管理過程的一個階段，它將組織的活動維持在允許的限度內，它的標準來自人們的期望。這些期望可以通過目標、指標、計劃、程度或規章制度的形式含蓄地或明確地表達出來。它由戰略擬定、戰略執行和戰略評價三個階段所組成（如圖9-3所示）。

戰略擬定 → 戰略執行 → 戰略評價

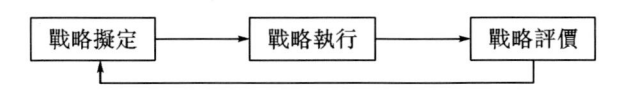

圖9-3　傳統的戰略管理過程

這種控制方法通過經營業績的評價與反饋來確定是否達到預期的計劃目標。反饋的信息可用以採取相應的糾正措施解決問題。

傳統的戰略控制方法是一種反饋控制的控制方法，它有幾個主要的缺陷：

---

[1] John F Preble. Toward a comprehensive system of strategic control [J]. Journal of Management Studies, 1992, 29 (6): 391-409.

(1) 反饋控制（Feedback Control）是一種事後控制，它要在一種戰略全部貫徹之後，才能獲得反饋信息。反饋信息往往來得太遲，以致不可能對戰略規劃做出及時的修正。對於長期戰略的控制，其局限性尤其明顯。

長期戰略通常要求投入大量的人力和財務資源，並且具有較長的規劃期。因此，往往延遲數年未能採取糾正措施或改變戰略方向，在這期間，公司會因未能及時做出反應而蒙受巨大損失。

(2) 傳統的戰略控制方法是一種「單循環」（Single Loop）的控制，它把實際業績與計劃的業績控制標準加以比較，找出差異。從反饋控制的立場，差異被看作是「不好」的，需要加以糾正，而業績控制標準理所當然地被看作是「正確」的。不過，實際情況卻不盡如此。彼得‧德魯克認為，去做（並完成）正確的事情（To Get The Right Done）遠遠比把事情做正確（To Do Things Right）重要[1]。

差異會因業績控制標準不夠合理而產生，原有的戰略計劃在制訂過程中，會由於對內部和外部環境因素認識不足而存在缺陷，或者在戰略計劃制訂後，環境因素發生了重大變化，使原有的戰略計劃失去了原有的合理性。因此，單循環的控制方法不能達到有效控制的目的，有效控制方法應是一個對戰略計劃不斷加以修正完善的多層次的循環過程。

(3) 傳統的戰略控制方法是一種相對靜態的控制方法。它未能及時反應環境因素變化對戰略執行行為的影響，傳統的戰略控制方法假設原戰略規劃制定的基礎相對穩定，它要在一種戰略執行之後獲得反饋信息，才能通過差異的分析來評估環境因素變化的影響。因此，它只適合相對穩定的公司。在競爭激烈、高度動態的行業，一旦環境因素發生重大的變化，要求公司的戰略迅速地做出相應的變化，傳統的戰略控制方法因未能及時反應其對重要的環境因素變化的影響，其局限性便十分顯著了。

二、戰略控制的過程

今天，影響公司競爭優勢的重要環境因素瞬息萬變，以反饋控制和事後控制為特點的傳統戰略控制方法已不能適應環境因素迅速變化的需要。今天的管理者必須預測重大的環境變化和趨勢，這就需要採取更加主動積極的態度對待戰略控制，更加著眼於未來的發展變化，利用最新的科學技術和執行經理信息系統，克服傳統戰略控制方法的種種缺陷。戰略控制區別於經營控制，經營控制包括目標設定、績效衡量、績效與標準對比、反饋四個階段的短期循環。[2] 經營控制主要是關注特定的部門或活動並且強調短期。

戰略控制一般都使用反饋（Feed-Back）和前饋（Feed-Forward）信息。反饋控制用於衡量產出，將反饋回來的控制信息與目標進行比較以進行需要的改變。前饋控制在決策初始時衡量投入，考慮生產活動和那些可能影響戰略計劃的環境改變。前饋控制使

---

[1] Peter F Drucker. The effective executive [M]. New York: Harper and Row, 1966.

[2] Das T K. Organizational control: an evolutionary perspective [J]. Journal of Management Studies, 1989, 26 (5): 459-475.

組織能夠選擇，並且比單靠產出數據或觀察到組織偏離外部需求才進行應對能夠更早地改變計劃。戰略控制是要求不僅監控組織內部的狀況，還要監控外部環境狀況的一個持續過程。戰略控制指導公司的活動趨近於戰略目標。公司的經營數據用來作比較以做出恰當的反饋，通過改變戰略、產品、市場推廣等可行方式增加產品銷售量。控制系統反應了公司的戰略導向。[1]

戰略控制體系便是這樣一種以未來為導向和正反饋為特點的控制方法，它由三個部分組成：前提控制（Premise Control）、執行控制（戰略）（Implementation Strategy）和戰略監視（Strategy Surveillance）。

（一）前提控制（Premise Control）

在戰略擬定的過程中，一個很重要的早期步驟是對內部和外部環境的一系列重要因素提出假設，作為制訂戰略的前提和基礎。這些前提包括所有影響該產業環境和一般環境的重要因素。諸如經濟增長率、產品市場需求，競爭狀況、原料成本，技術進步等。由於以這一系列戰略的前提為基礎擬定的戰略計劃，大多需要數年才能充分貫徹。因此，對戰略前提持續地進行回顧檢討以保證其持續有效，被普遍認為是戰略控制不可缺少的重要組成部分。[2] 前提控制要求對所有這些重要的環境因素進行系統和持續的稽查。當環境因素發生了重大的變化，對以此為前提制訂的戰略也必須進行相應的調查。例如，一家製造商制訂了以成本優勢取勝的進取性很強的戰略，以表9-1所示假定的條件作為其戰略前提。

表9-1　　　　　　　　　　一家製造商前提控制的假定條件

要項	指標
經濟增長狀況	GNP增長8% 人均可支配收入增長5%
對產品的市場需求	國內市場需求增長8% 海外市場需求增長3%
競爭狀況	主要競爭對手可能降低3%的成本 海外競爭對手可能推出新一代的同類產品
原料及勞務成本	勞動隊伍繼續保持非工會化 工資增長不超過5%
技術進步狀況	未預見可大幅度降低成本的重大技術突破 行業研究及開發支出佔總銷售的2%
消費行為	消費者願支付較高的價格購買新產品 消費者希望更長的產品保用期限

---

[1] Michael Goold. Strategic control in decentralized firm [J]. Sloan Management Review [M]. 1991, 32（2）：69-81.

[2] Lawrence R Jauch, James B Townsend. Cases in business Policy and strategic management [M]. New York：Mc Graw-Hill Education, 1990.

當環境因素發生了變化，上述假設未能全部實現。有的可能估計得過於保守，譬如，海外市場對產品的需求迅速增長，超過了10%。有的則過於樂觀，如主要競爭對手實際成本降低了10%。為此，公司必須不斷地以實際情況為前提，對原戰略規劃及時加以糾正，方能在激烈的競爭中獲得優勢。

前提控制可以通過環境監控（Environmental Monitoring）實現。監控首先要追蹤找出先前在戰略擬定階段已被發現的對公司的戰略進程至關重要的事件和趨勢。由於這些環境信息意見被採用而作為戰略擬定的前提，稽查便要有系統且持續地對其加以監視和審核，檢查這些環境假設是否發生了變化，以致公司的戰略方向需做相應的調整。目前，許多公司採用的連續環境掃描系統（Continuous Environmental Scanning System），不僅用以發現新的動態，還能用來追蹤監視原已發現的事件和趨勢。這就大大方便了前提控制的實施。公司內部的專門人員或負責環境掃描的專職人員（譬如政治分析員、經濟學家、產業分析家、人文學家），在負責預見特定事件與動態的同時，便可讓其負責追蹤監視該事件與動態。如果公司缺乏跟蹤監視環境變化發展的專門人才，也可向外委託顧問從事此項工作。

（二）執行控制（戰略）（Implementation Strategy）

執行控制主要包括兩方面的內容：一方面，它要監督公司的戰略是否按計劃執行，以保證預期的財務和非財務業績目標的實現。例如，公司的利潤、銷售增長以及勞動生產率目標是否實現？公司的資源配置是否合理？公司的運作是否在預算日期內進行等。另一方面，執行控制要根據環境因素的主要變化，審核公司的戰略和目標是否依然合適，是否需要因戰略前提條件的改變或外部環境中不斷發生和發展的事件加以修改。實際業績與計劃的業績控制標準發生了偏離，並不一定意味著公司戰略的失敗。執行控制對實際差異產生的原因加以分析，充分考慮了環境因素變化的影響，並提出相應的對策。執行控制的內容可包括建立合適的獎勵制度和戰略管理信息系統，以支持和保證戰略的貫徹執行。

執行控制在戰略實施的過程中不斷地對戰略的基本方向是否仍然正確提出質疑。它通過「里程碑」（Milestones）分析、中間目標（Intermediate Goals）分析和戰略底線（Strategic Thresholds）分析來評價現行項目的進展情況。「里程碑」分析把發展項目劃分為數個重要階段，諸如需要投入大量資財的關鍵時候，檢查項目的進展是否達到預期的目標。中間目標分析則選用合適的短期目標，譬如成本、投資回報率等，來反應項目是否順利實施。戰略底線分析則規定一個必須達到的水準（必保目標），譬如時間或成本，項目的實際業績若在規定水準之上，則可繼續進行。倘若未能達到起碼的水準則加以終止。這些分析根據項目在各個特定的重要時間和階段所得的成果來審核項目的繼續進行是否合適，或必須改變方向，或必須立即停止以避免出現更大的錯誤和損失。

（三）戰略監視（Strategy Surveillance）

公司的決策人員在制訂戰略時，未必能把對公司具有潛在重大影響的發展趨勢——

考慮周全。戰略監視的目的是通過對內部和外部環境的密切監視，找出可能出現的對公司戰略進程產生影響的重大事件和發展趨勢。它們可能會對公司的戰略構成威脅，也可能為公司未來的發展提供機會。與前提控制相比，戰略監視的內容更加廣泛。前提控制的對象是戰略制訂時假定的前提條件，戰略監視則把內部和外部環境中一切可能對公司構成潛在威脅或提供發展機會的因素作為對象。持續的戰略監視就對公司現行戰略正在構成的威脅提出事先警報，使公司有更多的時間從容地考慮和採取相應的對策。

對外部環境因素的戰略環境可以通過「環境掃描」。這種監視好比雷達的屏幕，不間斷地掃描以捕捉新的形象和光點。為了保證環境掃描有系統地進行，公司一般以一定的結構為基礎來收集數據。外部環境掃描把整個外部環境劃分為若干個部門（譬如，經濟、工業、社會、市場、政府），每個部門可採用一系列的變量來反應該部門各個不同的方面（例如經濟部門、可採用利率、通脹率、商業週期、收入趨勢、就業趨勢、貨幣供應等變量）。選擇哪些部門和採用哪些變量作為掃描對象取決於公司的性質、特點以及這些變量的相關程度。用於環境掃描的數據，有些可以從組織內部取得，有的則從組織以外收集，可以是直接的第一手資料（通過個人），也可以是間接的第二手資料（文獻資源）。

對內部環境的監視，可以組織一個專門小組，由來自公司各職能部門的經理參加，對公司進行「長短處分析」（Strength and Weakness Analysis）。公司的長處，是公司成功的基礎，也稱作關鍵成功因素，應加以發揚光大。公司的短處，則必須加以避免。「長短處分析」的內容可包括提出一系列關鍵成功因素，並且經常加以評估，根據競爭條件的變化和要求不斷地補充和修正。「長短處分析」的內容還可包括對影響公司的關鍵因素的發展趨勢做出分析和預測。

三、戰略控制主要控制方法

組織高層和中層管理者為實施控制，可以在三種基本控制方法中進行選擇。這些方法來自於加利福尼亞大學洛杉磯分校（UCLA）的威廉·大內（Ouchi, 1980）教授所提出的組織控制框架。威廉·大內提出組織能夠採用三種控制戰略——市場控制、行政科層制控制、小團體控制。[①] 每一種控制方法使用不同類型的信息。然而，所有的三種控制類型或許會在一個組織中同時出現。每種控制戰略所要求的具體條件在表 9-2 中顯示。

表 9-2　　　　　　　　　　　　　　三種組織控制戰略

類型	要求
市場控制（Market Control）	價格，競爭，交換關係
行政科層制控制（Bureaucratic Control）	規則，標準，層級制，法定權威
小團體控制（Clan Control）	傳統，共享價值觀和信念，信任

---

① William G Ouchi. Markets, bureaucracies, and clans [J]. Administrative Science Quarterly, 1980, 25 (3): 129-141.

(一) 市場控制 (Market Control)

當組織利用競爭性價格來評估組織的產出和生產率時就會產生市場控制方法。市場控制方法的思想來自於經濟學[1]。因為管理者能夠比較價格和利潤以評價他們所在公司的效率,因此貨幣價格是一種有效的控制形式。高層管理者幾乎總是用價格機制比較公司的業績。公司銷售額和成本通過損益表的形式歸集,以便同公司以前年份的業績或其他公司的業績相比較。

市場控制方法的應用要求組織的產出必須足夠的清晰以使價格能夠設定,因為存在競爭。沒有競爭,價格將不會是組織內部效率的準確反應。一些傳統的非營利性組織現在也轉為採用市場控制方法。

市場控制主要應用於整體組織的層次,但亦能應用於產品事業部。利潤中心是自我維繫的可以獨自產出產品,並能夠進行獨立核算的產品事業部。每一個部門包涵了生產一種產品所需的投入資源。每一個事業部都能在與其他事業部比較損益的基礎上進行評估。

許多公司正在發現它們能夠把市場控制的概念應用於會計、數據處理、法律事務、信息服務等眾多的內部部門。

創造內部市場的趨勢與目前組織對外包和網絡結構的傾向聯繫十分緊密,例如,中國的邯鄲鋼鐵股份公司就在企業內部模擬市場,創造出一個與外部市場環境相類似的內部市場,實現了產品成本的降低。借助於外包,公司把一定的任務分派給那些能以低成本提供高質量服務的其他公司。

(二) 行政科層制控制 (Bureaucratic Control)

行政科層制控制是利用規則、政策、權威層級、書面文件、標準、其他行政科層機制來使組織業務和行為標準化,並評估業績。行政科層制控制運用的是由馬克斯・韋伯 (Weber) 所定義的行政科層制特徵。行政科層制度的規則和程序的主要目的是作業的標準化,並控制員工的行為。

在一個大型的組織裡,工作行為和信息交換在縱向和橫向方向上發生,規則和政策通過試錯的過程演進以調節這些行為。當信息處理的行為和方法過於複雜或定義含混使價格機制不能實施控制時,就採用行政科層制控制機制。

幾乎每個組織都使用某種程度的行政科層制控制。規則、規章、指令都包含了一系列行為的信息。行政科層制機制在那些價格和競爭性市場並不存在的非營利性組織中特別有價值。

行政科層制機制使用的主要控制工具是管理控制系統。管理控制系統被廣義地定義為使用信息以維持或改變組織活動形式的規範化的正式規則、報告及程序。[2] 管理信息

---

[1] Oliver E Williamson. Markets and hierarchies: analysis antitrust implications [M]. New York: Free Press, 1975.

[2] Robert Simons. Strategic orientation and top management attention to control system [J]. Strategic management Journal, 1991, 12 (1): 49-62.

系统和战略控制系统对帮助管理者控制组织运作十分重要。控制系统包括规范化的基於信息的活动，这些活动包含计划、预算、业绩评价、资源配置、员工薪酬等。这些系统的运作类似於反馈系统：事先设定目标，将结果与目标相对比，向管理者报告偏差以采取补救行动。[1] 技术的发展有力地提高了这些系统的效率和有效性。

过去，大多数组织严重依赖财务会计方法，以此作为衡量组织业绩的基础，但今天的公司意识到要在竞争性和快速变化的环境中成功地进行组织控制，组织需要一个对财务和经营衡量方法的均衡观点。[2] 表9-3 中列示的四个控制系统一般被认为是管理控制系统的核心因素。这四个因素包括预算、定期性的非财务统计报告、薪酬系统、标准经营过程。[3] 管理控制系统的这些因素使中层和高层管理人员可以同时监控、影响组织的主要部门。

表9-3　　　　　　行政科层制控制重要组成部分的管理控制系统

子系统	内容和频度
预算	财务、资源成本；每月
非财务统计报告	非财务产出；每周或每月（通常是基於计算机）
薪酬系统	基於部门的目标和业绩，对管理者进行评估
标准经营过程	规则和规章，以及描述正确行为的政策；经常性

资料来源：Richard L Daft, Norman B Macintosh. The nature and use of formal control systems for management control and strategy implementation [J]. Journal of Management, 1984, 10 (1)：43-66.

经营预算被用来设定年度的财务目标，这样就可以每季度或每月报告成本状况。定期性统计报告被用来评价和监控组织的非财务业绩。这些报告一般是以计算机为基础，并且每天、每周、每月随时可用。

薪酬系统为管理者和员工提供激励以提高其工作绩效并达到部门目标。管理者和高层人员或许会坐下来评估以前的目标是否达到，设定年度的新目标，并为达至新的目标建立薪酬系统。经营过程是传统的规则和规章。管理者使用这些系统来纠正偏差，使组织活动转到预定轨道上来。

通过对管理控制系统的研究发现，四种控制系统均强调生产程序的不同方面。这四个系统形成了一个整体控制系统，以向中层管理者提供关於资源投入、过程效率和产出的控制信息。此外，使用和依赖控制系统取决於高层管理者设定的战略目标。

预算主要用来分配投入的资源。管理者使用预算来计划未来，并降低执行部门任务所需的人力和材料资源可获得性的不确定性。预算处理资源的投入，基於计算机的统计

---

[1] Stephen G Green, Ann Welsh M. Cybernetics and development: reframing control concept [J]. Academy Management Review, 1988, 13 (3): 287-301.

[2] Robert S Kaplan, David P Norton. The balance scorecard: measures that drive performance [J]. Harvard Business Review, 1992, 70 (1): 71-79.

[3] Richard L Daft, Norman B Macintosh. The nature and use of formal control systems for management control and strategy implementation [J]. Journal of Management, 1984, 10 (1): 43-66.

報告，被用來控制產出。這些報告包含產出量和質量，以及其他用於向中層管理者反饋的數據。薪酬系統和經營過程是針對生產過程的。

經營過程給出了關於適當行為的明確指南。薪酬系統提供了達至目標的激勵，有利於糾正員工的錯誤行為。管理者也使用直接的監督，以保持部門活動在其所希望的限度之內。

管理控制子系統提供了整體行政科層制控制框架中的重要信息，這些信息被用來監控和影響部門業績。然而，信息技術能用來增加對員工控制的速度和強度，因為企業不斷地試圖在今天競爭性的環境中壓榨出更多的生產率，因此有時傾向於使用電子化技術跟蹤員工的每一個動作。

(三) 小團體控制 (Clan Control)

小團體控制即使用社會手段，例如用公司文化、共享的價值觀、承諾、傳統、信念來控制行為。[1] 使用小團體控制的組織需要共享的價值觀和員工之間的相互信任。當組織中問題的模糊性或不確定性程度很高時，小團體控制較為重要。高度不確定性意味著組織不能為其服務定價，事情發展如此之快使規則和規章不能規範小團體的每一個行為。在小團體控制下，人們可能由於他們認同組織的目標而被接納，例如在宗教組織中，新成員或許需要經過長期的同化 (Assimilation) 過程才能被組織中的同事所接受，小團體控制經常應用於有著強烈組織文化的小型、非正式組織，因為在這種強勢的組織文化中強調個人的參與和對組織目標的認同。另外，計算機網絡的廣泛使用，導致整個組織中信息的迅速擴散，這將迫使許多公司更少地依賴於科層制控制，並更多地依賴於指導個人行為，以使之符合公司利益的共享價值觀[2]。

傳統的控制機制基於嚴格的規則和緊密的監督，這對高度不確定性和快速變化的情況下的行為控制是無效的。[3] 那些轉向分權化、橫向團隊、網絡組織結構、員工參與等新管理範式的公司通常使用小團體控制或自我控制。

小團體控制是一種被融合到一個團體中去的功能，自我控制來源於個人價值觀、目標和標準。組織試圖使員工個人自我內在價值觀和工作偏好與組織價值觀和目標相一致。[4] 借助於自我控制，員工通常設定他們自己的目標並監督他們自己的業績。然而依賴於自我控制的公司需要強有力的領導，那些領導應能清楚地劃分員工實踐他們自己的知識和判斷力的邊界。

小團體或自我控制也可應用於一定的部門，例如研發部門，因為這些部門不確定性

---

[1] William G Ouchi. Markets, bureaucracies, and clans [J]. Administrative Science Quarterly, 1980, 25 (3): 129-141.

[2] Stratford Sherman. The new computer revolution [J]. Fortune, 1993.

[3] Richard Leifer, Peter K Mills. An information processing approach for deciding upon control strategies and reducing control loss in emerging orientations [J]. Journal of Management, 1996, 22 (1): 113-137.

[4] Richard Leifer, Peter K Mills. An information processing approach for deciding upon control strategies and reducing control loss in emerging orientations [J]. Journal of Management, 1996, 22 (1): 113-137.

很高，並且業績很難衡量。依賴於這些非正式控制手段的部門的管理者一定不會認同「缺乏成文、正式的科層制控制就意味著不存在控制」的說法。小團體控制是不可見的，但卻是很有力的控制方法。一項研究發現，小團體式控制對員工行為的控制甚至較之科層制更為有力和全面。[1] 當小團體控制發生作用時，科層制控制就不再需要了。

（四）可選擇的控制模式

組織設計者面臨的一個問題是何時強調哪一個控制戰略。每一種類型的控制方法通常都會在同一組織中出現，但總有一種控制方法占主導地位。

科層制控制機制是組織中應用最為廣泛的控制戰略。幾乎在每一個組織中都能發現某種形式的科層制控制與內部管理控制系統結合在一起。當組織規模很大並且環境和技術明確、穩定、例行時，科層制控制最為適用，科層制控制著重於縱向的信息和控制過程。

小團體控制幾乎與科層制控制相反。當組織很小並且環境和技術不明確、不穩定、非例行時，信任、傳統、共享的文化和價值觀就是重要的控制資源。當需要橫向信息共享和合作時，小團體控制就極為適宜，正如在以矩陣式、團隊為基礎的組織結構或橫向式組織結構中那樣。當然，規則和預算仍將被使用，但信任、價值觀、承諾將是員工遵從組織的基本原因。

對自我控制的研究正在出現，但這種類型的控制似乎最適於那些正在轉向的被稱之為學習型的組織，即在這個組織中的每一個人都致力於識別和解決問題，便於組織持續地試驗以增強自身的能力。

市場控制的應用價值有限，但其作用在增長。當成本和產出能夠被定價並且存在一個競爭性價格的有效市場時，就能夠使用市場控制方法。技術必須夠生產被明確定義和定價的產品，環境中必須存在競爭。只要成本能夠被確定，產出能被定價，市場控制就能應用於任何規模的組織。這種控制方式經常應用於商業性公司中自我維繫的產品事業部。每一個產品事業部都是一個利潤中心。當條件適宜時，市場控制是有效率的，因為業績信息能夠反應在損益表裡。

控制戰略間的平衡因組織而異。每一種戰略的使用反應了相應的組織結構、技術、環境和組織定價產出的能力。當管理者強調了正確的控制類型時，成效就會相當顯著。

四、戰略控制的實踐

在理論上，戰略控制的優越之處是顯而易見的，在實踐中建立和採用正規而明確的戰略控制系統的公司卻為數不多。一些公司有長期的戰略計劃，未能建立起可行的評價

---

[1] James R Barker. Tightening the iron cage: concertive control in self-managing teams [J]. Administrative Science Quarterly, 1993, 38 (3): 408-437.

長期戰略業績的標準是許多公司遇到的主要困難。[①] 究其原因，在很大程度上可歸咎於實施戰略控制的種種障礙和困難。要使一個戰略控制系統切實可行，除了要克服各種障礙，還要處理與外部環境和組織內部的各種關係（譬如環境的不穩定性、戰略目標與激勵因素、控制與相互信任等）。

(一) 戰略控制的障礙

有效的戰略控制體系對保證公司長期的發展發揮著重要的作用，然而，要使戰略控制體系行之有效，必須克服種種潛在的問題和障礙。這些障礙大致分為三類[②]：

(1) 體系障礙（Systemic Barriers）。

體系障礙產生於戰略控制體系本身設計上的缺陷，如控制體系的範圍、複雜程度和要求與該公司的管理能力不相適應。難以制定合適的戰略控制的業績控制標準（Performance Standard）是形成體系障礙的重要原因，特別是產品多樣化的公司，除非戰略規劃者對公司各產品的市場有深刻的瞭解，不然，要制定出合適各產品市場的戰略控制業績標準，往往困難重重。造成體系障礙的另一個原因是控制體系過於複雜。複雜的控制系統要求收集大量的信息，而過量的信息不僅造成信息過多，延緩了信息處理過程，還可能引起信息解釋不當，造成預測不可靠。複雜的控制體系還需要大量的文書工作，繁文縟節減弱了公司對環境變化做出迅速反應的能力。

(2) 行為障礙（Behavioral Barriers）。

當戰略控制體系同公司建立的思維方式和經常習慣以及現有的公司文化不相協調時，便產生了行為障礙。公司經理的行為模式，受其個人背景、多年所受教育和培訓的影響，不易輕易改變。行為障礙還會由於既有的利益和立場，害怕「失面子」或被證明犯了錯誤而產生。企業行為障礙容易導致企業對環境變化反應遲鈍或失當，諸多曾經成功的企業亦常常因此遭受最終失敗。成功常孕育行為慣性，行為慣性則易導致失敗，但企業失敗並非其成功的必然結果，墜入行為慣性之中的企業當選擇有效的方式，才能夠獲得復興。依賴固定與統一的運作程序，員工將其更多的時間與精力投入工作，並依其按程序行事的經驗提高生產效率。然而，運作程序在被固定與統一的過程中，逐漸演變為一種例行公事，新的可資選擇的運作程序亦不再具有嘗試的機會。由於慣例和流程是反覆使用後被制度化的組織行為，那麼在面對新情況時，組織往往會習慣性地做出某種被廣泛接受的反應，即所謂的「組織慣性」。[③] 雖然組織慣性在穩定的經營環境下對績效

[①] Peter Lorange, Declan C Murphy. Strategy and human resource: concepts and practice [J]. Human Resource Management, 1983, 33 (2): 111-133.

[②] Peter Lorange, Declan C Murphy. Considerations in implementing strategic control [J]. Journal Business Strategy, 1984, 5 (4): 27-35.

[③] David J Collis. Research note: how valuable are organizational capabilities [J]. Strategic management Journal, Winter Special Issue, 1994, 15: 143-152.

有著促進作用，而在激變的條件下則嚴重抑制組織的轉變。[1] 人們的經驗似乎在慣例和流程形成後，反而成了組織進步的障礙。

(3) 政治障礙 (Political Barriers)。

公司的整體戰略必須為公司內部的各種權力集團所接受。戰略控制體系對公司的現行戰略加以批評並提出修正，這些變動一般會影響公司組織內現有的權力分配，從而引起某些權力集團的抵制行為。政治障礙的又一重要來源是下級經理唯恐影響其職位或提升機會，不願意把不利的信息如實地向上級管理人員報告。這種「報喜不報憂」的傾向嚴重破壞了控制體系的有效性。

政治障礙有讓部門目標取代組織目標的可能性。它容易造成部門領導人過分熱衷於「按規劃辦事」，而把實現組織目標放到次要的地位。這樣，政治障礙就有鼓勵虛報、保護落後的危險。因為戰略規劃經常是以歷史數據和申報數額為依據編製的，這有可能造成下級部門虛報或多報歷史數據，以便自己今後能輕鬆地完成戰略規劃的目標。

(二) 戰略控制與環境的不穩定性

現代企業的競爭環境瞬息萬變，管理人員必須面對種種不穩定的因素。設計宏偉而精確、包羅鉅細的綜合性戰略計劃，在現實中很少能如願以償。戰略變化多半是一步一步漸進的過程，每一步都必須根據具體環境情況審時度勢，方能奏效。

僵硬的戰略控制體系對那些面臨迅速變化的環境的行業，有弊無益。這種情況使戰略控制體系的設計左右為難：一方面，過於僵硬的戰略控制體系於事無補；另一方面，戰略目標不清楚、賞罰不明，與控制體系本身的宗旨相悖。因此，必須在正式和精確的戰略控制體系同非正式和鬆弛的控制之間做出選擇。一個有效的控制體系必須處理好以下兩個問題：

(1) 戰略控制體系如何設計才能使戰略的靈活性與創造性同產業環境的不穩定性相適應？

(2) 對於高度不穩定的產業，或戰略需要特別靈活的產業，什麼樣的戰略控制體系才相宜？

可以考慮採用滾動式戰略計劃來解決第一個問題。然而在實踐中，面臨高度不確定性的競爭環境時，企業決策者們常常傾向於適應環境。他們這種傾向產生的部分原因是他們過度依賴戰略規劃工具、流程和戰略控制體系。在相對穩定的環境中，它們的確能為企業提供建議，尋找到尚未發掘出來的戰略機會。但是，這些工具和流程並不能很好地適應高度不確定性的企業環境。畢竟，成功地影響環境戰略，要求管理者能比較清楚地認識到他們試圖創造的未來到底是什麼樣。要想充分利用高度不確定性帶來的戰略機會，戰略遠見是關鍵。如果企業想成功地影響環境，他們就必須採用情景規劃

---

[1] Michael T Hannan, John H Freeman. Structural inertia and organizational change [J]. American Sociological Review, 1984, 49 (2): 149-164.

（Scenario Planning）和博弈論等工具，重新制訂他們的戰略規劃和戰略控制體系。

（三）戰略目標與激勵因素

建立戰略控制體系的目的之一是要激勵經理人員個人對公司目標的實現承擔起責任。控制體系確定了公司希望達到的主要目標，並提供個人鼓勵，以使經理人員努力實現這些目標。但是，這一目標實行起來卻困難重重。可見，要制訂出適合經理人員的基礎戰略目標，絕非易事。

首先，戰略目標（Strategic Goals）應有別於預算目標或經營目標。其主要區別在於：

（1）長期發展的觀念。比起預算目標，戰略控制的著眼點更為長遠。戰略控制著重長期發展，同時也不忽視短期的業績，兩者之間，求其平衡。

（2）競爭的觀念。公司戰略的主要宗旨是要增強公司的相對競爭地位。衡量業績的標準不僅要有絕對量的指標，而且還要有與其競爭對手相比的相對指標。

（3）財務目標與非財務目標相結合。財務目標固然重要，但財務目標並不能反應公司的實際業績全貌。人為地提高本年度的財務效益，可能對公司長期的競爭地位有害。為此，財務目標要與反應公司戰略和競爭地位的指標相補充，才能比較全面地反應公司的實際業績。例如，要注重與主要競爭對手相比之下的市場份額或產品質量。

其次，要建立能激發積極性的戰略目標常常會遇到以下棘手的問題：

（1）目標的明確性。明確界定的目標比模糊的目標更能激勵人，從而產生較佳的業績。理想的目標應該清楚、明確、客觀，以便實際業績能與之精確地相比較。

（2）目標的難易程度。較難實現的戰略目標比容易實現的目標更富有挑戰性，從而更能激勵鬥志。

（3）反饋與賞罰。雇員的實際業績是否與他們的期望相符，把這一信息反饋給雇員，有助於他們意識到差距和努力方向，從而提升今後的業績。反饋應同賞罰制度相結合，並與公司既定的戰略目標保持一致。因此，及時向員工提供反饋信息，有效地運用賞罰手段是控制體系不可缺少的組成部分。

（四）戰略控制與相互信任

管理者與被管理者之間的相互信任是任何一個戰略控制體系成功的核心和基礎。管理者最重要的特點是信任，信任創造了一種安全的氣氛，促使團隊精神得以發揮。戰略控制體系，應該增強而不是削弱各級管理層之間的相互信任。這種相互信任，一旦被削弱，便會影響控制體系的有效性。

相互信任首先要求雙方一致認可控制標準的合乎性。譬如，控制標準的制訂若未經充分協商討論而被一致贊同，卻由一方一手設定，強加於另一方，結果是一方自以為合乎，另一方則認為不切實際，遙不可及。更嚴重的是一旦導致「控制持續無非是上級對其不信任的表現」的錯誤成見，任何精心設計的控制體系都會遭到抵制而不能產生效果。

其次，相互信任要求上下級管理人員之間對對方的能力有充分的信心，相信實際取得的結果會得到公正的判斷和合理的理解。對偏差的理解和處理是十分敏感的事情，如果處理不當，便會削弱上下級之間的相互信任。譬如，當實際取得的結果偏離了控制標準，偏差的原因未能得到公正的判斷和合理的解釋，一方又因被剝奪了申述的機會耿耿於懷，甚至懷疑控制程序的合理性和上司的判斷能力。這樣，控制體系不僅不能達到提高業績的目的，而且適得其反。為此，須處理好以下問題：

（1）現有的戰略控制的程序是否有助於公司各級管理人員之間的相互信任？

（2）戰略控制體系應如何設計？怎樣實施才能提高而不是削弱各級管理人員之間的相互信任？

今天，許多企業領導人正在放棄某些控制，並對組織的低層員工授權以便其獨立決策和行動。嚴密的管理控制會抑制創造性，限制靈活性和創新，所以在迅速變化的時代裡組織相互信任特性日益重要。然而管理者必須維持足夠的控制以保證部門和組織實現它們的目標。

本章復習思考題

1. 什麼是控制？控制對企業的意義何在？
2. 簡述控制的基本程序。
3. 控制與計劃是什麼關係？
4. 傳統的控制主要方法有哪些？有什麼局限？
5. 當代的控制方法主要有哪些？各有什麼特點？
6. 列舉1~2種戰略控制方法，並簡要說明其內容。

第十章 組織的效能

任何一個組織能使用的資源是有限的，為使組織能發揮最大效用，組織效能（Organizational Effectiveness）評價就成為組織管理的一項重要課題。經由對組織採取效能評價，一方面可以評價組織對過去資源運作的整體效能以增進對組織的瞭解；另一方面，可以通過效能評價結果來指引未來經營戰略及資源分配方向。因此，組織的效能評價是評價一個組織功能的最終標準。企業中各類的活動，其最終主要的目標在於組織效能的提升，而效能的改進更是戰略管理的核心（Venkatraman & Ramanujam, 1986）。[1] 本章將討論組織效能及其在組織中如何評價和衡量它的問題。

第一節 組織的效能概述

一、組織效能的含義

組織效能（Effectiveness）是組織實現其目標的程度。[2] 美國著名管理學家彼得·德魯克認為，效能是指選擇適當的目標並實現目標的能力。按照他的說法，就是去做（並完成）正確的事情（To Get The Right Done）的能力。它包括兩個方面的內容：一是所設定的目標必須適當；二是目標必須達到。德魯克認為，效能是知識工作者（Knowledge Worker），包括管理者的一種特殊技術，他們只有對組織真正有所貢獻，才算有效。不能假定管理者一定是有效的，所以需要研究其效能問題。[3]

事實上，「組織效能」這個概念頗為複雜，含義甚廣，因而在學術界內仍是眾說紛紜、百花齊放，並沒有出現一套主流的看法。斯坦利·西肖爾（Seashore, 1965）在《組織效能評價標準》這篇著名論文中，探討了組織的目標類型及其特點，並對衡量各種組織目標的標準進行了詳細的分析和論述，提出了許多頗具新意的見解，引起了管理學家們的極大重視。[4]

對於組織效能的定義，一般組織理論學家都同意，組織效能並不是一個概念，而是

---

[1] Venkatraman N, Vasudevan Ramanujam, John C Camillus. Multi-objective assessment of the effectiveness of strategic planning: a discriminant analysis approach [J]. Academy of Management Journal, 1986, 29 (2): 347-372.

[2] Amitai Etziozi. Modern organizations [J]. Englewood Cliffs: Prentice-Hall, 1964.

[3] Peter F Drucker. The effective executive [M]. New York: Harper and Row, 1966.

[4] Stanley E Seashore. Criteria of organizational effectiveness [J]. Michigan Business Review, 1965 (7): 89-95.

一種架構（Construct）。架構不能由現實世界的具體事件轉化而來，而必須經過抽象化的推演過程。美國管理學家約翰·坎貝爾（Campbell，1977）指出，必須視組織為一個架構，他沒有直接的操作定義，而必須由組織效能的理論模型來建構。而理論模型的功能，就是找出值得測量的變量、變量間應有的關係，或變量間實際已有的關係。雷蒙德·扎姆托（Zammuto，1982）認為，由於人們具有不同的組織效能「參照架構」（Frame of Reference），因而產生不同的效能概念。[1] 教育管理學家卡麥龍（Cameron，1984）指出，組織效能是一種架構（Construct），是賦予觀念或心靈意象意義的抽象物，其本身並沒有客觀的實體。因此，組織效能可以有各種不同的意義、不同的測量方式和指標。[2]

我們認為，在組織效能的定義中，必須看到有三個核心要點，並對其進一步討論：

(1) 組織的總體表現。眾所周知，一個企業由不同職能部門或生產經營環節所組成，分別擔當著不同功能（Unctions）。每一個部門都有其實際經營操作目標（Operative Goals），能依據不同的標準去評價其工作或操作的表現。例如生產部門的表現可以通過生產效率指標來顯示，市場部門的表現可從銷售數字及市場佔有率（Market Share）指標得知，而技術部門的表現則可以通過技術創新和新產品的開發指標得知。然而，「組織效能」的概念，不僅是探討個別部門的表現或成果，而是從更宏觀、全面的角度去瞭解企業的總體經營狀況及表現。

(2) 組織的既定目標。由於不同企業或組織在外部環境、組織結構、規模、科技水準、商業策略上有不同，因此，要瞭解一個企業的成敗得失，還得看它根據特定的時間、自身獨特的內部資源條件所訂立的目標，並將這個目標與實際成果作比較。評價一個組織的經營活動，必須考慮眾多衡量標準之間的多級別及其相互關係。西肖爾（Seashore，1965）認為：「要對一個最佳的行動方案進行評價。必須先對各種衡量標準的相互關係進行評價，然後，對各種衡量標準應當以何種方式綜合起來進行評價。因為只有將這些標準以某種方式綜合起來才能形成對企業經營狀況的全面評價，或對企業未來經營狀況變化的總體預測。顯然，這裡需要有一種描述企業經營狀況的理論模式，它將有益於經理人員做出上述評價。」[3]

(3) 社會的普遍期望。成功的企業，不僅著重內部營運，還須有效地滿足不同群體對它的要求和期望，這些群體包括顧客、雇員、政府部門、投資者、供應者、債權人，甚至壓力團體（Pressure Group），它們對企業的各種看法及評價，對企業的商譽（Good Wills）和績效（Performance）有直接影響。這是因為當今社會組織是生存於社會人文環境之中的，許多不同利益的集團對組織的活動都產生影響，但是它們的利益可能是相互

---

[1] Raymond F Zammuto. Assessing organizational effectiveness: systems change, adaptation and strategy [M]. New York: State University of New York Press, 1982.

[2] Kim S Cameron. Organizational adaptation and higher education [J]. Journal of Higher Education, 1984, 55 (2): 122-144.

[3] Stanley E Seashore. Criteria of organizational effectiveness [J]. Michigan Business Review, 1965 (7): 89-95.

矛盾的，可能對組織的目標提出不同的要求。

然而，困難的是，組織的效能有多個指標，衡量的方法也不盡相同。效能是一個廣義的概念，即表明在組織和部門層級之間可認為存在一個變化的範圍，效能也評價多重目標的實現程度，無論是官方公開宣稱的目標（Official Goals）或宗旨（Purpose）還是實際經營操作目標（Operative Goals）。西肖爾認為，絕大多數組織的目標都不是單一的，而是多種多樣的，並且有些目標是相互衝突的。如組織的最終目標本身就可能是多重的，至於組織的短期目標和子目標那就更有可能是多重的了，這些正是需要人們去研究的。他指出，如果各種目標都具有相同程度的重要性，並且以簡單的加法就可合併的話，問題就變得簡單了；但是情況並非如此，這些目標具有不同層次的重要性，而且其成就又可能無法簡單地加以測量。西肖爾（Seashore, 1965）認為，經理人員的決策要基於企業經營業績，從各個角度進行多重變量的評價，它不可能同時使所有的目標值都達到最大。[1]

我們認為，瞭解組織效能的概念，可以為管理人員提供一個全面的角度，從不同方面著眼，以更廣闊的目光去探明企業成敗之道。

二、組織的效率與組織效能的關係

組織的效率（Efficiency）同組織的效能相比，其範圍要有限一些。組織的效率是指產出一個單位產品所耗資源的數量，它可以用投入產出率（Ratio of Input-output）來衡量。如果一個組織用比其他組織更少的資源達到了預定的產出水準[2]，它就可被稱為更有效率。德魯克認為，效率是指盡可能充分地利用可獲得資源去實現目標的能力。按照他的說法，就是把事情做正確（To Do Things Right）的能力。[3]

在企業組織中效率常常會產生效能，在其他組織中，效率和效能是不相關的。對於個人目標和組織目標的不一致，巴納德最早提出了「效能」和「效率」兩條原則。巴納德指出，當一個組織能夠實現組織目標時，這個系統就是有「效能」的，它是系統（System）存在的必要條件。系統的「效率」是指系統成員個人目標的滿足程度，協作效率是個人效率綜合作用的結果。[4] 巴納德的觀點把正式組織的要求同個人的需要結合起來了，這在管理思想上是一個重大突破。現代組織理論認為，一個組織可能具有較高的效率，但不一定就能實現其目標，因為它生產的產品可能是社會不需要的。同時，一個組織可能實現了其利潤目標，卻可能缺乏效率。[5]

在管理的實踐中，對組織效能的全面衡量確實是困難的。因為組織是巨大的、多樣化的和分散的，它們同時從事多種活動，如行政管理活動（Administrative Activities）、生

---

[1] Stanley E Seashore. Criteria of organizational effectiveness [J]. Michigan Business Review, 1965 (7): 89-95.
[2] Amitai Etzioni. Modern organizations [M]. Englewood Cliffs: Prentice-Hall, 1964.
[3] Peter F Drucker. The effective executive [M]. New York: Harper and Row, 1966.
[4] Chester I Barnard. The function of the executive [M]. Cambridge: Harvard University Press, 1938.
[5] Richard M Steers. Organizational effectiveness: a behavioral view [M]. Santa Monica: Goodyear, 1977.

產經營活動（Business Activities）、投資活動（Investment Activities）和理財活動（Financial Activities），追求多重目標，如技術、市場、經濟、社會、精神、文化、道德倫理的目標，產生多種效果。一些是意料之中的效果，而有些則是意料之外的效果，然而，當管理者將組織效能的衡量與戰略的實施相聯繫時，它對幫助組織達到其目標就是一個有價值的工具。[1]

魯克特等人（Ruekert, Walker & Roering, 1985）認為，組織效率與組織效能都是構成組織績效（performance）的維度之一，而構成組織績效的三個維度是：[2]

(1) 效率（Efficiency）。是指企業所投入的資源與產出的比率，以投資報酬率表示。

(2) 效能（Effectiveness）。是指企業所提供的產品或服務，通常是與競爭者比較的有關的銷售成長率或市場佔有率等。

(3) 適應性（Adaptability）。是指企業面對環境威脅或機會時的應變能力，以在某一期間內所推出的產品成功上市所銷售的數量或銷售率表示。

三、衡量組織效能的方法

在探討這樣一個描述組織經營狀況的理論時，應該注意不同種類的衡量標準及其用途可能被混淆。斯坦利・西肖爾（Seashore, 1965）認為，要評價各種衡量標準的相依性和相關性，必須首先把不同的標準及其用途加以區別[3]。

傳統上，效能的衡量集中於組織的不同部分。組織從環境中將資源投入，這些資源又被轉化為產出，回到環境中。在衡量組織的效能方面，有多種方法：目標方法、系統資源方法、利益相關者方法和內部過程方法。組織效能的目標方法包括確認組織的產出目標和估計如何更好地達到目標，以及組織是否按照期望的產出水準完成目標；組織效能的系統資源方法考察的是轉換過程中投入的方面，即通過觀察過程的開始和評價組織是否為較高的績效而有效地獲得必要的資源來估計效能。從系統資源的觀點看，組織效能被定義為組織開發環境取得稀缺的和有價值的資源的能力；組織效能的利益相關者方法也稱為顧客方法，它以組織的利益集團（顧客、債權人、供應商、稅務機關、員工、經營者和所有者）的滿意程度作為評價組織績效的指標；組織效能用內部過程方法則考察內部活動並且通過內部效率指標來估計效能，在組織效能的內部過程方法中，組織效能可用內部組織的健康和效率來衡量。一個有效的組織有順暢的內部流程，員工是滿意的，部門的活動相互交織以保證較高的生產率。在這種方法下，組織效能的重要因素是組織利用其擁有的資源來反應內部健康和效率的程度。

這些傳統的評價組織效能的方法全面展現了現況，但是其中的每種方法都只說到了

---

[1] Robert S Kaplan, David P Norton. Using the balanced scorecard as a strategic management system [J]. Harvard Business Review, 1996, 74 (1): 75-85.

[2] Robert W Ruekert, Orville C Walker, Kenneth J Roering. The organization of marketing activities: a contingency theory of structure and performance [J]. Journal of Marketing, 1985, 49 (1): 13-25.

[3] Stanley E Seashore. Criteria of organizational effectiveness [J]. Michigan Business Review, 1965, (7): 89-95.

一部分。另外，最近的利益相關者方法承認每個組織都有許多關心組織結果的區域，利益相關者方法是通過集中組織外部和內部的利益相關者來使簡單框架中的效能指標更加完整。

美國俄勒岡大學（University of Oregon）教授理查德·斯梯爾斯（Steers, 1977）認為，影響組織效能的因素可以劃分為四個維度：反應組織特徵的靜態維度；反應組織環境特徵的生態維度；反應組織成員特徵的心態維度；以及反應組織領導過程與領導方式的動態維度。[1]

（1）從反應組織特徵的靜態維度來看，組織效能是組織達成其目標的程度。例如，切斯特·巴納德（Barnard, 1948）認為，組織效能是系統取向的，關係到組織目標的實現；[2]赫伯特·西蒙（Simon, 1976）認為，應以整個組織系統來衡量其效能比較全面，這需要將社會公正、經濟安定和繁榮都包括在內，成為社會價值與倫理的效能觀。

（2）從反應組織環境特徵的生態維度來看，組織是一個自然系統，是一個有機體。既然是一個有機體，就有某些需求。因此，組織效能便是在特定情境下，組織滿足這些需求的能力。正是這種能力使組織能夠生存和維持其均衡。這種效能觀考慮到組織系統的內外環境及其過程，突出的是組織適應環境的能力。

（3）從反應組織成員特徵的心態維度來看，組織效能是滿足組織成員或參與者需求、利益的程度。

（4）從反應組織領導過程與領導方式的動態維度來看，組織效能與領導過程、領導方式有關，組織領導者在考慮時間維度、組織層次、組織成員以及衡量效能標準等多種影響因素後進行決策，使組織最大限度地發揮潛在功能（Hoy & Miskel, 2004）。[3]這種效能觀是從整合的觀點出發，較為全面。

綜上所述，從反應組織特徵的靜態維度來看，組織效能乃是組織達成其預定目標的程度；就反應組織領導過程與領導方式的動態維度來看，組織效能乃是組織獲取有價值資源以滿足其需求的能力；從反應組織成員特徵的心態維度來看，組織效能乃是組織滿足其成員需求的程度，由組織成員的滿意度來衡量組織效能；從反應組織環境特徵的生態維度來看，組織效能乃是組織適應環境的能力。任何組織與其所處的環境之間，都具有功能依存關係和動態平衡關係的基本特性。從某種意義上說，人的主觀意識固然要受到客觀環境的影響，但人的主觀能動性使其具有某種程度的創造力，人可以創造環境、超越環境。因此，就生態維度而言，組織效能有利於組織適應環境變遷，創造有利於組織生存和發展的組織文化，甚至引導環境變遷。

---

[1] Richard M Steers. Organizational effectiveness: a behavioral view [M]. Santa Monica: Goodyear, 1977.
[2] Chester I Barnard. Organization and management [M]. Cambridge: Harvard University Press, 1948.
[3] Wayne K Hoy, Cecil G Miskel. Educational administration: theory, research and practice [M]. New York: McGraw-Hill College, 2004.

第二節　組織的效能標準

也許我們可以嘗試列舉一些標準，用以衡量哪個組織在行業內表現較佳。尋找大家公認的標準，再依據這些標準來量度各個組織在不同方面的表現，以對不同組織進行比較，這是研究組織效能所面臨的首要問題。這種看似客觀而公平的做法，實際存在著一些問題。其中包括：

（1）多少個標準（Criteria）才算足夠呢？5個、10個，還是50個？用單項標準，還是用綜合性標準衡量？如果用單項標準衡量時，可能某一個組織較佳；用綜合性標準衡量則可能另一個組織占優。但這公平和準確嗎？

（2）用誰的標準？不同的利益集團由於利益立場不同，對企業有著不同的期望，因此採用不同的標準。例如，顧客會以產品品質、功能、價格及員工態度（即服務）作為主要的標準；股東則注重公司的盈利能力及整體營運狀況；至於雇員，也許覺得最重要的是內部穩定及他們本身的工作滿足感。

（3）相同的準則，能否用於同一行業內不同的企業呢？如果各個組織的營運環境、規模、科技水準等處境因素（Contextual Factors）相同，我們大體上可以作出比較。然而，在同一行業內，除了大公司之外，還有其他小型組織。就資本（Capital）、商譽（Good Wills）及規模經濟（Economy of Scale）而論，它們無法與大公司相比，但它們本身也擁有若干優勢，例如應變能力及顧客關係。若我們以盈利能力及市場佔有率作為衡量表現的準則，則小型企業無一可取。然而，在競爭激烈、適者生存的環境下繼續經營，賺取微利，存在即為合理，這足以證明它們在一定程度上是成功的。

要分析一個企業組織的效能高低，一個常用的方法是找尋若干標準，再依據這些標準，來量度企業在不同方面的表現及效能高低。在實踐中，標準可以是定量的，也可以是定性的。因此，在說明標準時，使用的語言一定要能讓努力實現標準的人理解和接受。不易實現的標準如果被職工接受，它帶來的成果比易於實現的標準所帶來的成果還要大。

西肖爾認為，全面評價一個企業的經營活動，需要考慮以下三個方面的問題：

第一，組織的長期總體目標是否實現以及實現程度。

第二，由若干項短期指標衡量的短期經營業績，這些指標（Indicator）通常代表著經營的成果，可以由其自身的取值加以判斷，將它們綜合為一組指標後，往往決定著組織的最終經營情況。

第三，許多從屬性低層次指標群所反應的當前經營效益狀況，這預示著實現最終目標或結果的可能性和迄今所取得的進展。西肖爾提出，衡量組織經營活動效能的標準可以被視為一個金字塔形的有層次的系統。位於塔頂的是「最終標準」，它們反應了有效

地運用環境資源和機會以達到其長期和正式目標的程度。一般來說，最終標準是無法衡量的（除非由企業經營史學家們去作結論）。然而，最終標準的概念卻是評價那些直接衡量組織經營業績的較次要標準的基礎；位於金字塔中部的是一些中間標準。這些標準是較短期經營效益的影響要素或參數，其內容不超出最終標準的範圍，它們被稱作「輸出性」或「結果性」標準。這些指標的度量值本身正是企業要追求的成果，它們相互之間可以進行比較、權衡和取捨。將它們以某種方式加權後組合起來，其和就決定了最終標準的取值。對經營型的組織來說，在這一層次上的典型指標或變量是：銷售額、生產效率、增長率、利潤率等。可能還包括一些軟指標（通常是組織行為學方面的變量），如職工的滿意程度，或用戶的滿意程度。而對於非經營型的組織來說，這些中間標準可能主要是行為學方面的。

第四，位於塔底的是一些對組織當前的活動進行評價的標準，這些標準是經過理論分析或根據實踐經驗確定下來的，它們大體上反應了順利和充分實現上述的各項中間標準所必須的前提條件。在這些標準當中，有一部分指標是將一個組織描述成一個系統的變量，有一部分指標則代表與中間標準相關的分目標、子目標或實現中間標準所必需的手段。屬於這一層次上的標準數目很多，它們形成一個複雜的關係網絡。在這個關係網中，包括因果關係，互相作用關係和互相修正關係。其中也還有一些標準是根本無法評價的，它們的作用只是減少這個關係網中的不可控變化。對經營型的組織來說，在這一層次上的「硬」標準，可能包括這樣一些指標或變量：廢品數量、短期利潤、生產率（與計劃相比較）、生產進度、設備停工時間、加班時間、產品退換率、技術革新速度等等。這一層次的「軟」標準可能包括：職工的士氣、企業的信譽等級、內部交流溝通的效能、缺勤率、職工流動率、群體內聚力、顧客的忠誠、職工對公司的自豪感、職工做出成績的積極性等[1]。

關於量度組織在不同方面的表現及效能高低的標準，最有名的研究者當屬美國管理學家約翰·坎貝爾。他嘗試列出 30 個常被人用以衡量企業表現的人們最常用的評價組織效能的指示見表 10-1。

表 10-1　　　　　　　　30 個常被採用的效能指標與含義

序號	效能指標	含義
1	總體效能（Overall Effectiveness）	這是一種總體性評價，它盡可能從更多的方面進行考慮。通常我們採用績效檔案記錄或從瞭解該組織的人士手中收集總體評價或判斷，據此對組織進行評價。
2	生產率（Productivity）	通常把生產率定義為組織所提供的主要產品（或服務）的數量或容量。可以在三個層次上對生產率進行衡量：根據檔案記錄、外界評價或二者兼用，評價組織內部的個人、群體及整個組織。

---

[1] Stanley E Seashore. Criteria of organizational effectiveness [J]. Michigan Business Review, 1965, 43 (7): 89-95.

表10-1(續)

序號	效能指標	含義
3	效率（Efficiency）	它反應了組織績效的某一方面與產生該績效的成本之間的比例。
4	利潤（Profit）	銷售收入扣除全部成本和費用之後的餘額即為利潤。有時我們也可以用投資利潤率和全部銷售利潤率代替該指標。
5	質量（Quality）	組織所提供的產品（或服務）的質量在實踐中可以採取多種形式，這主要取決於組織所提供的產品（或服務）的種類。
6	事故發生率（Accident）	指發生工作事故而造成時間損失的頻率。
7	增長性（Growth）	體現為勞動力總量、工廠生產能力、資產、銷售額、利潤、市場份額以及創新的能力等變量的增加。該指標還暗示著組織當前狀況和過去狀況的比較。
8	曠工率（Absenteeism）	通常把曠工定義為無故缺勤，但即便是在這一限定的範圍內，也仍然有很多不同的定義（例如，全部缺勤時間與缺勤出現的頻率之比）。
9	員工流失率（Turnover）	是對自動離職的相對數量的衡量標準，一般是根據檔案記錄進行評價的。
10	工作滿足感（Job Satisfaction）	按照此模型，一般把它定義為個人對不同工作收入的滿意程度。
11	動機（Motivation）	通常是指個人在工作中實施各種有目標的行動或行為時所具有的偏好活動傾向。它並不是對不同工作結果所產生的相對滿意感，而是更類似於一種為實現既定目標而工作的意願和動力。作為衡量組織特性的一個參數，必須對不同個體的動機進行總結，才能得出組織的整體動機。
12	士氣（Morale）	有關組織理論的學者和研究人員如何利用這一概念，通常還很難加以定義，或者說很難理解。規範化的定義似乎把士氣看成是一組包括超額付出、目標共享、奉獻精神和歸屬感的群體現象。從群體角度看是士氣，而從個人角度看就是動機或滿意度。
13	控制（Control）	指對組織內部實施管理控制的程度和分佈，這些控制可以影響或指導組織內部成員的行為。
14	衝突與團結（Conflict/Cohesion）	從團結的角度定義，是指組織內部的全體成員相互關愛，攜手工作，充分溝通，彼此開誠布公，同時在各自的工作中相互協調；而從另一個極端看，衝突是指組織內部不斷發生語言乃至身體上的衝突，缺乏協調和有效的溝通。
15	彈性與適應力（Flexibility/Adaptation）	主要是指一個組織調整其標準操作程序以適應外界環境變化的能力。
16	計劃與目標設定（Planning and goal setting）	它反應了一個組織系統地對未來工作步驟進行計劃，以及對工作目標進行明確設定的程度。
17	目標的一致性（Goal Consensus）	與實際遵守組織的目標不同，目標一致性是指全體成員對組織目標認識一致的程度。
18	組織目標的內化（Internalization of Organizational Goals）	指對組織目標的接受程度，具體包括全體成員對組織目標正確性的一致認可，而並非指組織目標的清晰程度或組織成員對這一目標認可的一致性程度。

表10-1(續)

序號	效能指標	含義
19	角色與規範融合（Role and Norm Congruence）	指組織的成員對預期的監管態度、績效期望、士氣和角色要求等方面的認同程度。
20	人際關係技巧（Interpersonal Skills）	管理人員在與上級、下屬及同事交往的過程中，處理各種事務。如給予支持，促進具有建設性的交流，從而激發員工的熱情，以實現組織的目標，並創造出卓越的組織績效等，在此過程中，所具有的各種技能水準，具體包括關心員工和以員工為核心等。
21	任務管理技能（Managerial Task Skills）	是指組織內的各級經理、指揮人員和小組領導人在自己執行或督促他人執行以工作為中心的任務過程中的全部技能水準，而不是指與其他組織交往的技能。
22	信息管理與溝通（Information Management and Communication）	在對組織效能至關重要的一些信息進行分析和傳遞的過程中所具有的完整性、效率和精確性。
23	準備狀態（Readiness）	組織在外界的要求下，對執行某項特定任務的成功概率的整體判斷能力。
24	利用環境的能力（Utilization Environment）	組織成功地與外部環境相互作用的程度，以及獲得組織有效運轉所必需的某些稀缺的、有價值的資源的能力。
25	外部實體的評價（Evaluation by External Entitle）	指組織的外部環境中，與組織發生各種關係的個人或組織對該組織或實體的評價。具體包括供應商、顧客、股束、權力機構及普通公眾等群體對組織的忠誠度、信任和給予的支持。
26	穩定性（Stability）	指較長時期，特別是在各種壓力的條件下，組織的結構、職能和資源的穩定程度。
27	人力資源價值（Value of Human Resources）	從會計帳戶或資產負債表的角度分析，衡量組織內部的成員對組織所具有的全部價值的綜合性標準。
28	參與及影響力分享（Participation and Shared Influence）	組織內部成員對與其自身有直接關係的事務的決策的參與程度。
29	培訓和發展的重視（Training and Development Emphasis）	指組織為人力資源的開發做出的努力。
30	崇尚成就（Achievement Emphasis）	類似於個人對成就感的需要，這種成就感主要指當個人開創性地完成一項重要目標的時候，組織所給予他的高度評價。

　　審視這些標準，我們可以發現，組織效能的標準是多種多樣的，且難以定義。因此，組織效能進行評價的選擇標準，取決於評價者本身的定位與評價者個人的旨趣，不同的人在評價相同組織時，會有不同的結果出現，使得評價結果呈現的是評價者所重視的價值（Hall，1991）。[1]

---

[1] Richard H Hall. Organizations: structures, processes, and outcomes [M]. Englewood Cliffs: Prentice-Hall, 1991.

第三節 組織效能評價的理論角度

一般認為，組織效能評價方法主要可以分成目標實現方法、系統方法、內部過程方法、利益相關者方法或戰略夥伴方法以及競爭價值方法。由此，組織效能評價的方法體系基本確立。

一、組織效能評價目標的實現方法

一個組織，不論是公營還是私營，本身都有目標。簡單來說，目標是組織努力追求的境界，作用是對外界顯示其存在的意義，對內則團結成員，指引他們的工作方向。「目標實現方法」（Goal Attainment Approach）是從組織的基本特徵出發，以組織訂下的目標作為主要尺度，評價及分析該組織成就的方法。這個方法的大前提是，組織是一個理性而追求目標完成的實體，而目標本身又是全體成員所共享與認同的。此外，這個理論角度也假定，組織外界群體普遍地明白一個組織的目標何在。因此，組織效能被定義為組織實現目標的程度。

效能目標的實現方法包括確認組織的產出目標和估計組織如何更好地達到目標[1]，這是一種邏輯方法，因為組織試圖努力達到一定的產出、利潤和客戶滿意水準，以目標實現方法衡量這些目標完成的進展情況。舉例來說，大多數的企業以盈利為最終目標，商業政策的制定與內部管理也朝這個方向努力。因此，衡量企業的效能或表現（Performance），我們可從一些財務指標著手，例如淨收益（Net Income）、投資回報率（Return on Investment）、銷售回報率（Return on Sales）及每股收益（Earnings Per Share）等。此外，我們也可根據個別企業的短期營運目標去尋找若干可以量度的指標，例如市場佔有率（Market Share）、全員勞動生產率（Employee Productivity）及員工流失率（Staff Turnover）等，以顯示該企業在其他方面的效能高低。

1. 目標實現方法的指標體系

組織效能的目標實現方法將組織效能定義為組織達成目標的程度，並根據組織目標擬訂的績效指標加以評價。查爾斯·佩洛（Perrow, 1961）將組織目標分成了兩類：「官方公開宣稱的目標」（Official Goals）和「實際經營操作目標」（Operative Goals）。[2]「官方公開宣稱的目標」是指組織本身經常表達的一般目標，陳述組織的正式任務及目的，本質上具有抽象性、期望性的特徵，目的是獲得大眾的認可和支持；「實際經營操作目標」是指組織本身實際執行的目標，其反應出組織真正的意向。由於正式目標的含

---

[1] James L Price. The study of organizational effectiveness [J]. Sociological Quarterly, 1972, 13 (1): 3-15.

[2] Charles Perrow. The analysis of goals in complex organizations [J]. American Sociological Review, 1961, 26 (6): 859-866.

意不清，難以操作，組織想要完成目標是令人困惑的事。許多學者多以工作目標來取代形式目標，以此作為組織績效衡量的標準。

實證研究顯示，在高層經營團隊中仍存在著目標認同的不一致（Lawrence & Lorsch, 1967）。[1] 一個多重目標的例子是對美國商用公司的調查[2]，這項調查報告列出的目標共有12項，它們是：盈利、成長、市場份額、社會責任、職工福利、產品質量與服務、研究與開發、組織的多樣性、效率、財務穩定、資源保護和管理開發。這12項目標反應了不能同時實現的結果，它們顯示的是組織試圖達到的一系列結果[3]。

中國企業一般是將其總體目標分解為以下內容：①貢獻目標；②市場目標；③發展指標；④利益目標。從目標的優先次序看，貢獻目標始終是中國國有企業的首要目標。

2. 目標實現方法的作用

目標實現方法被用於企業組織是因為產出目標容易衡量。企業一般都是依據利潤率、成長、市場份額、投資回報等來衡量績效的。然而，確認組織經營目標和衡量組織的績效並不容易，必須解決的兩個問題是多重目標和完成目標的主觀指標。

由於組織具有多重的和相互衝突的目標，因此，效能通常不能用單一的指標來評價。對一個目標來說是較高績效，但對另一個目標來說是低績效。此外，像全面績效目標一樣也存在許多部門目標，效能的全面評價應該同時考慮幾個目標。

以這種角度去分析組織效能，好處是直接簡單，而且使用廣泛，故易於比較不同的企業。然而，問題也有不少。例如，如何辨認目標的問題。有些組織，實際經營操作目標（Operative Goals）跟官方公開宣稱的目標（Official Goals）或宗旨（Purpose）有很大的差異，長期目標（Long-term Goals）與短期的目標（Short-term Goals）也有明顯分別。另一個問題是目標是否真的為組織上下所認同與追求，而非「上有政策、下有對策」；或者是組織成員對目標存在很多不同的理解。這種情況，在非營利機構中最為明顯。以中國的大學為例，本來應是以優質的教學與科學研究為其主要使命，同時也設計了很多指標去顯示其本身在這兩方面的優異之處，如取得國家級研究課題的多少、研究成果的獲獎情況、科學研究的經費多少、知名教授的多少等。

用目標方法可以為組織確認經營目標，以及如何衡量這些目標的完成情況，因為企業組織通常存在一定目標的客觀性指標。高層管理者設定的目標以及諸如對利潤或成長的評價都可以從公開的報告中獲得。有些目標不能進行客觀的衡量，例如，在企業組織中，對於像職工福利或社會責任等目標都需要主觀估計。許多非營利組織和某些企業也依賴於對目標的主觀估計。你必須深入組織並瞭解實際的目標，因為目標反應了高層管理者的價值觀，提供信息的人是高層管理者同盟的成員。這些管理者能夠報告組織的實

---

① Paul R Lawrence, Jay William Lorsch. Organization and environment: managing differentiation and integration [M]. Cambridge: Harvard University Press, 1967.

② George W England. Organizational goals and expected behaviors in American managers [J]. Academy of Management Journal, 1967, 10 (2): 107-117.

③ Shetty Y K. New look at corporate goal [J]. California Management Review, 1979, 22 (2): 71-79.

際目標，一旦目標被確定，如果不能獲得定量的指標，那麼可以取得目標實現情況的主觀認識。在考慮這些目標時，高層管理者依賴於來自顧客、競爭對手、供應商以及職工的信息，也依賴於他們的直覺[1]。

目標實現方法似乎是評價組織效能最好的邏輯方法。效能被定義為組織完成其目標的能力，然而，效能的實際衡量是一個複雜的問題。有些目標是主觀的並且必須由組織的管理者去確認，用目標實現方法對組織效能的評價要求評價者必須清楚這些問題並且在效能的評價中考慮它們。但是，無論什麼目標，都離不開組織的根本目標。

二、組織效能評價的系統資源方法

嚴格地說，系統資源方法來源於組織理論的系統方法，它將組織視為一個開放系統，按照組織如何應對環境的變遷，加以調適以取得有利的地位來評價組織效能。美國著名社會學家帕森斯（Parsons，1960）認為，組織效能可以按照其解決四項基本問題的表現來加以評價，它們是：目標實現（Goal Attainment）、適應（Adaptation）、整合（Integration），以及模式的維持（Pattern Maintenance）；[2] 美國管理學家尤奇曼和西肖爾（Yuchtman & Seashore，1967）在分析了美國 75 家保險公司在 11 年內的績效後，提出了更為精巧的「系統資源方法」（System Resource Approach），認為開放系統的組織觀點有三個基本流程：資源取得、資源轉換和資源配置。這三個過程彼此是緊密相連的，而總體效能的評價可能是在這個環路上的任何一點，尤奇曼和西肖爾則選擇了資源取得的這個過程，而將組織效能定義為「組織如何開發環境，以取得其稀缺的和有價值資源的能力」。有時為了強調資源取得，甚至將組織效能定義為資源取得的過程。[3] 這時，在評價組織效能時更注重資源取得過程、轉換過程和配置過程，這就從資源取得的單變量視角，轉為了多維度視角。

組織效能評價的系統資源方法將組織系統定義為一組相互聯繫和相互制約的資源與要素按一定方式形成的整體。可以這樣說，系統資源方法嘗試從另一維度（Dimension）去瞭解組織效能。它假定組織必須成功地取得外部資源與要素（例如原料、資金及人才），才能夠有效地運作。依此推論，組織與外部環境保持緊密聯繫，得到重要資源與要素的穩定供應，便是組織成功的先決條件。系統資源方法考察的是轉換過程中投入的另一面，它假定組織必須成功地獲得投入資源並保證組織系統的效能，組織必須從其他組織獲得稀缺的和貴重的資源。從系統的觀點看，無論絕對的還是相對的，組織效能被定義為組織開發環境取得稀缺的和有價值的資源與要素的能力。

---

[1] David L Blenkhorn, Brian Gaber. The Use of 『Warm Fuzzies』 to assess organizational effectiveness [J]. Journal of General Management, 1995, 21 (2): 40-51.

[2] Talcott Parsons. Structure and process in modern societies [M]. New York: Free Press, 1960.

[3] Ephraim Yuchtman, Stanley E Seashore. A system resource approach to organizational effectiveness [J]. American Sociological Review, 1967, 32 (6): 891-903.

1. 系統資源方法的指標體系

獲得資源與要素以維持組織系統是評價組織效能的標準。系統資源方法所考慮的相關指標包括：市場佔有率、收入的穩定性、員工曠工率、資金週轉率、用於研究和發展的費用增長情況、組織內部各部門的矛盾衝突情況、員工滿意度和內部交流的通暢程度等。廣義上講，系統資源效能的指標包括以下幾個方面：

(1) 討價還價的情況——組織獲取稀缺和貴重資源的能力。
(2) 系統的決策者覺察並準確解釋外部環境真實特點的能力。
(3) 維持組織內部日常活動的能力（即內部整合的能力）。
(4) 組織對環境變化做出反應的能力。[1]

需要強調的是，在系統資源方法中，組織目標並未被忽視，但它更重視能促進組織長期生存的因素，例如，組織獲取資源的能力，維持組織本身作為一個社會實體（Social Entity）以及組織與外部環境成功互動的能力。其基本假設是：①組織是由各個相關的次部門所組成的；②組織要求效能，必須先瞭解環境中的各相關部門（Environmental Constituencies），並與之成功互動；③組織的生存需要消耗性資源的不斷補充。因此，組織效能的重點在於組織實現目標所用的方法與手段，即分析組織的活動過程以及確保組織資源的最有效運用。

系統資源方法看重的是影響組織輸出的方法和組織面對環境的變遷所能作出的回應。另外，系統資源方法也強調組織獲得輸入的能力、組織將輸入轉化成輸出的效率、組織內部溝通的情形、組織內團體衝突的層次，以及員工工作滿意程度等。它同時也看重組織目標，因而也重視資源的掌握。

2. 系統資源方法的作用

當組織其他績效指標難以取得時，系統資源方法是有價值的。許多非營利組織和社會福利組織很難衡量產出目標和內部效率。概括而言，「系統資源角度」在某些行業（例如公用事業）和非營利機構中特別適用，但其本身存在著若干問題。例如，理查德·達夫特（Daft, 2006）指出，資源取得與資源運用是兩回事情，不可相提並論。因此，獲得優質資源而不懂管理，造成浪費，不利於組織獲取成功[2]。從這個理論角度出發，要提高組織效能，企業需掌握外部環境的變化，並做出適時的應變，以贏得重要的資源。此外，增強企業本身的議價能力（Bargaining Power），建立較高的組織地位及威望，與各方保持良好關係，也是十分重要的。

系統資源方法的主要優點在於：一是防止管理層用未來的成功換取眼前的利益；二是當組織的目標非常模糊或難以度量時，系統資源方法仍然是可行的。

儘管在沒有效能衡量的其他方法時，系統資源方法是有價值的，但它確實也有缺

---

[1] Barton Cunningham J. A system-resource approach for evaluating organizational effectiveness [J]. Human Relations, 1978, 31 (5): 631-656.
[2] Richard L Daft. Organization theory and design [M]. Cincinnati: Southwestern College Publishing Company, 2006.

陷，通常獲得資源的能力似乎不如這些資源的使用重要。例如，中國中超各足球俱樂部如果不能提高足球隊員的整體技術水準並在中超聯賽中獲勝，那麼，即使吸收了再多球星也不能被認為是有效能的。因此，這種方法在不能獲得衡量目標實現的其他方法時，才是最有價值的。

三、組織效能評價的內部過程方法

內部過程方法（Internal Process Approach）強調健全而有效率的內部安排與管理的重要性。一個成功的企業，不難發現其內部運作流暢，部門合作無間，員工士氣高昂，因此整個企業生產效率維持在一個高的水準。善用內部資源，發揮組織本身的各項優勢，是高效能的先決條件。在內部過程方法中，效能被內部組織健康和效率來衡量。一個高效能的組織，內部不會有緊張、對峙的氣氛，組織成員與整個系統都能高度融合，成員彼此間充滿信任感，且信息溝通過程順暢（Cameron，1978）。[1] 因此，當組織運作過程與其主要工作效能密切相關時，此模型較適用。

一個有效的組織具有平穩而有序的內部程序。雇員是高興和滿意的，部門的活動相互交織可以保證較高的生產效率。戴維·古斯特（Guest，1997）認為，組織效能評價如果無法取得量化的效能衡量指標，也可以通過員工的行為來衡量組織效能，如觀察員工是否主動為顧客服務並提供協助。他強調，各效能指標之間的關係是不容忽視的。[2]

1. 內部過程方法的指標體系

內部過程效能的第一個指標是內部組織健康和內部效率。以內部組織健康和內部效率來衡量效能這個觀點來看，有效的組織需具備下列的特徵：

（1）濃厚的公司文化和積極的工作氛圍；

（2）團隊精神、群體、忠誠度與團隊工作；

（3）工人與管理者之間的信心、信任和溝通，內部矛盾在以公司利益為大前提下得以解決；

（4）決策靠近信息資源，不論這些資源處於組織圖的什麼位置，所以決策速度快、效率高、素質高；

（5）非扭曲的橫向和縱向的溝通（Long-linked Communication），共享相關的資料和知識；

（6）管理者因績效、成長和子公司的發展以及創造了有效的工作團體而受到獎賞；

（7）組織與其各部分之間的相互作用，按照組織利益解決因超越計劃而引起的

---

[1] Kim S Cameron. Measuring organizational effectiveness in institutions of higher education [J]. Administrative Science Quarterly, 1978, 23 (4): 604-632.

[2] David E Guest. Human resource management and performance: a review and research agenda [J]. International Journal of Human Resource Management, 1997, 8 (3): 263-276.

衝突。①

内部過程效能的第二個指標是經濟效率（Economic Efficiency）的衡量，以經濟效率作為量度企業效能的指標。例如「產出－投入比率」（Output/Input Ratio），去顯示內部運作的成效的高低。威廉·伊萬（Evan, 1976）提出一個量化的衡量效能的方法。② 第一步確定投入的財務成本（I）、交易（T）、產出（O）；第二步用這兩個變量構成比率來評價組織績效的各個方面，最常用的效率評價指標是 O/I。對一家汽車製造商而言，O/I 可能是每個雇員生產汽車的數量；對一家醫院而言，O/I 就是每年度預算費用負擔的病人數量；對一所大學而言，O/I 就是畢業的學生除以投入的資源。O/I 比率表示一個組織總的財務效率（即投入產出比率）。

事實上，內部過程方法的著名提議者都是人際關係學說和行為科學理論的重要理論家，他們都廣泛地接觸過組織的人力資源工作並強調人力資源和效能之間的關係。

2. 內部過程方法的作用

在內部過程方法中，組織效率的財務方法對衡量有關效率部門的績效是有用的，如製造業。

內部過程方法也有其不足。它無法估計總的產出量和組織與外部環境的關係，同時，對組織內部健康和功能的估計也常帶有主觀性。因為投入及內部過程的許多方面也不具有定量性，因此管理者應該認識到單憑效率來反應組織效能是有限的。

組織文化的研究者強調內部過程方法對組織效能的影響。從這個理論角度去看，內部管理素質對企業的效能舉足輕重，特別是在人力資源方面。因此，組織文化的研究者相信建立優良的企業文化及採用參與式管理，有助於發揮企業在人才方面的優勢，並能提高員工士氣，使組織內部的運作更為流暢。

四、組織效能評價的利益相關者方法

利益相關者方法（Stakeholders Approach）注重組織中的各個利益群體集團的滿意程度，並以此作為評價組織績效的指標。③ 不少管理學家認為，對利益相關者的重視不但有助於處理反對與衝突的意見，還可以整合不同利益相關者或團體的利益，提升組織效能指標；同時擴大了決策的民意基礎，使組織中的潛在問題與利益衝突極小化（Jones, 1995）。④

---

① Barton Cunningham J. Approaches to the evaluation of organizational effectiveness [J]. Academy of Management Review, 1977, 2 (3): 463-477.

② William M Evan. Organization theory and organizational effectiveness: an exploratory analysis [J]. Organization and Administrative Sciences, 1976, 7: 15-28.

③ Anne S Tsui. A multiple-constituency model of effectiveness: an empirical examination at the human resource subunit level [J]. Administrative Science Quarterly, 1990, 35 (3): 458-483.

④ Thomas M Jones. Instrumental stakeholder theory: a synthesis of ethics and economics [J]. Academy of Management Review, 1995, 20 (2): 404-437.

一個組織，與不少利益群體有著利益瓜葛，這些群體可稱為「利益相關者」（Stakeholders）[1]，包括債權人、顧客、政府及雇員等，這些利益群體對企業不同方面的表現都有本身利益的考慮，並且要求企業為他們謀取利益，以滿足他們的期望或保障他們既有的利益。嚴格地說，「利益相關者是那些能夠對一個組織的目標實現造成影響或是受到組織目標實現影響的個人或是團體」（Brinkerhoff & Crosby, 2002），[2] 包括顧客、債權人、供應商、政府、雇員和所有者都是利益相關者。

從戰略管理的角度來看，利益相關者可以定義為對組織獲取的戰略結果產生影響、同時又受這一結果影響的個人和團體。企業利益相關者一般可以分為資本市場利益相關者（Capital Market Stakeholders）、產品市場利益相關者（Product Market Stakeholders）和組織利益相關者（Organizational Stakeholders）三類。資本市場利益相關者主要有所有者、股東、債權人和其他資金提供者；產品市場利益相關者是企業的主要顧客、供應商、工會等；組織利益相關者則包括雇員在內的組織的所有成員。

從這個觀點看，量度不同的利益相關者對組織的滿意程度就成為衡量組織效能的指標。進一步來說，一個成功組織的經營和管理，需要對內外環境做出周全的考慮，並盡力滿足來自內外各方的要求。這種對組織效能的看法，比較宏觀和全面。每個利益相關者都有不同的效能標準，因為他在組織中有不同的利益，每個利益相關集團都必須考慮瞭解組織是否按他們的觀點完成得更好。利益相關者方法指出，不同利益相關者會採用不同的標準去評價企業的效能。另一方面，組織需要努力去滿足他們的要求，否則組織的生存和運作便會受到直接或間接的影響。例如顧客對服務質量不滿，不再接受組織提供的產品或服務，組織的營業額便會下降。

當然，組織要同時照顧各方面的要求，平衡他們的利益，這並不是一件易事，有時需要企業訂下緩急輕重的優先次序，並做出妥協。

1. 利益相關者方法的指標體系

利益相關的調查表明，小企業要同時滿足所有利益集團的要求是困難的。一個企業可能有較高的雇員滿意程度，但其他利益集團的滿意程度可能較低。

利益相關者方法首先要徵詢組織中支配聯盟（Dominant Coalition）的意見，以界定影響該組織生存的重要團體，作為評價的輸入（Input）；再評價組織本身依賴各個對象的程度；最後則確認出這些重要對象對該組織的期待是什麼。通過比較各個不同期望，設法找到共同的期望，並在各個目標之中，排列各目標的重要性與優先級。這個優先級

---

[1] 嚴格地說，利益相關者作為一個明確的理論概念，是由美國斯坦福研究所（Stanford Research Institute, SRI）在 1963 年提出來的，SRI 認為，「利益相關者就是那些沒有其支持，組織就不可能生存的團體」。而利益相關者方法作為戰略管理的一個獨立理論分支則歸功於愛德華·弗里曼開創性的研究。可參見：Edward R Freeman. Strategic management: a stakeholders approach [M]. Boston: Pitman, 1984.

[2] 英文表述為：「A stakeholder is defined as an individual or group that makes a difference, or that can affect or be affected by the achievement of the organization's objects.」見 Derick W Brinkerhoff, Benjamin L Crosby. Managing policy reform: Concepts and tools for decision-makers in developing and transitioning countries [M]. Bloomfield: Kumarian Press, 2002. 141.

即代表各個對象對該組織所掌控的相對權力。最後，組織效能評價的標準即是組織滿足、實現這些目標的能力。

托馬斯・迪奧諾（D'Aunno, 1992）強調組織效能的多變量（Multi-variety）的測量方法，他在比較了組織效能多種評價模型後提出多重重要對象模式（Multiple Constituencies Model）。迪奧諾認為，有效能的組織至少可滿足不同重要對象（利益集團）的最小利益，其基本假定是組織依賴不同的資源團體而生存，除非組織能滿足這些團體的利益，否則他們將會撤離（Exit）對組織的支持，進而導致組織的衰微或死亡。組織的生存是重要的，因此瞭解「威脅組織生存的成員」也是組織管理者的責任與義務。組織依賴重要對象所提供的資源而得以生存，因而滿足重要對象的需求有其必要性，且可反應出該組織的各個成員間的權力關係變化的情形。因此，在研究對象的選擇上，採用多重重要對象的方法，有其必要性。

迪奧諾（D'Aunno, 1992）認為，關於重要對象在評價組織效能的指標時，可從幾個維度進行分析：①效能指標是可量化的（Measurable）；②效能指標是穩定的（Stable），不隨時間而改變；③不同團體所擁有的標準是可分享的（Shareable）。迪奧諾從權變理論區分組織效能的評價模型見表 10-2。

表 10-2　　　　　　　迪奧諾從權變理論區分組織效能的評價模型

評價模型	評價組織效能指標強調的重點	評價組織效能指標的適應性
理性系統模型 目標實現方法	質量、效率	可量化、穩定、可分享
系統模型	輸入、輸出	可量化、穩定、不可分享
多重重要對象權力模型 資源依存理論	權力擁有者 資源提供者	可量化、穩定、但利益集團間的評價指標有衝突
多重重要對象發展模型 生命週期模型	環境變遷和組織適應力	可量化、不穩定、利益集團間可分享或衝突
制度理論	象徵、符號	難量化、不穩定、利益集團間不可分享或評價指標衝突

事實上，利益相關者方法的指標體系中還應包括對利益相關者管理，這包括如何選擇與認定利益相關者，同時在他們具有競爭性的訴求之間做優先級的排列（Donaldson & Preston, 1995）。[1] 尤其必須注意到利益相關者之間的關係，即利益相關者的聯盟往往比起個別的利益相關者更有影響力。因此，從管理的觀點出發，有必要瞭解利益相關者的聯盟或是潛在合作的可能（Vos, 2003）。[2]

---

[1] Thomas Donaldson, Lee E Preston. The stakeholder theory of the corporation: concepts, evidence, and implications [J]. Academy of Management Review, 1995, 20 (1): 65-91.

[2] Janita F J Vos. Corporate social responsibility and the identification of stakeholders [M]. New York: Cornell University Press, 2003.

利益相關者的影響策略是指利益相關者根據自己的利益擴張對於組織的影響力。一般而言，利益相關者使用的策略，視其與組織的權力平衡關係而定。例如，當利益相關者對組織是高度依賴關係時，往往使用附加條件的策略；利益相關者對組織是低度依賴關係時，使用撤離資源或其他支持的策略；當組織對於利益相關者是高度依賴關係時，使用直接的策略；當組織對於利益相關者是低度依賴關係時，使用間接的策略。應當這樣說，這一理論有助於瞭解利益相關者如何試圖影響組織（Westbrook & Oliver, 1991）。[1]

2. 利益相關者方法的作用

利益相關者方法也稱戰略夥伴方法（Strategic Constituencies Approach）。戰略夥伴方法認為，有效能的組織是最能針對其重要成員的需求來加以滿足的組織。戰略夥伴方法與系統資源方法都強調組織與環境的互動關係。戰略夥伴方法是針對環境中，可能威脅該組織生存的重要對象的需求加以滿足，因而偏重環境與組織中特定對象需求的互動；而系統資源方法則側重組織與一般環境的互動，偏向整體外部環境與組織的關係。

利益相關者方法的優點在於，它採取了效能的廣義觀點，並將環境因素與組織內部的因素同等對待。利益相關者方法包括社會責任的社區概念，而它通常不能用傳統的方法來衡量。利益相關者方法也同時有許多標準，包括投入、內部過程、產出等，並承認效能不存在單一的衡量方法。雇員的良好狀態與實現所有者的目標同樣重要。

進入 21 世紀，許多美國公司開始意識到，一個有效的組織只有滿足組織所在的價值網絡、價值星系、戰略聯盟或「跨組織生態系統」中戰略夥伴的各種要求，並獲得他們的支持，組織才能夠更好地生存和發展下去。因此，組織效能的衡量，必須考慮戰略夥伴的要求和滿意度。當然，在實踐中如何將戰略夥伴從環境中分離出來，這是一個操作難點。因為組織環境總是在不斷變化，昨天對組織非常關鍵的戰略夥伴，今天可能已經無足輕重了。即使組織重要的戰略夥伴可以區分出來，且相對穩定，但用什麼方法可以將「戰略夥伴」和「準戰略夥伴」區分開呢？無論怎樣，採用戰略夥伴法，可以為組織識別和滿足戰略夥伴的要求，並找到一條新路，可以使組織大大地減少這些戰略夥伴的利益，有利於推動組織間關係的發展和戰略聯盟的形成、發展。

美國哈佛大學教授羅伯特‧卡普蘭和戴維‧諾頓（Kaplan & Norton, 1996）的「平衡計分測評法」（The Balanced Scorecard）已經從利益相關者角度思考企業管理效能指標體系問題[2]。平衡記分卡是一種以信息為基礎的管理工具，分析哪些是完成企業使命的關鍵成功因素以及評價這些關鍵成功因素的項目，並不斷檢查審核這一過程，以把握績效評價，促使企業完成目標。

---

[1] Robert A Westbrook, Richard L Oliver. The dimensionality of consumption emotion patterns and consumer satisfaction [J]. Journal of Consumer Research, 1991, 18 (1): 84-91.

[2] Robert S Kaplan & David P Norton. Using the balanced scorecard as a strategic management system [J]. Harvard Business Review, 1996, 74 (1): 75-85.

五、競爭價值方法

不同利益群體對一個組織常有不同的看法及期望，主觀的價值判斷對組織效能的評價有著重大的影響。「競爭價值方法」（Competing Values Approach）便以此為出發點，嘗試去分辨不同人對組織的看法以及其背後的價值維度（Value Dimensions），可以說明組織效能的多維度觀點。

所謂「競爭價值」，是指它同時傳達了相互衝突的信息，說出了人們內心的矛盾與衝突——我們同時期待組織具有彈性與適應力時，也會期待組織得到穩定與控制。由此可見，在人們的心目中充滿了種種相互對立的矛盾價值、標準與偏見。

提倡這個方法的雷蒙德·奎因等人指出，不同人對組織的看法大致可以割分為兩大價值維度（Dimensions）：第一是著重外部焦點抑或內部焦點（Internal Versus External Focus）；第二是架構上著重控制抑或彈性控制（Control Versus Flexibility）[1]。外部焦點是指個人重視整個企業的營運狀況，尤其是與外在環境的互動關係。內部焦點指個人關注雇員的工作狀況及內部效率。「控制」是指個人強調組織的穩定性及由上而下的監管工作。最後，「彈性」是指個人看重組織本身的應變能力及因時制宜的轉變。根據上述兩個不同的價值維度，奎因等人得出四個不同的組織效能模式（見圖10-1）。不同模式存在有不同的考慮，例如，「人際關係模式」（Human Relations Model），重點在於人力資源的發展工作，強調內部團結與員工士氣；「內部過程模式」（Internal Process Model），重點是組織內部的均衡及穩定狀況，強調內部溝通與信息管理的重要性，這個模式恰似前述的「內部過程方法」；「開放系統模式」（Open System Model），突出組織增長與資源取得，其組織目標在於加強應變力及外在形象，這正是「系統資源方法」的重點所在；最後是「理性目標模式」（Rational Goal Model），強調組織的生產力及盈利能力，特別是通過規劃及戰略制定以實現這些目標，因此，該模式與「目標實現的方法」一致。

競爭價值方法在組織管理實務上實施時，必須整合戰略夥伴方法的做法，首先要徵詢組織中支配聯盟的意見，確認影響組織生存的重要對象；其次是調查每個重要對象對這個組織在兩大價值維度的看法，形成四個模型，分別是開放系統模型、理性目標模型、內部過程模型和人際關係模型。

1. 開放系統模型

開放系統模型所定義的組織效能，是指組織能成功地獲得稀少、有價值的資源，同時，看重組織與環境間的相互影響。組織以「生存」為前提，資源的獲取是組織實現目標的充要條件，組織如果無法適當回應環境的要求，將遭到自然淘汰的命運。因此組織為了持續成長與發展，應從與環境的互動中獲取所需的資源，其資源的輸入包括物質設備、原料、信息、構想、人員、經費等，經組織轉換過程，輸出產品與服務，組織與環

---

[1] Raymond E Quinn, John Rohrbaugh. A spatial model of effectiveness criteria: toward a competing values approach to organizational analysis [J]. Management Science, 1983, 29 (3): 363-377.

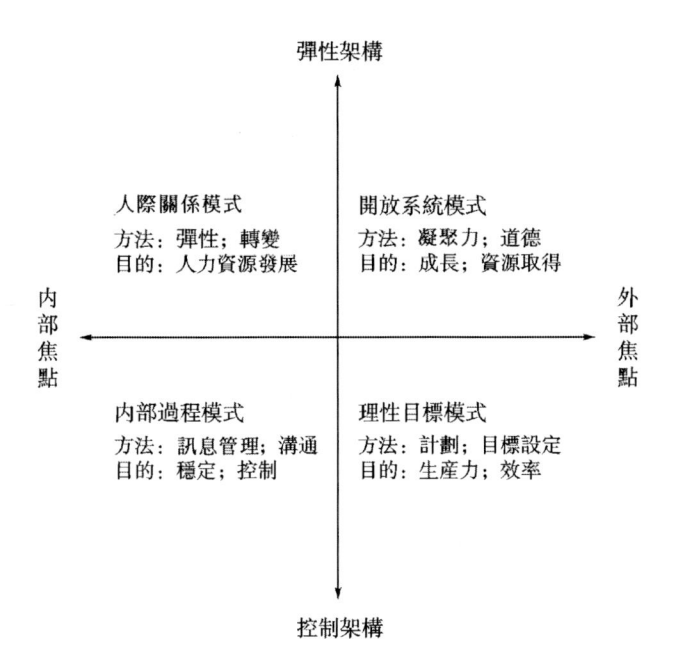

```
                        彈性架構
                          ↑
         人際關係模式      │    開放系統模式
         方法：彈性；轉變  │    方法：凝聚力；道德
         目的：人力資源發展│    目的：成長；資源取得
   內                     │                      外
   部                     │                      部
   焦 ────────────────────┼──────────────────── 焦
   點                     │                      點
         內部過程模式      │    理性目標模式
         方法：訊息管理；溝通│  方法：計劃；目標設定
         目的：穩定；控制  │    目的：生產力；效率
                          │
                          ↓
                        控制架構
```

圖 10-1　4 個不同的組織效能模式

境為一個議價關係（Yuchtman & Seashore，1967）。[①] 效能良好的組織即是可以在輸出與輸入之間長期維持一個良好的比率，且在議價關係中維持穩固地位。當資源輸出與輸入之間有明顯相關時，這個模型最為適用。

2. 人際關係模型

人際關係模型主要是以非正式團體、工作準則、領導及其他社會關係為主要探討焦點。它強調對組織成員的關心，給予組織成員幫助，促使組織成員彼此相互信任尊重，組織有高昂的士氣及高度凝聚力。同時，這個模型注重人性價值，提供人力資源訓練方案等。人際關係模型說明了非正式結構存在的重要性，強調組織成員對所處環境的滿意及其心理需求的滿足，並認為成員關係的好壞會影響到效能的表現，其缺點是將組織視為封閉系統，而只重視組織內成員的社會心理層面（Hasenfeld，1992）。

3. 內部過程模型

內部過程模型是指科層制組織以內部健全狀況、例行程序的質量、內部溝通渠道及對成員的監測為衡量標準，通過資源溝通的管理、標準的作業程序以及組織結構的維持，達到組織穩定與控制的效能標準。組織愈穩定、愈有秩序，效能愈高。一個有效能的組織，內部不會出現緊張、對峙的局面，組織成員與整個系統都能高度融合，成員彼

---

① Ephiraim Yuchtman, Stanley E Seashore. A system resource approach to organizational effectiveness [J]. American Sociological Review, 1967, 32 (6): 891-903.

此間充滿信任感，且信息溝通過程順暢（Cameron，1978）。[1] 因此，當組織運作過程與其主要工作績效密切相關時，這個模型較適用。

4. 理性目標模型

理性目標模型是以理性的邏輯思維方式認定明確的組織目標，目標實現是以產出維度為出發點，符合特定標準產品量，或具備特定標準的服務品質，即被認為效能較佳，即組織目標完成的程度愈高，組織的效能就愈高。這個模型假設組織目標明確，並且，完成目標過程所需要的人力與物力資源，完全在掌握之中。因此，其評價方式是事先擬訂一套標準，以衡量組織目標完成的程度（Campbell，1977）。

從這個角度來看，既然不同利益的群體對同一個組織抱有迥異的看法，管理人員需要認清這些差別，以瞭解不同利益的群體的期望及主流看法，並且為組織的各項目標定下優先次序，帶領組織朝著某個特定方向去發展。

我們認為，競爭價值方法的主要貢獻在於它整合了各種不同的方法，既探討組織目標、資源取得、內部運作、人才發展等各項重要方向，又考慮組織內外環境條件及個人主觀層面，因此漸趨流行。

第四節　提高組織效能的要點

眾所周知，如何實現高的「組織效能」是對組織管理人員的一大挑戰。許多研究者都認為需要認真考察才能使公司實現並長期保持卓越的「永久性原理」。美國組織理論學家理查德・達夫特（Daft，2006）總結了過去十多年來這方面的研究成果，再加上一些成功大企業的經驗，提出提高組織效能的要點可分為四方面，它們分別是：①戰略取向；②高層管理；③組織設計；④組織文化。

一、戰略取向（Strategic Oriented）

首先，在戰略取向方面，成功的企業大體有以下三個特徵：

1. 接近顧客（Close to Customer）

有一些學者認為，卓越的組織是顧客驅動型的，其特點就是視顧客為最重要的利益相關者，而且成功組織的主要價值觀是滿足顧客的需要。[2] 採用「顧客主導」的管理哲學，能滿足消費者的各項需要。管理層不再高高在上，而是努力尋找與顧客接觸的途徑，從他們身上取得市場信息。在德魯克以前，人們從未思考過把顧客置於舞臺的中心，在管理學文獻中，他的這句話是廣為傳誦的，即「企業存在的目的只有一個：創造

---

[1] Kim S Cameron. Measuring Organizational Effectiveness in Institutions of Higher Education [J]. Administrative Science Quarterly, 1978, 23 (4): 604-632.

[2] Oren Harari. You're not in business to make a profit [J]. Management Review, 1992 (6): 53-55.

顧客（There is only one valid definition of business purpose: to create a customer）」。① 從那以後的大量管理學著作中，創造顧客和接近顧客就成為一個永恆的主題。

2. 快速反應（Fast Response）

快速反應意味著卓越的組織對問題和機遇能夠做出迅速的反應。這就要求組織在多變的商業環境下，不斷地對市場環境和組織內部出現新問題及新機會，快速而有效地做出反應，並為組織帶來發展的新動力。組織需要懂得學習，更要勇於更新求變。快速反應的組織的特點是領先而不是落後，他們善於抓住機會，不斷地改變組織運作的方式，並通過不斷的試驗和改進以獲得最好的成就。關於從何處尋找創新機會和怎樣鑒定機會，德魯克認為應加強對創新來源的研究，即所謂的「機會之窗」。他提出「系統的創新……在於有目的、有組織地尋找變化，以及系統地分析這些變化可能為經濟或社會創新提供的機遇」②。

3. 焦點清晰（Clear Business Focus）

要保持卓越，組織需要有明確的重點和目標。組織需要有明確而持久的戰略，目標切忌左搖右擺，或輕率地從熟悉擅長的業務轉移到別的業務上。

二、高層管理（Top Management）

高層管理者的心智和管理過程是卓越組織的另一個方面。從高層管理這個角度來看，卓越組織往往具備以下的條件：

1. 願景領導（Visionary Leadership）

要達到和保持卓越，組織需要一種領導組織的特殊領導願景，而不是僅僅在組織內部職能的領導。傑出的高層管理者，不僅可以為組織的發展方向提供願景（vision），並且可以給予下屬工作意義及使命感。這些領袖願意身先士卒、渴求進步，而不會明哲保身或閉門造車。

2. 行動偏好（Bias Toward Action）

成功的高層管理者喜歡少說話、多做事。他們的行動導向是在決策或找到解決問題的方法之前，他們不把問題說得太絕對。一旦做出決策，他們便契而不捨，以具體行動去實現既定的目標。

3. 適度理性（Minimal Rationality）

優秀的高層管理者需要明白「理性」的限制，不應凡事盲目追求理性，或全盤依賴數據及模型，因為解決問題有時需借助靈感及創意。因而高層管理者應把促進組織核心價值觀的創立作為一個重要的任務。

德魯克認為，高層管理的主要職責應為以下六項：

---

① Peter F Drucker. The practice of management [M]. New York: Harper and Row Press, 1954.
② Peter F Drucker. Innovation and entrepreneurship: practices and principle [M]. London: Heinemann, 1989.

第一，仔細考慮企業的使命（Mission），即提出「我們的企業是什麼以及應該是什麼」的問題。這樣要求確定目標、制定戰略和計劃，為了取得未來的成果而在當下做出決策。顯然，只有企業的高層管理能夠縱覽整個企業，能做出影響整個企業的決策，能把目前的和未來的目標和需要加以平衡，並能把人力和金錢資源分配到能取得關鍵成果的項目上。

第二，有必要確定標準，樹立榜樣，即企業需要有良心職能。需要企業裡有一個機構來關心企業應該做到和實際之間的差距，而這個差距常常是很大的。需要關心關鍵領域中的願景（Long Term Vision）和價值觀（Value）。這個機構仍然必須是一個能縱覽和理解整個企業的機構。

第三，企業是人的組織，因此企業負有建立和維繫人的組織的職責。必須為未來培養人才，特別是要培養未來的高層管理人才。一個組織的精神是由處於高層的人們創立的。他們的行為準則、價值觀、信念，為整個組織樹立了榜樣，也足以決定整個組織的自尊。

第四，企業的高層領導人應建立和維持的重要的外部關係。它們可能是同顧客或主要供應商的關係，可能是同銀行家和金融界的關係，也可能是同政府或其他外部機構的關係。這些關係對企業取得成就的能力有著極為重要的影響。而這些關係又只能由代表整個企業、為整個企業說話、為整個企業承擔義務的人建立和維持。

第五，參加無數禮節性的活動、宴會、社交活動等。對於在地方上處於顯要地位的中小企業的高層人物來講，比起大公司的總經理來，這些活動實際上更費時間、更難避免。

第六，必須有一個為重大危機而「備用的機構」，以便在事情極為糟糕時有人接管、處理。那時必須有一個組織中最有經驗、最聰明、最卓越的人捲起袖子來進行工作。他們在法律上應負責任，但也還有知識創造上的責任，而這種責任是無法推卸的。

德魯克只列舉了高層管理的一部分任務。但這已足以表明，如果不把高層管理的任務看作是一種獨特的職能、一種獨特的工作，並按此進行組織，就不能完成高層管理的任務。

三、組織設計（Organizational Design）

在組織設計上，卓越的組織通常擁有以下的特點：

1. 精簡結構和人員（Simple Form and Lean Staff）

要提高雇員的辦事效率及加強內部溝通，企業需要一個精簡的架構，應權責清晰，減少過多的支援人員，抑制官僚作風。

2. 創新性的放權求變（Decentralization for Entrepreneurship）

要敢於下放權力（Empowerment），鼓勵及獎賞創意和革新。讓重大任務以小組形式協作，發揮團隊（Teamwork）精神。

3. 鬆緊適度（Simultaneous Loose-tight Properties）

成功企業懂得管理適度之道，若幹部門管理嚴密，堅守著組織的基本信念；另一些部門則管理環境寬鬆，給予職工更多的空間去發揮自己的聰明才智。

四、組織文化

建立一個優良的組織文化也是十分重要的。卓越的組織盡量利用職工的能力和熱情，通過創造一種信任的氛圍，鼓勵人們提高生產效率，並採取長遠的觀點。組織文化可以維繫職工，創造互信互利的工作氣氛，管理者與工人必須相互信任才能解決工作中遇到的問題；同時它有利於完善公司內部的監管機制，驅使員工追求改進；卓越的組織的另一個重要經驗是採取長遠的觀點，組織的卓越不是畢其功於一役的事情，卓越的組織認識到他們必須為組織的長期發展和長遠的利益培訓職工和對職工進行承諾，職工的職業路徑的設計重點應是為職工提供廣闊的發展空間，而不是地位的迅速上升。

一般而言，組織的職業開發管理有以下幾種主要的措施：

（1）提供員工自我評價的各種資源，例如各種職業測驗、講習班、指導書等；

（2）培訓項目以專業技能為主，及時更新員工的技術結構，為企業的現在和將來做好準備；

（3）由組織內的管理人員或專家、外部專家對員工的個人職業發展進行諮詢；

（4）展開以促進員工為目標導向的各種開發性活動，如講習班和評價中心等；

（5）在組織中，通過各種制度和程序來傳遞職業信息，如工作張榜、設計職業渠道等；

（6）通過工作設計和組織發展計劃提高組織氣氛、員工滿意度和績效水準；

（7）單獨為個體工作和職業變化提供方案，如實施工作輪換、設計工作調動程序等。

前四種措施都是從個體層面進行的，重點是使員工掌握職業發展的知識，瞭解自己的職業興趣，發展自己的潛能，從而引導員工正確評價自己的職業興趣和企業職業通路的匹配程度；而後三項措施是從組織層面進行的考慮，體現企業對職業系統的主動調節，將組織的發展戰略融合進職業管理系統中，提高發展戰略和人力資源戰略的匹配程度。

第五節　本章小結

有關組織效能的評價是複雜的，這也反應了組織作為一個研究課題的複雜性，不存在簡單容易而又可靠的衡量方法來為組織效能提供一個清晰的評價。組織理論研究發展至今，對於這個問題本身的研究仍存在相當大的分歧，包括組織的不同成員對組織效能

有不同的測量方式，以及因組織特性不同而有不同的效能定義及評價指標（Indicator），使成員在組織效能的定義及測量上難有共識。

效能要求是評價組織最主要的目的，從方法論來看，應屬於一種價值判斷的問題，組織的所有活動無非是要使組織實現既定的目標，並且更有效能。但決策者對於效能的衡量與價值判斷可能會因時間的不同而改變。因此要評價一個組織的長期效能很困難，因為原本被決策者或其他組織成員認為重要的因素，隨著人員的更換及時間所造成的價值觀念不同而有不同，同時研究者較難針對不同組織建立通則化的評價模式。效能評價的工作乃是組織管理監督的基礎，透過效能指標的確立，才能進行適當、有效的評價工作，效能指標也可作為組織在經營戰略和資源配置上的參考，因此效能評價指標的選擇極為重要。

我們認為，組織效能的評價需要採用多維度的方法，也就是說這種觀點將組織視為一種系統，而在這種系統下，不同的組織參與者會產生不同的效能評價。這就揭示出一個問題：或許組織效能的評價標準與組織參與者的地位以及影響力有直接的關係。這就使組織理論家和實證家困惑的問題得到證實，比如為什麼組織會在不同的時間展現不同的組織行動，會在不同的時間評價組織效能，並採用不同的評價變量，這是因為參與者對「效能陳述」的要求 產生的結果。

不可否認，採用單變量評價指標來評價組織效能，有著簡潔、方便，便於精確地定義、測量，直指問題核心等優點。但其缺點在於組織效能評價的全面性不足，單變量評價指標只能測量一個層面，而無法得出效能的全貌（Bedian，1983）[1]；單變量評價指標缺乏客觀性，可能僅僅反應的是研究者個人的偏好，而非是衡量組織效能的客觀標準（Chiang，1990）[2]；單變量評價指標僅僅是從微觀的角度著眼，無法從宏觀上評價組織整體效能。但如果從微觀變量推導出宏觀的結論，明顯有失偏頗（Nord，1983）。

我們發現，在與組織效能指標或評價相關的研究中，以效能指標發展的研究最被看重（Stivers & Joyce，2000）[3]。這些研究注重發展特定行業或特定公司（營利或非營利）的效能指標，卻較少去探究組織效能指標間的關聯性。我們認為，組織效能指標間的關聯性是不可忽視的，由於組織的活動為一環環相扣的過程，不應只將其中的部分截斷，並分別進行考察，而忽略對整體的影響；瞭解組織效能指標間的關聯性可為轉化戰略目標提供依據。

---

[1] Arthur G Bedian. Organizations: theory and analysis [M]. Chicago: The Dryden Press, 1983.

[2] Jong Tsong Chiang. The approach to research in the management of technological innovation: research strategy in innovation management [J]. Technology Forecasting and Social Change, 1990, 37（2）: 267-273.

[3] Bonnie P Stivers, Teresa Joyce. Building a balanced performance management system [J]. Sam Advanced Management Journal, 2000, 65（2）: 22-29.

本章復習思考題

1. 如何理解組織效能的含義？
2. 如何理解組織的效率與組織效能的關係？
3. 衡量組織效能的主要方法有哪些？
4. 什麼是目標實現方法？一般根據什麼指標來衡量組織績效？
5. 系統資源方法的指標體系有哪些？
6. 內部過程方法的重要作用是什麼？
7. 為什麼要使用利益相關者方法來衡量組織效能？
8. 提高組織效能有哪些要點？

第十一章 管理學應用的熱點課題

近十年來，管理學的熱點課題指出了管理學在組織管理中的廣泛性應用問題，在西方企業組織中得到了普遍的運用。進入21世紀以來，管理學應用的熱門課題主要有知識創新型組織、戰略聯盟、工業4.0、「互聯網+」與跨界經營、開放式創新和商業模式的創新等。

第一節 知識創新型組織

20世紀90年代以來，人類社會進入了一個以知識經濟為主的全新時代。全世界從製造業到服務業，湧現出一大批以知識創新和不斷學習為本質特徵的組織。著名管理學家、日本一橋大學創新學院教授野中鬱次郎和美國哈佛大學教授竹內廣隆（Nonaka & Takeuchi, 1995）[1] 將這種組織稱為知識創新型組織（Knowledge Creating Organization）。他們認為，知識是多元層面的，知識發展與組織學習是一個連續不斷的過程，創新的本質就是按照一種特別的遠景和理想來重塑世界，組織與組織中的每一個人都在朝著這個目標不斷地前進。野中鬱次郎（Nonaka, 1994）[2] 強調，組織知識創造的過程，是隱性知識和外顯知識在組織層次間不斷轉換、提升的動態螺旋過程（Spiral Process）。在知識創新型組織中，知識創新並不是研發、行銷或戰略規劃部門專有的活動，而是整個組織的一種生存方式，組織中的每個人都是知識的創造者。所謂的知識創新型組織，是指組織具有利用知識創造新的知識的創新能力，其主動創新意識較強，能夠源源不斷地進行知識創新、技術創新、組織創新、管理創新和商業模式等一系列創新活動。

一般來說，知識創新型組織具有以下特點：

（1）知識創新型組織首先是一個學習型組織（Learning Organization）。學習型組織是指善於獲取、創造、轉移知識，並以新知識、新見解為指導，勇於修正自己行為的一種組織形式。在學習型組織中，組織成員得以不斷突破自己能力的上限，創造真心向往的結果，培養全新、前瞻而開闊的思考方式，全力實現共同的抱負，並不斷一起學習和

---

[1] Ikujiro Nonaka, Hirotaka Takeuchi. The knowledge creating company: how Japanese companies create the dynamics of innovation [M]. New York: Oxford University Press, 1995.

[2] Ikujiro Nonaka. A dynamic theory of organizational knowledge creation [J]. Organization Science, 1994, 5 (1): 14-37.

掌握如何共同學習的能力。系統地看，學習型組織是能夠有力地進行集體學習，不斷改善自身收集、管理與運用知識的能力，以獲得成功的一種組織。在學習型組織中，學習已成為一項基本職能，學習是組織生存和發展的前提和基礎。學習型組織通過整合學習、工作與知識的方法，將學習與工作融為一體，努力形成一種彌漫於群體與組織的學習氛圍，憑藉著學習，充分發揮每個成員的創造性能力，個體價值得到體現，組織績效得以大幅度提高。知識創新是以掌握一定的知識累積為基礎的，學習是創新的前提，是創新的準備。因此，知識創新型組織首先是一個學習型組織。

（2）知識創新是組織文化的核心特徵。在企業組織的實踐中，組織創新力的形成必須通過組織與個人的共同努力。但是，組織也可有意識地塑造出適當的文化來激勵組織內部的知識創新活動。而組織文化正是激勵組織內知識創新活動的主要動力。在知識創新型組織中，組織文化不僅激勵和支持創新活動，而且本身將創新作為其核心內容，形成了一種嶄新的創新文化。創新文化是一個有利於知識創新活動的價值觀念、行為準則和社會環境的綜合體，是激發創新活動的精神家園。創新文化是有利於催生創新靈感、激發創新潛能、保持創新活力的良好的組織生態環境。在這種生態環境中，創新主體創新欲強、敢於冒險與探索、敢於標新立異、善於開拓進取，知識創新主體之間樂於團結、協作、競爭，共享成功的經驗，共擔失敗的風險，組織能夠容忍失敗，能夠給創新者自由的創新空間，能夠給創新者恰當的評價和鼓勵。由此，知識創新已成為一種時尚、一種風氣。

（3）知識創新是組織的一項基本職能。知識創新是利用已有知識創造新知識的一個過程，因而可以看出是賦予組織利用知識資源創造財富的新能力，使知識資源成為真正的資源。相對於掌握新知識、新技術而言，知識創新型組織更強調整合組織內的知識資源，使知識創新成為組織的一種基本職能。在大多數組織內，知識創新只是一種活動。而在知識創新型組織中，知識創新不僅是一種活動，更是知識管理流程的一部分。這就是說，組織有一套固定的結構和流程去發掘問題，能產生與評估想法，並針對這些想法提出具體行動方案，從而使組織的問題獲得實際的解決。可見，知識創新已經成為組織的一種例行性流程，即知識創造流程。

（4）知識創新是組織的核心競爭力。一個組織掌握的科技知識即使再先進，頂多只能帶來短暫的優勢，而且這種優勢的消失速度會一天比一天快，因為競爭對手只要花很短的時間就可以模仿並學會。而創新文化卻無法抄襲，因為創新的理念和價值觀難以嫁接。創新是發展與取得構成企業核心能力的技術與技能的基本手段，是改變組織「基因密碼」、實現基因多元化的必由之路。競爭優勢主要來源於組織的創新能力。創新正成為成功組織的永恆特徵，而不只是管理上的潮流。因此，在知識經濟時代，創新已成為創新型組織的核心競爭力，只有具有創新能力的組織，才能邁向永續創新，才能創造無以倫比的價值。

（5）知識創新是一種團隊運動。在知識創新型組織中，創新不是某一部分成員的活

動，而是整個組織各個層次成員的共同運動。從最高管理者到最底層員工，圍繞組織目標，他們在工作中都在有意識地創新；同時，組織的結構造就了他們的創新。「勇於創新」行為是由組織最高管理者開始的，組織最高管理者是「創新」信號的強有力製造者，同時也是創新運動的參與者；組織的全體成員都是創新運動的積極回應者和參與者。組織內的不同工作群體按不同的方式相結合組成一個個團隊。團隊是創新型組織的基本工作單位和創新單位，團隊創新是創新型組織的基本創新方式。從另一個角度看，知識創新型組織是團隊創新思想的一種引申，或者說它是以團隊運行為基石的。

一般來說，構建知識創新型組織必須在知識管理的理論與實務上較注重「社會合作」（Social Cooperation），對知識管理的著重點在於：①注重隱性知識（Focus on Tacit Knowledge）；②強調創造（Creation）；③注重培育知識文化（Knowledge Cultures）；④重視知識社群（Knowledge Communities）；⑤注重培育與愛心（Nurturing and Love）；⑥重視長期優勢（Long-term Advantage）。

在組織的實踐中，構建知識創新型組織必須關注以下幾個方面：

1. 組織要培育創新文化，營造激勵創新的環境氛圍

創新文化是有利於開展知識創新活動的一種氛圍。創新文化的內涵包括三個層面：一是精神層面，包括價值觀或價值觀系統、世界觀等；二是制度層面，它是與價值觀念相一致並能體現這種價值的一系列行為規範、政策以及評價體系的總和；三是與精神層面和制度層面相對應的，表現為一種物化的、外在的形式與載體，如組織的標示、徽章等。

2. 組織要注意發掘與訓練人才，提升組織的創新能力

知識創新的關鍵是人才。人才的取得一是引進，二是培養。在組織中，最具創新能力的是組織中年輕一代的員工。他們是思想更開放、更活躍、更具有創造性的群體，適時地從他們當中選拔一些精英，作為新鮮血液補充進管理層，是提升組織知識創新能力的一種快捷、有效的方式。同時，應注重對組織內現有成員創新能力的培訓和提高。知識創新型組織講究的是全員參與創新。因此，應針對不同層次成員的現有能力和崗位特點開展不同形式、不同特點的培訓。不同層次的培訓，都要求不僅僅是傳授和學習知識，更應注重訓練創新的意識，培養一種勤於學習和思考的習慣。只有當組織內所有成員的大腦都動起來了，創新才能成為組織的一種能力。

3. 構造組織的知識創新流程

一個組織好的業務流程和管理流程可以帶給組織自由的空間，有利於促進知識創新。要實現組織的知識創新功能的流程創新一般包括以下的內容：①重新思考（Rethink），它考慮的是「為什麼」的問題；②重新組合（Reconfigure），它所關心的是流程中的相關活動，並就有關的問題尋找新的答案；③重新定序（Resequence），它所關心的是工作運行的時機和順序的問題；④重新定位（Relocate），它所注重的是與活動位置有關的問題；⑤重新定量（Reduce），它所牽涉的是從事特定活動的頻率等問題；⑥重新指派（Reassign），

它是指工作的執行者由「誰」來做更好；⑦重新裝備（Retool），它關注的是完成工作所需要的技術與裝備，並就有關的問題尋找新的答案。

第二節　戰略聯盟

　　戰略聯盟（Strategic Alliance）可能是當今國際化運作中最流行的方式。典型的戰略聯盟包括特許經營（許可證）、合資企業、廠商組織聯合、虛擬組織等。戰略聯盟是一種非股權結合型的企業聯合模式，它的出現可以用參與聯盟的各企業能力的雜交產生的互補性價值、通過聯盟網絡獲得的競爭力和資源的共享、知識的可傳遞性來解釋。托馬斯·卡明斯（Cummings, 1986）將其稱為「跨組織系統」（Transorganizational Systems），彼得·德魯克（Drucker, 1988）將它稱為「網絡組織」①，唐·泰普斯科特和阿頓·卡斯頓（Tapscott & Caston, 1998）稱它為「開放網絡組織」，②露薩貝絲·墨思·坎特（Kanter, 1989）將其稱為「學習跳舞的大象」（Elephants Learn to Dance）③，荷蘭管理學家彼得·凱恩（Keen, 1991）將它稱為「關係組織」④，湯姆·彼德斯（Peters, 1991）將它稱為「無等級化的生活」⑤，哈佛大學商學院教授丹尼爾·奎因·米爾斯將它（Mills, 1991）稱為「簇群組織」（Cluster Organization）⑥，查爾斯·薩維奇（Savage, 1990）將它稱為「人際網絡」（Human Networking）。⑦

　　這些新型組織具有無邊界、無等級、動態性、高度靈活的特點，叫法的不一致僅僅反應了研究角度的差異。

　　戰略聯盟可以有多種表現形式，常見的有：

　　（1）許可證（License Agreement）。從 20 世紀 90 年代開始，被一些製造型廠商採用，它可以使企業快速地、低成本地使用新技術，能在全球銷售贏利中獲得競爭優勢。利用許可證或特許經營，企業通過快速地、低成本地使用新技術，擴大銷售量來獲得成本領先地位。或者是通過許可證形成的技術創新、品牌或特殊服務來強化產品的某一方

---

　　① Peter F Drucker. The coming of new organizations [J]. Harvard Business Review, 1988, 66 (2)：45-55.
　　② Don Tapscott, Art Caston. Paradigm shift：the new promise of information technology [M]. New York：Mc Graw-Hill [M], 1998.
　　③ Rosabeth Moss Kanter. When elephants learn to dance：managing the challenges of strategy, management and careers in the 1990s [M]. New York：Simon and Schuster, 1989.
　　④ Peter G W Keen. Shaping the future：business design through information technology [M]. Cambridge：Harvard Business School Press, 1991.
　　⑤ Tom J Peters. The boundaries of business partners：the rhetoric and reality [J]. Harvard Business Review, 1991, 69 (10)：71-81.
　　⑥ Daniel Quinn Mills. Rebirth of the corporation and not like our parents [M]. New York：John Wiley and Sons, 1991.
　　⑦ Charles M Savage. 5th generation management：integrating enterprises through human networking [M]. New York：Digital Press, 1990.

面的特性，以此來增加客戶價值。

(2) 合資企業（Joint Venture）。它是由兩個或兩個以上的公司作為出資人共同創建的獨立經營實體。是由戰略夥伴共同承擔開發和成本，進入新市場的另一種途徑。進入 21 世紀，許多廠商組織利用合資企業作為組織系統鎖定戰略模式或戰略選擇的突破口，它不僅考慮組織產品和客戶的範圍，考慮了整個系統創造價值的所有要素。尤其要強調的是，這些要素中除了競爭對手、供應商、客戶、替代品之外，還包括生產補充品的廠商組織。

(3) 廠商組織聯合型組織（Consortia）。考慮到新技術的成本，廠商組織聯合型組織可能是知識經濟時代的潮流。廠商組織聯合型組織特別是在下面三種情況下更具有其獨特的優勢：一是廠商組織聯合型組織之間的競爭是基於技術標準的競爭。在新興的產業中，不同的技術為爭取市場份額而進行競爭，其競爭的結果常常依賴於採納何種技術標準的企業數量。接納為廠商組織聯合體的企業越多，協作網絡的外部效應就越大，這樣，廠商組織聯合體就具有了「協作網絡擴散效應」；廠商組織聯合型組織賣出採用某種技術標準的機器設備越多，那麼，就需要更多的特定軟件來支持這種技術，反過來又會增加該技術設備的銷量；二是全球性規模的重要性為廠商組織聯合型組織協作網絡的創造提供了一個理由，即與當地公司多聯繫可以降低大規模生產條件下的成本或能夠在不同國家獲得不同的技能及資產；三是新技術的發展起到了創建跨越多個行業業務體系的作用。廠商組織聯合體協作網絡使每個特定技術領域的專家更容易合作並發掘新的市場機會，如多媒體廠商組織聯合體協作網絡，它是在計算機技術基礎上融合了電子通訊、電視及視聽等技術形成的。企業聯合體正在取代個體組織之間一對一的競爭，獨立廠商組織間的聯合將走到一起以共享技能、資源，共擔成本，共同開發市場，這將是知識經濟時代企業競爭的潮流。在這種情況下，組織的管理者不僅要學會競爭，也要學會合作。[1]

(4) 虛擬組織（Virtual Organization）。虛擬組織是一種廠商組織聯合形式，在美國被廣泛採用，並為未來的國際競爭提供了一條可行的道路。虛擬組織是指由多家獨立的廠商組織為抓住和利用混沌、快速變化的市場機遇，在緊密合作和高度信任的基礎上，利用現代信息技術，集成各自的優勢資源，形成一個沒有界限的、超越約束的、統一指揮的合弄組織（Holonic Organization）[2]。虛擬組織網絡最顯著的特徵是，核心廠商組織並不從事具體的生產活動，而是將實際生產任務交給一些企業來完成。核心廠商組織實

---

[1] Kathryn Rudie Harrigan. Joint ventures and competitive strategy [J]. Strategic management Journal, 1988, 9 (4): 141-158.

[2] 合弄（Holon）是一種自相似的系統構造單元。一個合弄，既是一個整體，同時又是部分，相對於上層組織，它是具有協作特性的部分；相對於下層組織，它是具有自律特性的整體。合弄組織可以分為三個層次：合弄層、合弄協作層和合弄系統層。其中，合弄層的功能能實現合弄本身的運行；合弄協作層的功能能保證合弄之間的協作；合弄系統層則能從全局出發做出決策和判斷。一個合弄可以是另一個合弄的部分，同時也可以由其它一些合弄組成。一個維持自身獨立性、同時又作為整體的部分發揮作用的實體被稱為合弄（Holon）或子整體。這個術語是英國學者 Arthur Koestler 在 1967 年在他的書「The Ghost in the Machine」中通過把整體（Holos 或者說「The Whole」）和部分（「The Part」）相結合而發明的。子整體曾用於描述社會、細胞和組織的行為，以及最近的製造行為。見 Arthur Koestler. The ghost in the machine [M]. London: Hutchinson Publishing Group, 1967.

現對其他企業的控制,是通過它所掌握的獨特生產技術、製作秘方、市場網絡、品牌等來實現的。核心廠商組織將主要精力放在確保和提高上述的核心能力上,並據此對其他專業企業的生產活動做出指導和規範,通常包括嚴格的質量檢驗標準等。從實質上說,虛擬組織是一種持續發展的公司的集合,這些廠商組織聯合起來以利用特殊機會或獲得特殊的戰略優勢,當目標完成,即宣告解散。在任何一個時間,一個公司可以同時參加多個戰略聯盟。

(5) 價值網絡(Value Networks)。價值網絡的產生源於在價值系統中不同利益主體的價值偏好和價值結構。或者說,價值網絡是由利益相關者之間相互影響而形成的價值生成、分配、轉移和使用的關係及其結構。

長期以來,廠商組織領導人的工作重點是制定戰略,並對企業的價值鏈(Value Chain)進行定位。但是在今天,這種關於價值創造的基本邏輯已經開始改變。新銳的廠商組織領導人已經把價值鏈放在一邊了,轉而去營造價值網絡。他們進行戰略分析的重心,已經不在廠商組織本身,甚至不在產業,而在於構建整個價值創造機制和系統。他們已經認識到,當今經濟發展中的兩大資源是廠商組織的知識、能力和企業的關係要素(顧客),這就要求他們運用高效率的信息技術,不斷重組企業的經營業務系統,重新排列各個經營角色在自己價值網絡中的地位和作用。

價值網絡是由效用體系、資源選擇、制度與規則、信息聯繫、市場格局和價值活動等基本要素構成的系統。價值網絡不僅僅反應了組織間物質活動的聯繫,而且從組織間的效用聯繫、資源選擇、與市場和組織內制度相聯繫的網絡制度與規則、信息聯繫等方面構成了價值創造系統。價值網絡使組織間聯繫具有交互、進化、擴展和環境依賴的生態特性,擴大了企業的動態發展空間,從而促進了價值創造,改進價值了識別體系,擴大了資源的價值影響。

(6) 價值星系(Value Constellation)。所謂的價值星系是一個企業間的中間組織,是一個企業引力集合的創造價值的系統。這個系統的各成員,包括作為「恒星」企業的經紀人公司、模塊生產企業、供應商、經銷商、合夥人、顧客等,他們共同「合作創造」價值,通過「成員組合」方式進行角色與關係的重塑,經由新的角色,以新的協同關係再創價值(Reinvest Value)。

哥本哈根商學院客座教授、哈佛大學訪問學者理查德‧諾曼和法國頂尖商學院管理學與人力資源學教授拉菲爾‧拉米雷茲(Normann & Ramirez, 1993)在《從價值鏈到價值星系:設計互動戰略》一文中指出:「更多的是,成功的公司不僅僅是增加價值,他們重新發明價值。一個成功的企業,戰略分析的重心,並非只界定某特定產業或企業,而是必須聚焦於創造價值的系統(The Value-creating System)本身。在系統內,不同的經濟行為主體——供應商、商業夥伴、同盟者、顧客等一起工作,共同創造價值。通過『成員組合』方式進行角色與關係的重塑,經由新的角色,以新的協同關係再創價值(Reinvest Value)。」諾曼和拉米雷茲主張,以 Internet 為「促成技術」(Enabling Technology）進行知識交流，廠商與顧客的關係重新組合（Reconfiguration），與供應商、合作者、戰略聯盟、競爭對手、員工、顧客等共同創造價值（Together to Co-produce Value），各產業成員組成共創價值、共享成果，如星系四周的密布網狀價值鏈的價值星系。[1] 這就形成了橫向、縱向交織的網狀形態的、全社會各行各業的價值鏈交織在一起的更為複雜的價值星系。企業不能夠再被簡單地理解為傳統的線性結構價值鏈，而是陷入了一種結構更為複雜的、包含多個產業的價值星系。像思科（Cisco Systems）、戴爾（Dell Computer）、蘋果公司（Apple Computer）、耐克（Nike）、美國第三大計算機製造商 Gateway、家具製造商 Miller SQA[2]、瑞典家具製造商宜家（IKEA）等公司，已走在了創建價值星系的前列。

價值星系是圍繞處於中心位置的顧客而構成的。價值星系能及時捕捉顧客的真實需求，並將其用數字化方式傳遞給其他網絡夥伴；信息與材料流的路徑是與不同的顧客群的服務需求和優先權相連的。顧客和供應商的關係是一種共存（Symbiotic）、交互作用的（Interactive）增值關係。

價值星系模式優於基於供應鏈思想的傳統業務模式，它有如下特點：

第一，與客戶保持一致（Customer-aligned）。客戶選擇引發價值星系中的採購、生產與交貨活動。不同的客戶群接受定制服務「包」的定制化解決方案服務；客戶指揮價值星系中的她或他（客戶）不是供應鏈產品的消極接受者。

第二，合作與系統化（Collaborative and Systemic）。公司致力於使供應商、客戶，甚至競爭對手構成一個共同增值的價值星系；每一種活動都被委派給能最有效地完成它的合作夥伴。營運活動的許多重要部分被委派給專業提供商；因為合作、廣泛的交流與信息管理，使得整個價值星系能完美無缺地交付產品。

第三，敏捷（Agile）與可伸縮（Scalable）。對需求變化、新產品上市、快速增長或

---

[1] Richard Normann, Rafael Ramirez. From value chain to value constellation: designing interactive strategy [J]. Harvard Business Review, 1993, 71 (7): 65-77.

[2] 價值星系公司 Miller SQA：由於出事競爭的挑戰，辦公家具製造商 Herman Miller 創建了一個新部門 Miller SQA，從而為價值星系設計提供了一個極好的案例。Miller SQA 像其母公司一樣，也生產辦公家具，但它有一種使人意料不到的改變：它的產品與整個家具購買經歷都被設計成「簡單、快速與買得起」（即 SQA）。SQA 的整個生產與交貨系統，在特定的買主的需求上，都與客戶保持一致（Customer-aligned）。這些特定的買主，便是那些小企業以及其他更重視速度與簡單，而不是重視不受限制的選擇的個人。SQA 為每一位通過設計配置-訂購（Configure-To-Order）數字化界面進行購買的客戶進行定制生產。同供應商的合作（Collaborative），使得 Miller SQA 公司擁有最小的庫存（1999 年中期是一到兩天的庫存量）。位於 SQA 公司製造廠附近的供應商網絡中心（Hub），按準時準則交付零部件；各種活動並行進行，而不是按順序進行。當訂單到達時，有關信息以一天四次的頻率傳送給供應商，使其零部件補充、訂單裝配、物流安排幾乎同步開始。供應和生產流程被調整為最少處理量（Handling）和最大快捷性。訂單—交貨（Order-To-Delivery）時間不足兩天，而行業標準通常是兩個月。數字化信息流，在顧客、SQA 與供應商之間精心地安排完美無缺的產品，並使公司在承諾的交貨時間內交貨。SQA 保持簡單生產線，確保能在匹配顧客需求時體現其敏捷性。Miller SQA 公司的遠景規劃，即剛剛描述的價值網設計，簡單明晰。它堪稱楷模的實施，已經取得了巨大成功。它的 99.6% 的訂單被準時完整裝運，它的盈利率極高，銷售額每年上升 25%。應用價值星系概念的公司，就是那些試圖享有全新創建的價值星系的新公司，這些公司常常是基於國際互聯網（Internet）的公司。而其他公司，像 SQA 一樣，通過大公司內的一個獨立部門，引進新的概念。但即便是那些擁有現存供應鏈的公司，整個公司採用價值網設計方法，也能取得好的效果。

供應商網絡再造的回應，都是通過敏捷的生產、分銷和信息流設計來保證的。受實體限制的約束被減少或消除。經營資金要求減少，流程時間和步驟被壓縮，有時可清除傳統供應鏈中的某個層次。在實體或虛擬的價值星系中，每項工作都是可伸縮的。

第四，快速流動（Fast Flow）。訂單—交貨（Order-To-Delivery）循環迅速，並壓縮了循環時間。可靠而且方便地快速交貨意味著能準時、完整地將訂貨送到客戶的工廠、辦公室或家中；時間是按小時或天度量，而不是按週或按月度量。同時，它還意味著為公司極大地降低了庫存。

第五，數字化（Digital）。電子商務是一種重要方法。除 Internet 外，信息流設計及其智能應用，是價值網的核心。新的數字信息通道連接和協調公司、客戶及供應商的種種活動。基於規則的工具代替了許多經營決策，精選的即時分析軟件能使經理迅速做出決策。

第三節　工業 4.0

從全世界的範圍來看，智能製造的步伐在加快，發達國家的企業和中國的先進企業已紛紛開始投資並啟動工業 4.0 應用。

在西方發達國家，智能製造在德國被稱為工業 4.0（Industry4.0），美國稱它為工業互聯網，中國工業與信息化部稱它為自動化和信息化兩化融合，而實施的企業升級項目稱它為「中國製造 2025」。因此，「中國製造 2025」實質就是中國版的工業 4.0。嚴格地講，工業 4.0 是指利用物聯信息系統（Cyber-Physical System，簡稱 CPS）將生產中的供應、製造、銷售信息數據化、智慧化，最後實現快速、有效、個人化的產品供應。通俗地講，工業 4.0 這樣的工廠，是一種智能工廠，它的生產方式叫智能生產。

人們一般認為，工業 1.0 是實現機械化，以蒸汽機為標誌，用蒸汽動力驅動機器取代人力，從此手工業正式進化為工業。工業化是實現從投入到產出（即輸入到輸出）的進行重複性生產為特徵的過程。

工業 2.0 是電氣化和規模化生產，以電力的廣泛應用為標誌，用電力驅動機器取代蒸汽動力。由此，零部件生產與產品裝配實現分工，工業進入大規模生產時代。工業 2.0 時代需要建立工業化生產線，對過程的「輸入、流程與步驟、輸出」進行詳細定義與描述，建立流程與標準，並對這些流程與標準的執行進行職責分配，建立相適應的管理過程與目標績效考核，流水線管理從無序階段進入了標準化階段。流水線是實現從投入到產出（即輸入到輸出）的過程，具備重複性生產的特徵。輸入「人員（Man）、機器（Machine）、原料（Material）、方法（Method）、環境（Environment）、測量（Measurement）」，輸出產品與服務，產品與服務是過程的結果。通常用「效率、交貨期、質量、成本、安全與士氣」等來測評輸出是否滿足要求或達成目標。

工業 3.0 是自動化，以 PLC（可編程邏輯控制器）和 PC 的應用為標誌，從此機器不但接管了人的大部分體力勞動，同時也接管了一部分腦力勞動，工業生產能力也自此超越了人類的消費能力，人類進入了產能過剩時代。工業 3.0 時代，管理進入精益化階段，企業會重視每一處細小的改善與微創新，人成為過程不穩定的最重要的因素。第三次工業革命（電子信息技術發展與應用）為過程的自動控制與智能化管理創造了條件：一方面，為瞭解決複雜與危險環境下的作業問題，機械手、機器人誕生並得到了發展，智能技術與生產線不斷融合，使智能工廠得以快速發展；另一方面，智能管理技術不斷完善，信息與數據集成、分析，使管理問題可視化與及時化，極大地提高了人們對複雜組織的管控能力，智能管理成為組織提升管理水準的新的發展方向，智能管理成為過程管理的高級階段。

　　工業 4.0，就是完全的自動化加完全的信息化，生產系統和業務系統，集合成為一個整體的信息系統，實現智能製造。所以要徹底解決工廠內系統斷層問題，把所有的部門、環節、流程都連接起來，消滅「信息孤島」。基於對這一過程的製造技術的探尋，德國聯邦教研部與聯邦經濟技術部在 2013 年漢諾威工業博覽會上提出了工業 4.0 新概念。它得出繼蒸汽機、規模化生產和電子信息技術等三次工業革命之後，人類將迎來以生產高度數字化、網絡化、機器自組織為標誌的第四次工業革命。

　　我們認為，「工業 4.0」概念是以智能製造為主導的第四次工業革命，或革命性的生產方法。「工業 4.0」旨在通過充分利用信息通信技術和網絡空間虛擬系統——物聯信息系統（Cyber-Physical System）相結合的手段，使製造業向智能化轉型。

　　在中國企業的實踐中，用李克強總理在 2016 年 4 月 6 日國務院常委會議上的話來說，「中國製造 2025」就是「用先進標準倒逼『中國製造』升級」，在中國企業中實施《裝備製造業標準化和質量提升規劃》，「中國製造 2025」未來的升級潛力實際上非常巨大。

　　從發達國家如德國、美國的發展經驗來看，工業 4.0 的內容所覆蓋的領域可以貫穿研發到售後服務幾乎所有領域。工業 4.0 在發達國家中已開始逐漸應用到各個領域，甚至一些知名的領先企業。通過累積和推進工業 4.0 在企業內的應用，從而衍生出新的業務模型。例如，美國通用電氣公司在 2012 年創造了工業互聯網的概念，從僅製造和銷售設備的傳統工業企業，開始轉型為同時提供數字化服務的企業。通過收集、分析和反饋給客戶大量的設備使用數據，通用電氣可以幫客戶大大提高生產效率，開展即時設備維護服務。通用電氣目前僅通過軟件監控分析、遠程協助飛機維護及提升飛機燃料使用效率，解決每年航空領域總值高達 2,840 億美元的浪費問題。

　　「工業 4.0」項目主要分為四大主題：

　　一是「智能工廠」，主要涉及智能化生產系統及過程，以及網絡化分佈式生產設施的實現；

　　二是「智能生產」，主要涉及整個企業的生產物流管理、人機互動以及 3D 技術在工

業生產過程中的應用等。該計劃將特別注重吸引中小企業參與，力圖使中小企業成為新一代智能化生產技術的使用者和受益者，同時也成為先進工業生產技術的創造者和供應者；

三是「智能物流」，主要通過互聯網、物聯網、物流網，整合物流資源，充分發揮現有物流資源供應方的效率，而需求方，則能夠快速獲得服務匹配，得到物流支持。

四是「智能管理」，主要是通過互聯網、物聯網、大數據等技術實現對過程效率進行持續性的改善與創新，實現柔性智能製造、數字製造，使個性化的柔性智能製造成為企業的核心競爭力。

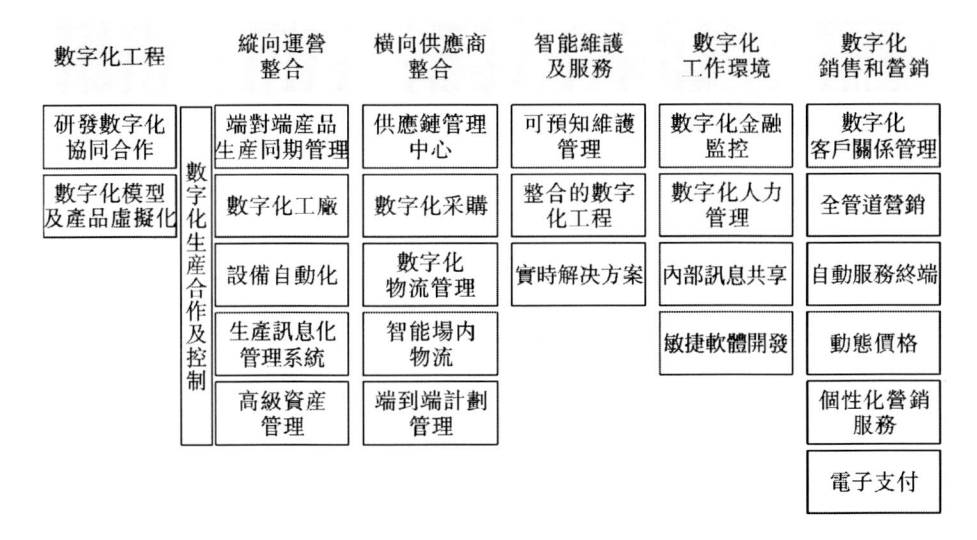

數字化工程	縱向運營整合		橫向供應商整合	智能維護及服務	數字化工作環境	數字化銷售和營銷
研發數字化協同合作	端對端產品生產同期管理	數字化生產合作及控制	供應鏈管理中心	可預知維護管理	數字化金融監控	數字化客戶關係管理
數字化模型及產品虛擬化	數字化工廠		數字化采購	整合的數字化工程	數字化人力管理	全管道營銷
	設備自動化		數字化物流管理	實時解決方案	內部訊息共享	自動服務終端
	生產訊息化管理系統		智能場內物流		敏捷軟體開發	動態價格
	高級資產管理		端到端計劃管理			個性化營銷服務
						電子支付

圖 11-1　工業 4.0 的應用範圍

如圖 11-1 所示，工業 4.0 應用不僅可以覆蓋從研發到售後的各個業務環節，也可以拓展到橫向的供應商管理領域。

研發工程端的工業 4.0 應用包括數字化協同合作、數字化模型和產品虛擬化，通過運用信息化技術，可以大大縮短研發週期，減少研發風險，提高創新效率。供應鏈管理主要從縱向（產品生命週期管理）和橫向（供應商整合管理）這兩個角度考慮工業 4.0 的應用，其應用層面非常廣泛，包括現在國內較熟悉的智能工廠、智能供應鏈、生產信息化管理系統等，可以幫助企業提升整個供應鏈的效率，能降低成本，並規範化地管理上游端供應商的質量。再往後端推移，工業 4.0 技術也可被廣泛地應用於設備智能維護及即時服務，能打造數字化工作環境，運用數字化技術手段提高行銷效率，提供更優質的銷售及售後服務等。

工業 4.0 的應用將對企業的生產經營方式和管理模式產生深刻的影響。

首先，「工業 4.0」概念包含了由集中式控制向分散式增強型控制的基本模式的轉變。其目標是建立一個高度靈活的個性化和數字化的產品與服務的生產模式。在這種管

理模式中，傳統的行業界限將消失，並會產生各種新的活動領域和合作形式。創造新價值的過程正在發生改變，產業鏈分工將被重組。

其次，在工業 4.0 時代，製造業的商業模式以解決顧客問題為主。所以說，工業 4.0 時代的製造企業將不僅僅進行硬件的銷售，而是通過提供售後服務和其他後續服務，來獲取更多的附加價值，這就是軟性製造。而帶有「信息」功能的系統成為硬件產品的新的核心，意味著個性化需求、批量定制製造將成為潮流。製造業的企業家們要在製造過程中盡可能地增加產品附加價值，要拓展更多、更豐富的服務，提出更好、更完善的解決方案，滿足消費者的個性化需求，走軟性製造加個性化的定制道路。

最後，工業 4.0 的應用要求要重新構建企業的生產信息化管理系統，形成新的製造企業生產過程執行系統（Manufacturing Execution System，稱為 MES 系統），它是一個標準化流程的整合方案系統；還要形成新的數據信息管理系統，實現製造過程的數據透明化，並且由一個中央管理部門統一管理；實現數據的精確性和完整性，採用自動化數據收集，保證數據的精確性和完整性；強化供應商管理，提升上游供應端信息化、自動化水準，進而良性地帶動工業 4.0 的發展；提高管理技術人員素質，推動自動化 IT 管理人員技術水準的提升，並強化他們的專業培訓。

第四節　「互聯網+」與跨界經營

今天，中國的企業已經深刻地認為到，互聯網不僅是企業可利用的「資源」，更為重要的是，它已成為企業「能力」的衍生，並催生出了「互聯網+」理念。應當指出的是，「互聯網+」本質上要求企業以互聯網的思維、理念及價值創造邏輯主導，要求傳統產業中的企業依據互聯網經濟的具體特徵，對原有的資源基礎和企業能力及它們的利用方式進行再思考，從而培育企業的創新能力，並提升其已有能力，創造出新技術、新產品和新商業模式。

從中國企業的實踐來看，「互聯網+」對企業能力的提升至少應包含四個方面：①基於雲計算、社會計算、大數據分析等新一代 IT 技術而產生的信息取得和整合能力[1]。②互聯網「脫媒」作用致使企業與消費者直接互動而產生的市場感知能力。③企業信息透明化、企業間聯繫數字化而產生的社會網絡的關係能力。④通過對移動互聯網超大體量數據的即時處理與運用而產生的超前預測能力[2]，即「大數據+大計算=大商機」（Big Data+Big Analytics=Big Opportunities）。

---

[1] Paul A Zandbergen. Accuracy of iPhone locations: a comparison of assisted GPS, WiFi and cellular positioning [J]. Transactions in GIS, 2009, 13 (SI): 5-26.

[2] Andrew McAfee, Erik Brynjolfsson. Big data: the management revolution [J]. Harvard Business Review, 2012, 91 (10): 60-69.

互聯網之所以能夠成為企業的能力的衍生，其根源在於：①移動互聯網實現了社會生活的「泛互聯網化」；②新一代IT技術出現，極大地提高了信息的可分離性。信息的可分離性（Information Separability）是「互聯網+」得以實現的前提，這與新材料、精密製造等高新技術對傳統產業的滲透並不相同。

應當看到，信息的可分離性是信息能夠作為數據資源而被其他領域自由應用的基本前提，也是「互聯網+」實現的根基。因此，通常的高新技術與傳統產業的融合只要求技術在狹小領域有所突破即可實現，而「互聯網+」的實現則要求互聯網實現對社會經濟生活的全面覆蓋。中國PC及其基礎設施普及量有限，以智能手機為終端的移動互聯網的快速發展使信息可分離性大幅度提高，成為中國「互聯網+」行動計劃得以實施的基礎條件。比如，人們通過手機在各類網站或APP軟件上留下了關於自身行為的大量信息，由於覆蓋面巨大，使抽樣誤差趨於無窮小，借助大數據技術對這些信息進行分類、聚合以及挖掘出的普遍規律精確性提高，從而準確預測信息產生者的行動規律。至此，信息得以向數據資源過渡並包含著極高的商業價值，這些數據通過與傳統產業的相關價值創造環節融合，以移動互聯網所產生的數據為內核的價值創造方式得以形成。

需要指出的是，為了使互聯網為實體經濟中的企業帶來新技能並提升其已有能力，在「互聯網+」的實踐中，要求實體經濟中的企業與互聯網企業及IT企業建立緊密的聯盟關係，來進行IT技術滲透，並改變傳統產業的價值創造方式（傳統的「+互聯網」模式實際上只要求實體企業與IT企業組成鬆散的交易關係，甚至完全採用外包的形式），因而「互聯網+」是一種「跨界經營」現象。

一般來說，所謂的「跨界經營」（Crossover）指的是兩個不同領域的經營協同，因而有時又將跨界經營稱為「跨界協同」（Crossover Collaboration）。在更多的時候，代表一種新銳的生活態度和審美方式。嚴格地說，「跨界經營」是跨越兩個不同領域、不同行業、不同文化、不同意識形態等範疇而產生的一個新行業、新領域、新商業模式、新風格等的一種企業戰略行為（Strategic Behavior）。跨界經營對於一個品牌最大的益處是讓原本毫不相干，甚至矛盾、對立的元素，相互滲透，相互融會，從而產生新的亮點。其實，就是有更多的機會讓消費者掏出錢包。

當年「索尼」（Sony）還沉浸在數碼成像技術領先的喜悅中時，突然發現，原來全世界數碼相機賣得最好的不是它，而是做手機的「諾基亞」（Nokia Corporation），「諾基亞」成為了成功的跨界者。中國移動、中國電信和聯通在移動通信市場上打鬥多年，有一天驀然回首，才發現動了它們「奶酪」的竟然是騰訊的微信，騰訊的微信成了移動通信的跨界者。從產業層次看「跨界經營」，是虛擬經濟與實體經濟的融合。平臺型生態系統的商業模式的發展，使得更多的產業邊界變得模糊，產業無邊界的情況比比皆是。從廠商組織層面看「跨界經營」，隨著專業分工的日益精細，虛擬化組織大量出現，廠商組織跨越邊界成為了可能。從知識結構層面上看「跨界經營」，互聯網使信息不對稱情況大為好轉，使能夠跨越傳統產業的跨界人才和產品經理的出現成為了可能。

要從跨界經營中得到更多的利益，就要提高產品的生存能力。但是更重要的是要把原本的競爭對手轉化為合作夥伴，用幾乎零成本享受競爭對手或者其他品牌的知名度和市場。對於一個品牌來說，知名度和忠實用戶數量是生存的基礎，而這兩個屬性都是經過時間的沉澱以及曾經的巨額投入、賭博性質的抉擇換取的，無法通過簡單的金錢堆砌而達成。

　　應當看到，「互聯網+」模式實質是實體產業價值鏈環節解構並與互聯網價值鏈「跨鏈」重組的共生現象，是兩條原本獨立的價值鏈條的若干個價值創造環節進行融合，從而創造出新產品、新技術或新的商業模式，強調企業借助互聯網價值鏈中的價值創造要素，重新排列和整合自身價值的創造過程，並由整合所帶來的新技術、新產品和新商業模式在原產業中創造出全新的價值創造方式，對原有產業及市場基礎進行熊彼得所說的「創造性破壞（Creative Destruction）」而增強企業競爭力。

　　就目前的實踐來看，「互聯網+」跨界經營主要可分為以下三種類型：

　　（1）互聯網產業與傳統製造業跨界融合。指互聯網企業跨界複雜產品製造領域，如今天的智能手機、未來的智能汽車及智能化的裝備製造業。這類跨界通過賦予原有產品新的附加功能和使用價值，形成融合型的價值創造體系。

　　（2）互聯網產業與傳統服務業跨界融合。如互聯網金融、在線旅遊、在線教育等，互聯網成為提升和引領傳統服務業的新動力，並能促進傳統服務業的高附加值化。從長遠來看，這種跨界將使現代服務業延伸滲透，形成製造業的服務化。

　　（3）互聯網產業與現代商業體系跨界融合。典型的例子有團購軟件、電商零售業、O2O模式。由於商業體系本身具有分散化、模塊化、交易結構清晰的特徵，因此這是經營難度最小的一種跨界現象。此種類型的跨界難以創造出新的技術和產品，但極易創造出全新的商業模式而提升商業效率。但值得注意的是，互聯網具有去中心化的功能，未來的商業體系可能存在逆向整合的趨勢，向製造零售業轉型。

　　必須指出，當前的「互聯網+」的實踐表明了這種跨界經營方式能夠對傳統產業進行「創造性破壞」。創造性破壞理論隸屬於內生經濟增長理論，是奧地利經濟學派的基礎理論，其核心思想是創新及企業家精神是經濟增長的根本原因。「互聯網+」跨界經營依託實體經濟和互聯網虛擬兩條價值鏈中關鍵環節的整合形成新的價值創造方式，通過在原產業中引入新技術、新產品和新商業模式，而使得先前的產品市場需求減少，造成原有價值創造方式的退化和破壞。從內部使經濟結構革命化而創造新結構，從而實現對原有產業基礎的「創造性破壞」。事實上，「互聯網+」跨界經營可能導致現有市場基礎和產業基礎兩方面的躍遷，甚至導致產業中出現不連續創新（Discontinuous Innovation）現象。具體如下：

　　（1）就市場基礎而言，「互聯網+」使企業利用互聯網技術和流量優勢，並把互聯網技術直接面向終端消費者，以完全不同的方式解決傳統產業中的顧客關係管理問題，通過完全不同於以往的服務模式，為以往市場中的用戶創造新價值，從而使市場需求發

生躍遷。

就市場基礎的改變來說，具體表現在：

①「互聯網+」提升了顧客的體驗，消費者不再是企業所創造價值的「被動接受者」。在傳統工業經濟時代，廠商組織被認為是顧客價值的主要創造者，通過一連串價值活動組合，單方面創造產品與服務的價值給顧客，顧客是企業所創造價值的「接受者」。但互聯網使得傳統價值創造方式發生了重大改變，互聯網的「脫媒」作用是對「渠道為王」的反擊，使企業一下跳過了所有的中間環節，廠商和消費者雙方可以直接進行互動，如O2O模式使消費者能夠跳過渠道商，就自身偏好、產品功能等情況與製造企業互動，其本質上屬於「顧客參與」下的行銷方式，顧客成為價值創造的一環。

②「互聯網+」跨界經營使企業能以更為精準的價值主張滿足顧客的個性化需求。「互聯網+」跨界經營能夠使傳統分銷渠道趨於瓦解，將原本規模化、集中化的中間環節服務，被直接到達的、交互性的互聯網互動所替代，使企業更為積極地發現和尋找顧客的潛在需求。按照長尾理論，互聯網的「脫媒」作用將改變傳工業經濟時代企業僅關注「大而化一」的主流市場，而不能顧及甚至難以發現數量眾多的狹窄市場的局面。「脫媒」作用能製造「點對點」的顧客互動，使企業能夠對顧客需求進行精細劃分，並識別「長尾」需求，即互聯網使企業能夠憑藉網友在網絡中的足跡、點擊、瀏覽、留言等行為即時獲得消費者的需求信息。採用「互聯網+」跨界經營的企業憑藉這些信息能夠及時瞭解消費者需求、偏好、消費模式的細微變化；當消費者的價值導向、生活方式、產品偏好、消費模式等都借助互聯網數據化並且具備相當大的規模後，企業以這些更為精致的標準來細分消費者就具有了現實可行性，而不再拘泥於傳統工業經濟時代以人口統計特徵（如年齡、收入、地理區位）為依據的粗線條的市場細分方法。進而，借助於大數據技術，「長尾」需求能夠被企業清晰地定義和識別，企業可操作的細分市場變得更為狹窄和聚焦，甚至每位顧客都可能成為一個細分市場。

（2）就產業基礎而言，「互聯網+」使企業利用互聯網的信息傳遞優勢，並把大數據等技術應用於企業的生產過程及企業間的互動中，企業間的數字化、信息透明化，能改變供應商的關係模式和交易結構，從而使價值生產方式發生躍遷。

就產業基礎的改變來說，具體體現為：

①「互聯網+」跨界經營能夠以數據資源創造價值，並能對他人數據資源進行再利用而獲利。在互聯網產業鏈之外，一些傳統企業在經營過程中能天然地產生並擁有龐大的數據資源，這些數據資源在滿足企業本身的需求之外，成為一種「冗餘」，傳統的電信營運商、銀行的顧客信息、飛機及精密儀器製造業都是典型案例。這種傳統產業中天然擁有「大數據」的行業，借助互聯網將自身所擁有數據與特定合作夥伴共享，通過「冗餘資源」（Slack Resources）利用而創新。這顛覆了企業的價值創造邏輯，甚至使企業的業務性質發生根本性變化。

②「互聯網+」使企業在互聯網上構建技術平臺和數據平臺，從而支撐自身主要產

品功能的完善與進化，借助互聯網形成以自身產品為核心的生態系統。例如，「蘋果」公司不僅專注於iPhone硬件技術和IOS系統的研發，並在產業內的跨界應用軟件行業建立「App Store」，鼓勵大量第三方企業服務於蘋果公司，構建了支持iPhone功能改進的生態系統。App Store模式創造出全新的價值創造方式，並引起各大操作系統提供商和手機製造商紛紛效仿[1]。

③「互聯網+」推動了企業的流程再造。企業憑藉互聯網發明解決問題的新方法，提高某一業務流程的效率和效果。例如，在民用航空領域，PASSUR AEROSPACE公司基於互聯網和大數據技術所發明的名為RightETA的航班到達時間估計服務，徹底改變了企業的業務流程，每年可為機場創造幾百萬美元的價值。

④「互聯網+」能夠改變企業間的競爭關係。例如，谷歌（Google）與奧迪（Audi）、本田（Honda）、通用（GM）、現代（Hyundai）等多家汽車製造商及芯片製造商英偉達（Nvidia）組織成立「開放汽車聯盟」（Open Automotive Alliance），憑藉Android而具備「互聯網+」特性，為傳統製造業尋找新的價值增長並使原本競爭的汽車品牌相互合作。

⑤以互聯網技術作為基礎，改變產業鏈條結構，重塑競爭優勢。這是一種程度最深的「互聯網+」跨界模式，新創造出的業務流程將取代傳統的業務流程，使傳統企業的業務經營模式的主要環節和交易流程被數據交換所取代。例如，滴滴打車通過一個簡單的App，將乘客和出租車司機直接對接，短短幾個月時間，便捕獲上億用戶的心，讓原先具有中心化傳播特徵的「電話招車平臺」消亡。「大規模定制」生產方式的真正實現就是依託於強大的IT基礎設施，通過關鍵環節的「數據化」實現流程再造，徹底顛覆大規模勞動分工下的批量生產方式。

應當看到，「互聯網+」真正的含義在於互聯網將成為新經濟中的基礎建設，企業要思考的，不是把互聯網當工具，而是設法使自己成為互聯網的工具。如果「互聯網+」是新經濟的基礎建設，它所代表的，將是任何一家小微企業都能夠輕易加入的一個最大的市場或結合成的一個最大的產品。

如果小微企業那麼容易接觸到全球市場，並與大產品做整合，就回應了「大眾創業、萬眾創新」的現象。當越來越多的服務在「互聯網+」的環境中出現，企業的經營策略也有所改變，重點可能不再只是質量、服務與體驗，而是如何有效地佔有使用者碎片化的時間。

---

[1] Paul A Zandbergen. Accuracy of iPhone locations：a comparison of assisted GPS，WiFi and cellular positioning［J］. Transactions in GIS，2009，13（SI）：5-26.

第五節　開放式創新

進入 21 世紀以來，開放式創新已經成為管理學理論應用的一個熱點課題。許多企業將開放式創新的概念運用於企業經營與組織管理實務中，形成了開放式創新的企業經營新模式，已經成為了企業經營實踐中非常值得關注的問題。

嚴格地說，開放式創新（Open Innovation）的概念是由美國加州大學柏克利分校哈斯商學院（Hass School of Business）教授、開放式創新研究中心（Center of Open Innovation）的創辦執行長亨利·切斯布魯（Chesbrough, 2003）[1] 首先提出來的。所謂的開放式創新，顧名思義就是突破企業以往封閉的疆界，從企業外部引進更多、更豐富的創新元素與能量。在企業發展史中，管理研究者和管理實踐者總是力圖將企業的創新與組織內部的研發能力和創新能力緊密地結合起來，並將其視為創新的關鍵環節。傳統的方式是探索性新產品和新技術均來自於組織內部的研發部門，並通過企業自己的工藝、工程部門進一步完善成為創新性產品，最後依靠企業自己的市場行銷部門和自己的銷售渠道將這些創新性產品的市場推向市場。不可否認，與其他企業合作開發新產品也是形成企業競爭優勢的一種重要的方法，但企業卻很少與其他企業共享創新成果（Bröring & Herzog, 2008）[2]。這種強烈的自我依靠的創新模式被亨利·切斯布魯（Chesbrough, 2003）[3] 稱為「封閉式創新」（Closed Innovation）。

亨利·切斯布魯認為，開放式創新模式意味著有價值的創意可以在公司內部和外部同時獲得，其商業化路徑可以在公司內部進行，也可以從公司外部進行。切斯布魯強調，開放式創新既是一種從創新中獲利的實踐，又是一種創造、解釋以及研究這些實踐的認知模型。開放式創新把企業內部、外部創意統一到一個組織結構與系統中，其具體的創新方式則由企業商業模式來決定。然後企業商業模式利用這些內部和外部創意創造價值，同時建立相應的內部機制分享所創造價值的一部分。開放式創新模式意味著把公司外部創意、外部市場化渠道的作用上升到與公司內部創意、內部市場化渠道同樣重要的地位。研究者們強調，在當今全球經濟一體化和知識經濟的背景下，工業經濟時代的熊彼特式的封閉式創新已經被由多個跨越組織疆界的合作者共同推出創意，反覆實驗，成功地實現以商業化的運作模式取代以往的模式（Laursen & Salter, 2006）[4]。有學者指

---

[1] Henry Chesbrough. Open innovation: the new imperative for creating and profiting from technology [M]. Boston: Harvard Business School Press, 2003.

[2] Stefanie Bröring, Philipp Herzog. Organising new business development: open innovation at Degussa [J]. European Journal of Innovation Management, 2008, 11 (3): 330-348.

[3] Henry Chesbrough. Open innovation: the new imperative for creating and profiting from technology [M]. Boston: Harvard Business School Press, 2003.

[4] Keld Laursen, Ammon J Salter. Open for innovation: the role of openness in explaining innovation performance among UK manufacturing firms [J]. Strategic Management Journal, 2006, 27 (2): 131-150.

出，在當今國際經濟一體化與知識經濟時代的背景下，如果不採用開放式創新模式來思考企業的技術創新，將是不可想像的（Bröring & Herzog, 2008）①。

切斯布魯通過調查研究後發現，很多世界級大公司，例如寶潔（Procter & Gamble）、電子游戲業巨頭日本任天堂株式會社（Nintendo）、通用汽車公司（GM）等，都已經開始將若干比例的產品創新工作，通過開放式的創新平臺，徵求外界的創意與創新的研發提案，而且也都獲得不錯的成效。實踐表明，這些新來者自己幾乎不具有基礎研究能力，卻具有很強的創新能力。他們善於利用不同的方式獲得進入市場的新創意，在其他公司研究的基礎上進行創新；企業創新過程的核心是企業研究具有商業潛力的新創意，而開放式創新的核心則是企業在創新過程中怎樣利用外部知識和創意，開放式創新體現了企業尋求的外部創新資源的種類與數量；開放式創新是以創新為目的的知識匯聚，其中貢獻者能夠獲取彼此的知識並且共享創新成果。在科學技術高速發展的今天，開放式創新不再是競爭優勢的來源之一，而已經成為競爭的必然。

企業發展史證明：擁有探索性創新訣竅的大公司實屬鳳毛麟角，能夠不斷推出全新產品，並創建大規模市場的大公司極少，像記事貼（Post-it Note）的發明者3M公司僅僅只是碩果僅存的大企業之一。事實上，多數擁有創新聲譽的企業巨擘，它們最好的點子是借鑑而來的，或者說是通過開放式創新而來的。與流行的說法相反，亞馬遜（Amazon）並未發明網上書店，寶潔（Procter & Gamble）的幫寶適（Pampers）不是第一種一次性尿布，而通用電氣（General Electric）也沒有發明斷層掃瞄儀（CT scanner），但卻創建了斷層掃瞄儀市場。因此，人們應當對「探索性創新」和「改良性創新」、產品創新和商業模式創新加以區分：探索性創新對消費者和生產者都會產生破壞性衝擊，而改的良性創新是對現有設計的改進。大公司往往非常擅長後者；在商業模式創新上，大公司似乎更擅長。但就推出突破性創新產品而言，大多數成熟公司無所作為。他們分析出現這種情況的原因是，多數最具探索性的新產品，來自眾多科技人員的獨闢蹊徑、狂熱與瘋狂的努力，而這些科技人員在數以百計的大學、研究所和初創企業中工作。成熟企業的科層制度不可能以這種力度匯聚或再度匯聚創意。

大量的研究表明，開放式創新並不意味著大公司總是注定要被破壞性創新者拉下馬。大企業不用自己進行突破性創新，而是應該讓初創企業、大學和風險資本家來做這件事。只有當市場開始向「主導性設計」（Dominant Design）靠攏時，大公司才應當介入。正是在這一階段，它們的市場滲透能力和資金實力等優勢可以使它們能比任何初創企業都更快地創造大眾市場，訣竅在於知道如何進行開放式創新和何時介入。例如，微軟（Microsoft）是公認的IT市場領頭羊，但它並沒有發明電腦操作系統、重疊的視窗界面、電子表格、文字處理軟件，也沒有發明網絡瀏覽器。然而，微軟依靠了開放式創新，最終主導了所有這些市場。微軟是卓越的「快速跟進者」或「快速模仿者」（Fast

---

① Stefanie Bröring, Philipp Herzog. Organising new business development: open innovation at Degussa [J]. European Journal of Innovation Management, 2008, 11 (3): 330-348.

Follower），現在正嘗試瞄準谷歌（Google）的搜索引擎、奔邁公司（Palm）的掌上電腦軟件和索尼（Sony）的 Play Station 游戲機，進行全面的開放式創新。按創新界的行話來說，快速跟進者是指擁有更好的資金條件、更敏銳的管理意識，在市場中能比原創者更快、更有效地開發利用某項技術的公司。

應當指出的是，企業組織創新成功的關鍵在於成員發揮創意與創造力，以及組織內（或組織間）網絡結構的互動。企業應當有意識地關注以下幾個方面：

（1）提高善用外部資源的動機和外部知識的獲取。

面對日益複雜競爭環境的變化，企業必須善用外部資源，以促進組織創新。但有時企業也會因為排外情結（Not Invented Here），認為不是公司發明的就不是創新，而不去善用外部環境的資源。因此，企業進行開放式創新，必須去探討該如何避免企業排外的情結，以及如何提高內部成員願意善用外部資源的動機。

（2）從消費者身上找尋創意與創新。

企業可以通過經濟誘因，鼓勵產品使用者或消費者提供創意點子，這與企業從其他企業搜尋創意點子的概念類似。在知識經濟時代，出其不意的「創新者」越來越多，企業的用戶成為了組織創新的源泉。但是，由於企業可以搜尋的產品使用者數量遠高於可以搜尋企業的數量，因此，企業應激發產品使用者的創意，並找出那些可以提供有價值創意的人。

產品使用者會因為個人使用上的方便而產生一些小創新，這屬於漸進式創新。企業應當研究如何通過授權或是直接提供給企業，研究免費與授權這兩種現象的差異，或使用者需求與外部創新兩者之間的關係，以及外部創新要如何為企業提供價值。

實踐表明，過去的創意共享通常發生在信息量很大的產品或事物上（如互聯網或開放式軟件），如果要將這些創意共享的機制擴展到其他類型的產品或服務上，研究者則應有效建立確認、協調與分配等機制。例如，是否有一套共通的工具可以讓使用者運用，或者使用者必須要依附在特定企業、學校或其他單位之下，才得以進行使用者創新或創意共享的活動。

（3）重點關注產業研發與開放式創新之間的關係。

不同產業間，其本質與創新的價值都存有差異，因而不同產業研發的能力與密度有所不同。例如，生物科技與醫藥產業對大學基礎研究及專利的仰賴程度遠高於消費電子產業。從開放式創新的觀點看來，外部創新資源在產業內應用的價值是否較高，或者由於特定產業缺乏研發能力，外部的創新與研發資源是否反而會被低研發密度的產業使用，這類問題還需要實證研究來證明。

企業應當研究產業的其他特質是否會對推行開放式創新產生影響，如技術生命週期、技術變化與成長的速率、產業脈動（Clockspeed）等。企業技術在發展初期，如果能善用外部技術，則有助於應付技術快速變遷的挑戰。但這種論述是否也能類推至其他快速變化的產業，或者只跟大學的基礎研究有關，研究者還需要對這類課題進行深入

探討。

(4) 關注產業進入障礙與開放式創新之間的關係。

產業進入障礙（Entry Barriers）是假定企業必須有效支配擁有的資源以進入特定產業。而開放式創新可以提高產業進入的數量，並消除進入障礙。研究表明，技術或產品已經成熟並具有特定的商業模式，可以大大提高了企業進入的可能性。但這個可能性必須建立在對如何進行創造、促進商業模式創新成功的理解上。

一般來說，開放式創新提供企業進行跨界經營與創建新商業模式的機會，但仍會因為產業別的不同而存在差異。如美國網絡零售業者亞馬遜（Amazon）和美國網上證券交易商 E＊Trade 並未直接投資於流通渠道，但卻能進入零售與理財服務產業，並在這些產業領域創新成功。Intel 公司儘管只是研發和生產 CPU，但還是能夠塑造並引導整個計算機產業的發展與競爭。

(5) 重點關注供應鏈競爭優勢與開放式創新之間的關係。

企業應該把與自身行業相鄰的領域當作開放式創新突破的沃土。在知識經濟時代，組織的概念已經擴大到包含組織外部的商業夥伴，即供貨商、客戶。資源的流動已經從資本轉移到人才、知識和信息上來了，知識、技術和信息擴散速度的加快，工作緊張程度的加劇、協作關係的日益密切使組織的經營活動突破了傳統組織的活動界限，組織內部活動的過程往往是世界性的；組織與環境的界限越來越模糊，組織的核心生產活動具有虛擬性的特點。顯然，為了有效地應對外部環境的變化，企業組織原有的邊界必須相應地做出調整與突破。

企業獲得競爭優勢的決定要素是整個供應鏈的競爭優勢，而不是單個企業的競爭優勢。因此，開放式創新可以強化供應鏈的價值增值，提高供應鏈的競爭優勢。由於產品生命週期日益縮短，成本壓力不斷升級，質量標準不斷提高、全球化趨勢日益擴大、技術進步、產業和技術不斷融合，使得管理者需要不斷地尋找新的提升競爭力的方法。開放式創新可以縮減企業規模，減少管理分層與分級，使企業能更加關注其具有競爭優勢的核心業務。許多企業強調應從產品活動的複雜性、供應市場的競爭性及企業資產的專用性三個角度來區分企業核心能力，或者分別從流程或部門的所有權特性、與競爭對手相比的獨特性、該流程或部門的企業能力和交易成本之間的關係這三個角度出發制定相應的開放式創新策略。

(6) 關注服務外包的技術戰略選擇與開放式創新之間的關係。

過去很多企業都是從技術許可、技術引進、合作研發的角度來思考開放式創新的，這些企業注重企業對外部技術的購買和使用，卻沒有注意到外部世界存在著很多的知識、技術溢出，這些技術思想和知識對企業來說是免費的，但對企業創新卻具有非常重要的作用。

實踐表明，服務外包的技術戰略選擇實質上會受到開放式創新與外部知識獲取的影響。開放式創新是一種完全不同於封閉式創新的方式，它更依賴於外部知識來源，來獲

取公司進行技術創新所需要的知識和技術。

第六節　平臺型企業

在移動互聯網時代，平臺或「互聯網平臺」已經成為經濟生活中最為重要的概念。可以這樣說，平臺與互聯網的結合，為今天的經濟社會建立起一種新的秩序，產生了革命性的衝擊，它不僅影響到線上的電子信息技術，也給線下的各種傳統業務等帶來了震撼性的衝擊。我們認為，平臺經營模式對傳統的產業組織形式和商業模式的衝擊和影響無疑是巨大的，是商業模式和產業組織形式的一次偉大創新。應當看到，平臺並不是一個簡單的概念，它可以被看作是產品、服務、企業或商務（Business）、戰略或組織。[①]

一個企業專注於經營一個營運性平臺，搭建出一個從事某項工作、娛樂、社交、支付或交易所需要的業務營運平臺，這樣的營運性平臺往往被稱為平臺型企業或平臺組織。事實上，最早提出平臺型企業概念的是義大利博洛尼亞大學的管理學教授西波拉，他在美國《組織科學》雜誌上發表了一篇論文《平臺組織：重組策略、結構與驚喜》，以義大利從事固定及移動電話通信服務和互聯網服務業務的 Olivetti 公司為例，正式提出「平臺組織」（Platform Organization）的概念，將其定義為「能在新興的商業機會和挑戰中構建靈活的資源、慣例和結構組合的一種組織結構」[②]。

高爾（Gawer，2009）[③] 從平臺生態系統（Platform Ecosystem）出發，將平臺定義為一系列以商業生態系統為基礎的模塊化企業組成的，可以提供互補性的產品、技術或者服務。平臺組織是一個或多個企業或組織基於經濟上的供求關係，以價值創造為目標所形成的一種不斷進化、不斷變異的組織。高爾（Gawer，2014）[④] 認為，平臺參與者包括平臺領導者（Platform Leadership）、互補品提供商（complementors）、客戶（End-users）等，它們是與平臺組織產生直接互動關係的行為主體。他將平臺組織分為企業內部平臺、供應鏈平臺和產業平臺三種類型。

艾森曼尼等人（Eisenmann et al.，2006）[⑤] 把平臺看成一個具體的架構，是一個融合產品與服務的方便廣大用戶交流的基礎架構的設計。其核心部分是由構成產品架構的

[①] Muffatto M. Introducing a platform strategy in product development [J]. International Journal of Production Economics, 1999, 60 (5): 145-153.

[②] Claudio U Ciborra. The platform organization: recombining strategies, structures, and surprises [J]. Organization Science, 1996, 7 (2): 103-118.

[③] Gawer A. Platform, markets and innovation [M]. Cheltenham: Edward Elgar, 2009.

[④] Gawer A. Bridging deffering perspectives on technological platforms: toward an integrative framework [J]. Research Policy, 2014, 43 (7): 1239-1249.

[⑤] Thomas R Eisenmann, Geoffrey Parker, Marshall W. Van Alstyne. Strategies for two-sided markets [J]. Harvard Business Review, 2006, 85 (10): 92-101.

元件與接口所組成的體系（Mukhopadhyay et al.，2015）[1]。而平臺型企業或平臺組織是以交叉網絡效應為特徵的，用一定價格策略向產品或服務的買賣雙方提供服務，促成雙邊或多邊交易並從中獲取收益或報酬的第三方經濟主體。

我們認為，平臺型企業或平臺組織是指具有高度組織結構柔性和戰略彈性的、能夠通過促成雙邊或多邊進行交易，並從中獲取收益的第三方接入系統（The Thrid Internface System）或經濟主體（Economic Entity）（Eisenmann et al.，2006）[2]，這個第三方接入系統或經濟主體鏈接核心價值的創造者和用戶兩端，它自身並不直接參與核心價值的創造，但它為用戶進行核心價值創造提供了一個必不可少的可觸摸、可感知現實世界和物理空間的虛擬空間。

這個概念說明：

（1）平臺型企業或平臺組織是平臺生態系統（Platform Ecosystem）的一個組成部分，往往被稱為第三方（平臺方），平臺生態系統除平臺型企業這個參與者之外，還包括買方、賣方等。因此，人們往往把第三方接入系統或經濟主體看成是平臺領導者（Platform Leadership）或平臺組織本身，買方就是客戶（End-users）、用戶（Comsumer）和消費者（Customer），賣方就是各種微商（Small Business）、互補品提供商（Complementors）或模塊化企業（Module Business）。

（2）平臺為用戶進行核心價值創造提供了一個相對於可觸、可感的現實世界和物理空間的虛擬空間。這個空間有兩個基本特徵：一是浩瀚的信息流集合，構成了一個特定的界面；二是有無限多的 C 端（Customer）和 B 端（Business）參與到平臺的活動中，平臺的邊界無限廣闊。主要從事公司戰略、平臺、業務生態系統框架和流程設計的哈佛商學院威廉·懷特（William L White）工商管理講座教授卡麗斯·鮑德溫教授（Carliss Baldwin）曾經給平臺一個最簡單、直接的比喻，即「平臺就像一張桌子，上面可以拼裝各種東西」。

（3）從實質上看，平臺型企業仍然具有平臺型產品的特點，即它不直接參與核心價值的創造，但為用戶進行核心價值創造提供了一個必不可少的平臺，鏈接核心價值的創造者和用戶兩端。而傳統的渠道型企業（Pipelines）則是要參與最終用戶核心價值的創造（Alstyne，et al.，2016）[3]。

（4）平臺型企業具有需求端範圍經濟的特徵。需求端範圍經濟與網絡效應（Network Effects）直接相關，即隨著新用戶不斷地加入並使用平臺時，現有用戶的價值

---

[1] Mukhopadhyay S, Reuver M D, Bouwman H. Effectiveness of control mechanismin mobile platform ecosystem [J]. Telematics & Informatics, 2015, 33 (3): 848-859.

[2] Thomas R Eisenmann, Geoffrey Parker, Marshall W. Van Alstyne. Strategies for two-sided markets [J]. Harvard Business Review, 2006, 85 (10): 92-101.

[3] Marshall W Van Alstyne, Geoffrey G Parker, Sangeet Paul Choudary. Pipelines, Platforms, and the New Rules of Strategy [J]. Harvard Business Review, 2016, 94 (4):

將提高（Eisenmann，et al.，2006[①]）。同時需求端範圍經濟將影響消費者使用平臺的意願、平臺的使用率和平臺價值（Shapiro & Varian，1999）[②]。由於需求端範圍經濟的存在，網絡效應與來自於高固定成本率和低邊際成本的供給端範圍經濟有極大的不同。網絡效應也存在於雙邊市場中，市場中一方用戶數量的增加將影響到另一方用戶的購買決策，並顯著提升平臺對微商、互補品提供商或模塊化企業的吸引力，反過來，更多的獨特資源、互補品提供商的加入更能夠提升平臺對用戶的吸引力（Parker & Van Alstyne，2005）[③]。

（5）平臺型企業是一個快速配置資源和組合資源的、具有高度組織結構柔性的架構，它能夠為資源提供方和資源需求方提供互動機會，降低信息不對稱性和受眾搜索有用信息所需的成本，促進價值共創、價值共享、價值實現、價值獲取和價值分配。

（6）平臺型企業具有高度戰略彈性（Strategic Flexibility）。事實上，在不確定的環境下，資源獲取與資源組合的未來充滿許多不確定性。平臺型企業必須保持戰略彈性，在風險較低的情況下平行追求數種戰略方案，以經營一組「實質選擇權」（Real Option）的方式，直到不確定性已解決大半之後，才做出應對的戰略選擇與資源承諾，確認組織資源的投入（Raynor，2008）[④]。平臺型企業的一組戰略選擇行為，包括實施平臺開發行為的選擇、平臺的資源配置、資源組合與資源承諾行為的選擇、經營範圍與用戶的選擇、與互補廠商關係的選擇和平臺組織結構的選擇等。

實質選擇權可以分為遞增選擇權（Incremental Option）和彈性選擇權（Flexibility Option）兩種。遞增選擇權是指為廠商所提供的「獲得有利可圖的逐漸增加投資的機會」所進行的選擇。例如，面對不確定性的環境，廠商組織往往先進行小額試探性投資，當不確定性消除、前景較為明朗且市場呈現出增長潛力時，廠商組織可以利用先發優勢進行全面投資。例如，新創平臺型企業一旦確立了事業模式之後，往往要啟動 A 輪融資、B 輪融資、C 輪融資等；彈性選擇權是指為廠商多階段投資或有多個資源提供商之後，根據不同情景選擇不同戰略行為的靈活性選擇權。例如，阿里巴巴、京東等電商平臺對平臺規模或微商的選擇、蘋果對其應用程序商店（APP Store）提供的 APP 應用程序數量規模和性能與質量要求的選擇，等等。

庫蘇馬諾和高爾（Cusumano & Gawer，2001）[⑤] 認為，平臺型企業或「平臺領導」

[①] Thomas R Eisenmann, Geoffrey Parker, Marshall W Van Alstyne. Strategies for two-sided markets [J]. Harvard Business Review, 2006, 85 (10): 92-101.

[②] Carl Shapiro, Hal R Varian. Information rules: a strategic guide to the network economy [M]. Boston: Harvard Business School Press, 1999.

[③] Geoffrey Parker, Marshall W Van Alstyne. Two-sided network effects: a theory of information product design [J]. Management Science, 2005, 51 (10): 1494-1504.

[④] Michael E Raynor. The strategy paradox: why committing to success leads to failure [M]. New York: Currency, 2008.

[⑤] Michael A Cusumano, Annabelle Gawer. Platform leadership: how Intel, Microsoft, and Cisco drive industry innovation [M]. Boston: The Free Press, 2002.

(Platform Leadership)的戰略選擇包括：產業範圍、產品技術、與互補品提供商（Complementors）或模塊化企業（Module Business）相關係的組織和平臺型企業的內部組織。我們認為，前三種戰略選擇行為決定了平臺生態系統的結構與構成，後一種戰略選擇行為決定了平臺型企業的內部組織結構或營運結構。

綜上，平臺型企業的特徵可以概括為具有外部性（Externality）、戰略彈性（Strategic Flexibility）、多屬性（Multi-homing）、長尾（The Long Tail）、價格槓桿效應（Leverage Effect on Price-making）、協同創新效應（Collaborative Innovation Effect）等特徵（Cusumano & Gawer, 2001；Cusumano, 2011）[1]。

有的學者將平臺型企業稱為「平臺領導」（Platform Leadership），意指這種企業除了具備一般平臺的屬性之外，其特殊性在於其領導的地位及功能。平臺領導是在平臺生態群落中擁有領導能力的特定組織，其領導行為是驅動著該平臺生態群落的圍繞著特定平臺技術而展開的行業層次的創新驅動（Cusumano & Gawer, 2001）。平臺領導不僅組織多方交易主體參與交易，而且還提供一種充分開放的平臺技術，使外圍企業或個人能夠提供配套或輔助產品或服務（Cusumano, 2011）[2]。例如，現在的購物網站，如淘寶、京東這些網購平臺可以稱為「平臺領導型企業」，它存在的價值就是能夠為其他企業或其他人提供一個交易平臺。

馬歇爾・範・阿爾斯丁、杰弗里・帕克、桑杰特・保羅・喬達利等人（Alstyne, et al., 2016）[3]指出，在2007年時，全球移動手機市場是諾基亞、三星、摩托羅拉、索尼愛立信和LG等五家手機製造商的天下，占到整個市場90%的利潤總額，其中僅諾基亞一家就占到整個市場利潤總額的55%，而蘋果僅占不到1%的比重。那一年，蘋果的iPhone引起轟動並開始吞食市場份額。然而，2015年的蘋果iphone幾乎一統天下，贏得市場92%的利潤份額，而當年實力強悍的諾基亞等品牌已經全面敗北。而從前的在位企業中，除三星一家尚能盈利，其餘公司一無所獲。

導致蘋果快速成長的原因很多。根據馬歇爾・範・阿爾斯丁等人在《平臺戰略的新法則》一文中的總結，其中一個重要原因就是蘋果和對手谷歌的安卓系統創造出一種新的競爭法則，運用平臺的力量和平臺戰略的新規則，打敗了在位企業。當然，iPhone有創新的設計和新穎的性能。但在2007年，蘋果還很弱小，被各路高手圍堵，沒有任何威懾力。蘋果在桌面操作系統市場上只有不到4%的市場份額，在手機市場的份額僅占不到1%的比重。

平臺型企業在高價值的交易中連接了生產者和消費者，其最重要的資產，以及價值

---

[1] Michael A Cusumano. Technology strategy and management: platform wars come to social media [J]. Communications ACM, 2011, 54（4）：31-34.

[2] Michael A Cusumano. Technology strategy and management: platform wars come to social media [J]. Communications ACM, 2011, 54（4）：31-34.

[3] Marshall W Van Alstyne, Geoffrey G Parker, Sangeet Paul Choudary. Pipelines, Platforms, and the New Rules of Strategy [J]. Harvard Business Review, 2016.

和競爭優勢的來源，都是信息和互動（界面）。蘋果深諳這一點，它並不只將 iPhone 及其操作系統理解為一款產品或服務渠道，更是將兩者想像為雙方市場參與者（一邊是應用程序開放人員，另一邊是應用程序用戶）的方式，並為兩組參與者創造價值。隨著兩組參與者人數的上漲，平臺創造的價值節節攀升——這一現象被稱為「網絡效應」（Network Effect），對平臺戰略意義重大。截至 2015 年 1 月，蘋果的應用程序商店（APP Store）提供了 140 萬個應用程序，為開發人員帶來的收入累計 250 億美元。總之，蘋果是在 iPhone 系統上建立「平臺領導型企業」，由數百萬應用程序的開發商和用戶直接接觸，從而創造出巨大的商業價值。

蘋果在常規型公司中成功創建了一家平臺領導型企業，為其他行業的公司提供了重要經驗：無法創建平臺且不瞭解戰略新規則的公司，不具有長久的競爭力。

事實上，平臺已存在很多年了。商場就是一個平臺，它將消費者和商家連接起來；報紙也是一個平臺，它連接訂閱者和廣告商。21 世紀有所改變的是，信息技術（IT）大大減少對實體基礎設施和資產的需求。IT 在很大程度上降低了平臺建設和擴展的難度、成本，基本消除了參與者間的摩擦，使網絡效應得到強化；另一方面，IT 也提升了捕獲、分析及交換大量可增加平臺價值的數據的能力。平臺型企業的例子就在我們身邊，從 Uber 到阿里巴巴再到 Airbnb，增長迅猛。

從競爭格局改變的視角看，渠道型企業（Pipelines）通過控制一系列線性活動（經典的價值鏈模型）來創造價值。價值鏈一端的資源（比如供應商提供的材料和零件）經過一系列步驟，轉化為更有價值的成品。蘋果手機的業務實質上是一種渠道，但與蘋果應用程序商店（APP Store）結合，蘋果的營運平臺由此誕生，而商店連接了應用程序開發人員和 iPhone 用戶。

正如蘋果案例所示，公司不必只將自己定位為渠道或平臺——兩者完全可以結合。儘管很多純渠道公司現在仍極具競爭力，但一旦營運平臺進入同一市場，營運平臺基本上總會勝出。這就是為何沃爾瑪（Wal-mart）、耐克（Nike）、全球農業機械製造商約翰·迪爾（John Deere）和通用電氣（GE）等渠道型企業巨頭爭相將營運平臺融入公司模型中。

目前，平臺型企業的應用包括內外部兩種類型：一種是像阿里巴巴集團的淘寶平臺，上面嫁接了數百萬家外部企業與個人賣家以及數以億計的註冊買家；另一種是像韓都衣舍公司（HSTYLE）[①]的物流、客戶服務、IT、市場推廣等平臺，上面嫁接了 300 多

[①] 韓都衣舍（HSTYLE）品牌在 2008 年創立，目前有超過 200 萬的會員。2011 年 3 月，由淘寶網上的個人網店「韓都衣舍」（HSTYLE）轉變為企業，註冊成立山東韓都衣舍服飾有限公司，註冊資本 1,000 萬元。韓都衣舍（HSTYLE）公司充分利用互聯網優勢，獨創了 B2B2C 的互聯網渠道品牌模式，是山東省電子商務的代表企業。目前，韓都衣舍（HSTYLE）是淘寶網服飾類綜合實力排名第一的品牌，在京東商城、當當網、麥考林、凡客誠品等國內各大平臺都有銷售。通過內部孵化、合資合作及代營運等，韓都衣舍品牌集群達 50 個，包含女裝品牌 HSTYLE、男裝品牌 AMH、童裝品牌米妮·哈魯、媽媽裝品牌迪葵納、文藝女裝品牌素縵、美國戶外品牌 Discovery 等知名互聯網品牌，包括韓風系、歐美系、東方系等主流風格，覆蓋女裝、男裝、童裝、戶外等全品類。2016 年 7 月獲批新三板上市，成為互聯網服飾品牌第一股，股票代碼 838711。

個小微商，這些小微商大部分是內部成員所構成的，每年為韓都衣舍公司推出 3 萬多款服裝新品。

從渠道型企業轉向平臺型企業涉及以下三大重要轉變：

（1）從控制資源轉向精心管理資源。基於資源基礎觀（VRB）解釋競爭的觀點是，渠道型企業通過控制珍貴的稀缺資產（理想情況是獨一無二的資產）獲得優勢。渠道型企業的優勢包括採礦權、礦山和房地產這樣的有形資產，以及諸如知識產權的無形資產。對平臺型企業而言，難以複製的資產是社區及其成員擁有和貢獻的全社會的冗餘資源，比如 Airbnb 的房間、Uber 的汽車、想法或信息。換句話說，生產者和消費者的網絡是首要資產。

（2）從內部優化轉向外部互動。渠道型企業通過優化整條產品活動鏈——從材料採購到銷售和服務，管理內部勞動力和資源，從而創造價值。平臺型企業創造價值的方式是，促進外部生產者和消費者間的互動。正是出於這種外部傾向，平臺型企業往往能削減生產的可變成本。重點從規定過程轉向了說服參與者，而生態系統治理成為一項基本技能。

（3）從關注客戶的價值到關注生態系統的價值。渠道型企業設法將產品和服務的個體客戶的終身價值最大化，個體客戶實際上處在線性過程的最尾端。相比之下，平臺型企業設法在一個循環、迭代、由反饋驅動的過程中，將不斷擴展的生態系統的整體價值最大化，有時還需要補貼一類消費者來吸引另一類消費者。

這三大轉變表明，在平臺型企業的世界中，競爭更為複雜、激烈。邁克爾·波特描述的五大競爭力（以下簡稱五力）——新進入者的威脅、替代產品和服務的威脅、客戶和供應商的議價能力以及競爭者的實力，依舊有效。但在平臺型企業的世界中，這些競爭力表現不同，而新因素也開始起作用。要將各種因素處理好，高層管理者必須留意平臺上的互動、參與者的進入情況以及新的績效指標。

應當指出的是，平臺型企業所構建的平臺是一個開放平臺。正是基於互聯網的應用正變得越來越普及，有更多的平臺型企業將自身的資源開放給開發者來調用。對外提供的 API 調用使得平臺型企業之間的內容關聯性更強，同時這些開放的平臺也為用戶、開發者和中小網站帶來了更大的價值。

開放是目前的發展趨勢，現在越來越多的平臺型產品和平臺型企業走向開放。目前的平臺型企業不能靠限制用戶離開來留住用戶，開放的架構反而更增加了用戶的粘性。在 Web 2.0 的浪潮到來之前，開放的 API 甚至源代碼主要體現在桌面應用上，而現在越來越多的 Web 應用面向開發者開放 API。因此，具備分享、標準、去中心化、開放、模塊化的 Web 2.0 平臺型企業，在為使用者帶來價值的同時，更希望通過開放的 API 來讓平臺型企業提供的服務擁有更大的用戶群和服務訪問數量。

平臺型企業在推出基於開放 API 標準的產品和服務後，不用花費力氣做大量的市場推廣，只要提供的服務或應用出色、容易使用，其他平臺型企業就會主動將開放 API 提

供的服務整合到自己的應用之中。同時，這種整合 API 帶來的服務應用，也會激發更多富有創意的應用產生。為了對外提供統一的 API 接口，平臺型企業需要對開發者的開放資源調用 API 提供開放、統一的 API 接口環境，來幫助使用者訪問站點的功能和資源。

當然，開放 API 的平臺型企業為第三方的開發者提供良好的社區支持也是很有意義的，這有助於吸引更多的技術人員參與到開放的開發平臺中，並開發出更為有趣的第三方應用。例如，視頻雲技術提供商 CC 視頻開放 API 接口，用戶可以在自己的網站後臺輕鬆完成視頻的上傳、視頻播放的控制操作，並可批量獲取視頻及平臺信息。

第七節　商業模式創新

市場經濟的特點之一，便是競爭。市場競爭與企業商業模式之間存在著一種挑戰和回應的關係。

新經濟的出現和企業商業模式的創新大大地促進了人們對企業經營規律認識的深化，使企業商業模式的理論研究出現了方興未艾之勢。美國管理學家加里·哈默爾（Hamel，2003）認為，為了創造新市場和財富，管理者首先需要考慮整個商業概念的創新。商業概念或商業模式是一個框架，用於明確如何創立公司、銷售產品和獲取利潤。先行者們不是小幅度調整已有的商業模式，而是以非常規的方式創造出全新的模式。[①]哈佛大學管理學家瓊·馬格麗塔（Magretta，2002）認為，一個好的商業模式對任何一個成功的組織來說，仍然是不可或缺的，不管它是一家新企業還是一家老公司。[②]

事實上，任何一個組織，無論是否涉及商業領域，都存在著一個商業模式（Business Model）問題。商業模式這個詞最早是出現在 20 世紀 70 年代的計算機科學雜誌上，是被用來描寫資料與流程之間關聯與結構的。在電子商務興起後，大量的新公司採用不同以往的方式經營他們的業務，為了和「傳統經營」進行區別而廣泛地使用「商業模式」一詞。瓊·馬格麗塔（Magretta，2002）認為，「商業模式」這個術語最初來自電子表格軟件的廣泛應用，它使得計劃人員可以根據不同的假設方便地修改參數，從而得到不同的計劃方案。[③]

在近代商業史中，商業模式創新成為一些著名成功故事的關鍵，比如沃爾瑪（Walmart Stores）、豐田汽車（Toyota Motor）、戴爾（Dell）等企業的成功中無一不包含著商業模式創新。沃爾瑪、戴爾和豐田這三家企業實施的商業模式創新形成了特有的名詞，即沃爾瑪價格殺手、戴爾商業模式和豐田生產體系。這幾家企業都從根本上重新思考了如何運作自己的產業，它們的商業模式創新動搖了一些資本主義企業史上最強大企業的

---

① Gary Hamel. Innovation as a deep capability [J]. Leader to Leader，2003，27（1）：19-24.
② Joan Magretta. Why business models matter [J]. Harvard Business Review，2002，80（5）：86-92.
③ Joan Magretta. Why business models matter [J]. Harvard Business Review，2002，80（5）：86-92.

地位，包括西爾斯（Sears）、IBM以及通用汽車（GM）。

在實際經濟生活中，在對商業模式的理解方面，管理學家們和實際工作者有著不同的見解。有的注重戰略，認為商業模式就是一種戰略變革；有的注重企業經營的突破和創新；有的注重資源的運用和價值創造；有的注重在企業經營價值鏈中的定位；還有的注重企業經營活動的價值增值。在我們看來，商業模式這個詞常常與戰略混淆，這是人們相信會帶來競爭優勢和企業成功的事情就是商業模式或戰略。商業模式與戰略的主要不同在於：戰略是關於如何有效地打敗競爭者的韜略，商業模式是強調價值的創造，是為了繞開競爭者創造新價值的活動。商業模式和戰略的差異在於如何有效地傳遞價值給顧客。

從理論架構上看，商業模式至少包括三個層面的含義：其一，任何組織的商業模式都隱含有一個假設成立的前提條件，如經營環境的延續性，市場和需求屬性在某個時期的相對穩定性以及競爭態勢等，這些條件構成了商業模式存在的合理性；其二，商業模式是一個結構或體系，包括了組織內部結構和組織與外界要素的關係結構，這些結構的各組成部分存在內在聯繫，它們相互作用，形成了模式的各種運動；其三，商業模式本身就是一種戰略創新或變革，是使組織能夠獲得長期競爭優勢的制度結構的連續體。

由此，可以定義，商業模式是一個組織在明確外部假設條件、內部資源和能力的前提下，用於整合組織本身、顧客、供應鏈夥伴、員工、股東或利益相關者來獲取超額利潤的一種戰略創新意圖和可實現的結構體系以及制度安排的集合。

在企業的實踐中，一個企業的商業模式至少要滿足兩個必要條件：①企業的商業模式必須是一個由各種要素組成的整體，必須是一個結構，而不僅僅是一個單一的因素；②企業商業模式的組成部分之間必須有內在聯繫，這個內在聯繫把各組成部分有機地串聯起來，使它們互相支持，共同作用，形成一個良性的循環。兩個必要條件說明，現在戰略管理理論中的核心競爭能力不足以解釋競爭對手之間競爭優勢的長期差異問題。

滿足兩個必要條件表明，建立一個商業模式的過程或者說創新一個商業模式的過程是一個檢驗我們所設想的經營理論是否正確的過程，即從一個基本假設開始，然後用企業的經營行動來檢驗這個基本假設，在必要時進行修改。商業模式的檢驗包括兩種關鍵的檢驗，一是邏輯檢驗（Logic Test），即檢驗商業模式的設想是否符合市場情理、是否符合顧客的思維邏輯，即人們所說的主觀邏輯檢驗。二是數值檢驗（Number Test），即檢驗商業模式能否賺錢、賺誰的錢、賺多少錢。

進入新世紀，對商業模式創新的研究已經引起企業管理實務界的高度重視。人們已經發現，通過對企業商業模式的研究，可以把企業經營的實現形式突出出來，有助於我們從企業競爭戰略的視角將重視要素、資源和能力轉變為重視經營組合（Business Mix）中的各部分之間的聯繫轉到重視經營活動結構的整體性上面來。

應當注意的是，在不同的時代商業模式創新的著眼點有所不同：

在工業經濟時代，是經營者主權的時代，企業商業模式的著眼點是消費者洞察和產

品或服務細分化/市場細分化（Product Segmentation/Market Segmentation）、品牌定位、廣告代言和製作，以及傳播——招商——渠道——終端。因此，在工業經濟時代，企業要實現價值創造就必須不斷地擴大品牌和規模，不斷地加大資本的投入。因為地基堅實，不會改變，只要有時間和金錢，就能夠創造出一種商業模式。當然，這個商業模式還必須依賴媒介——廣告媒介和渠道媒介，也需要時間和金錢來開出一條道來。由此可以發現，對市場空間的佔有，是工業經濟時代企業商業模式的重要手段和途徑。

在 PC 互聯網時代，企業商業模式的著眼點是為了獲得入口與流量。由此，我們可以說，PC 互聯網時代企業商業模式的重心仍然是對市場空間的佔有，只不過變成了對虛擬空間的佔有，在本質上仍然屬於圈地性質，使產品經營變成了業務經營，是 B2C，是一種攻城略地的雄性佔領思維。可以說，PC 互聯網商業模式是流量模式。

在移動互聯網時代，是消費者主權時代，是粉絲經濟（Fans Economy）與社群經濟（Community Economy），是用戶經營而非產品經營，企業商業模式的著眼點是圈人，或者說是圈人心，玩的就是人格魅力。可以這樣說，移動互聯網商業模式是人格模式，是信任模式。核心模式就是 C2B（Customer to Business），更多地體現在對時間的占領上，占領的是消費者碎片化的時間，由此逐步獲得消費者的情感與信任。C2B 模式的核心是通過聚合分散數量龐大的用戶，形成一個強大的採購集團，以此來改變 B2C 模式中用戶一對一出價的弱勢地位，使之享受到以大批發商的價格買單件商品的利益。同時，線下（實體店）體驗、線上（廠商網站）購買、由廠商親自發貨給顧客的 O2O（Online to Offline）也將成為流行模式。再發展下去，一些聰明的廠商可能會將線上的銷售系統和線下的倉儲物流系統外包給第三方，自己將全部精力放在做好產品上。並通過顧客介紹顧客進行直銷，廠商直接給顧客廣告宣傳費用。這樣，廠商將徹底實現「脫媒」。當然，最聰明的商業模式就是做鏈接，直接將其持有的消費者資源與其他廠商進行資源置換，以獲得盈利。試想一下，如果一個企業擁有 10 萬個忠誠的粉絲，企業就可以賣手機、賣汽車、賣保險，甚至組織旅遊團。企業只需要做的一件事就是把消費者與廠商鏈接起來，並讓消費者在這個鏈接中獲得好處，企業就獲得了盈利。

今天，人類已經進入互聯網時代。互聯網改變了交易場所、拓展了交易時間、加快了交易速度、減少了中間環節。可以說，互聯網時代顛覆了以往的商業模式，任何的經驗主義都顯得蒼白無力。在互聯網時代，市場競爭日益加劇，產業脈動加速（Clockspeed Amplification），大批工業經濟時代的大型廠商被淘汰，很多行業巨頭轟然倒下，很多優質廠商的壽命戛然而止，黑莓（BlackBerry）、諾基亞（Nokia）、東芝（Toshiba）、摩托羅拉（Motorola）等多家國外著名傳統電子廠商被兼併、倒閉的消息接踵而至。行業轉型之快，消費端口碑、忠誠度下降之快，令人咋舌。

可以這樣說，在從工業經濟時代進入互聯網時代這一過程中，仍然沒有改變的是廠商對於價值的判斷和價值創造的本質，以及通過商業模式創新來實現建立隔離機制和租金的目的。但就商業模式而言，始終可以分為創造價值與傳遞價值這兩大環節。傳遞價

值可以分為資金流、信息流、物流和知識流等多個方面。互聯網最明顯的特徵就是通過交易平臺、支付平臺和物流平臺自身的效率，縮短了或重構了「傳遞價值」的商業邏輯，將建立在信息不對稱基礎上的效率差逐漸打破，使創造價值的活動集中於追逐新的租金獲得方式——連接紅利。一般來說，「連接」具有關係屬性，是用來聚合顧客的，而「紅利」具有交易屬性，是變現流量價值後的沉澱。人們經常說互聯網經濟追逐的是「連接紅利」（Linkage Dividend），是說這類廠商往往不直接銷售產品賺錢，不重點追逐產品銷售紅利，而是把產品當成一個聚合顧客的入口，在與消費者不斷地進行價值協同和價值互動的過程中為消費者創造持續的價值，從而獲得收益。

我們認為，連接紅利的產生是因為互聯網中有兩個關鍵點：一個節點與連接，一個是數據信息。新的商業模式使信息能夠在節點和連接上以納秒級的流動速度貫穿全球，這就意味著每個人都是一個信息的節點，每個人都是信息的採集器，每個人又都是信息的接收器與傳播器。目前連接的方式主要有兩種，一種是利用技術跨界，在完成跨界的同時建立社群。這種方式以特有的技術為手段打破以往的壟斷，迎合顧客需求建立社群。這種方式最成功的模板莫過於蘋果旗下的 iPhone。另一種是憑藉已有社群實現跨界，在跨界的同時吸引新的受眾。這種方式以騰訊的 QQ、微信，小米盒子為代表。

連接紅利往往來自於跨界，我們以互聯網與傳統行業結合得最深的電商為例來分析。電商最核心的流量由三個：資金流、信息流和物流。實際上，資金流就是信息流，物流實質上也是信息流。一旦信息可以映射到商業的各個環節，商業模式就發生了變化。信息的映射實質上打破了信息不對稱的壁壘，使顧客的轉換成本變得非常低，而消費者口碑傳播的速度則變快了。對廠商而言，商業的本質特徵並沒有改變，真正改變的是廠商的成本結構與效率。來自需求端的顧客要求極致的差異化，來自生產端廠商的成本結構要求極致的高效化。這樣要求的最大公約數要求的商業模式是廠商要離顧客近，與顧客零距離，廠商才能夠清楚顧客究竟需要什麼，廠商才能夠讓顧客體驗極致的差異化，廠商才能夠與顧客共同創造價值。因為互聯網是去中心化的結構，人人都是服務提供商，人人都是媒介，人人都是眾包，這就大大地降低了商業成本。

本章復習思考題

1. 在實踐中，構建知識創新型組織必須關注哪幾個方面的問題？
2. 戰略聯盟有哪些表現形式？
3. 工業 4.0 項目的幾大主題內容是什麼？
4. 工業 4.0 的應用將會對企業的生產經營方式和管理模式產生哪些影響？
5. 「互聯網+」對企業能力的提升表現在哪些方面？
6. 「互聯網+」跨界經營的主要類型有哪些？
7. 「互聯網+」對市場基礎的改變表現在哪些方面？
8. 「互聯網+」對產業基礎的改變表現在哪些方面？

9. 開放式創新要求企業有意識地關注哪些方面的問題？
10. 如何理解平臺型企業的概念才比較全面？
11. 從渠道型企業轉向平臺型企業涉及企業管理的哪些重要轉變？
12. 工業經濟時代和互聯網時代的商業模式創新的著眼點有哪些不同？

國家圖書館出版品預行編目（CIP）資料

現代管理學(第四版) / 羅珉 著. -- 第四版.
-- 臺北市：崧博出版：崧燁文化發行, 2019.04
　面；　公分
POD版

ISBN 978-957-735-784-7(平裝)

1.管理科學

494　　　　　　　　　　　　108005448

書　　名：現代管理學（第四版）
作　　者：羅珉 著
發 行 人：黃振庭
出 版 者：崧博出版事業有限公司
發 行 者：崧燁文化事業有限公司
E - m a i l：sonbookservice@gmail.com
粉 絲 頁：　　　　　　網　址：
地　　址：台北市中正區重慶南路一段六十一號八樓 815 室
8F.-815, No.61, Sec. 1, Chongqing S. Rd., Zhongzheng Dist., Taipei City 100, Taiwan (R.O.C.)
電　　話：(02)2370-3310 傳　真：(02) 2370-3210
總 經 銷：紅螞蟻圖書有限公司
地　　址：台北市內湖區舊宗路二段 121 巷 19 號
電　　話：02-2795-3656 傳真:02-2795-4100　　網址：
印　　刷：京峯彩色印刷有限公司（京峰數位）

　　本書版權為西南財經大學出版社所有授權崧博出版事業股份有限公司獨家發行電子書及繁體書繁體字版。若有其他相關權利及授權需求請與本公司聯繫。

定　　價：450 元
發行日期：2019 年 04 月第四版
◎ 本書以 POD 印製發行